シリーズ 地域環境工学

地域環境水利学

渡邉紹裕
堀野治彦
中村公人
［編著］

飯田俊彰
凌　祥之
増本隆夫
瀧本裕士
武田育郎
皆川明子
長坂貞郎
［著］

朝倉書店

執筆者

熊本大学くまもと水循環・減災研究教育センター特任教授，京都大学名誉教授	渡邉紹裕（わたなべ つぎひろ）
東京大学大学院農学生命科学研究科准教授	飯田俊彰（いいだ としあき）
大阪府立大学大学院生命環境科学研究科教授	堀野治彦（ほりの はるひこ）
京都大学大学院農学研究科教授	中村公人（なかむら きみひと）
九州大学大学院農学研究院教授	凌祥之（しのぎ よしゆき）
秋田県立大学生物資源科学部教授	増本隆夫（ますもと たかお）
石川県立大学生物資源環境学部教授	瀧本裕士（たきもと ひろし）
島根大学生物資源科学部教授	武田育郎（たけだ いくお）
滋賀県立大学環境科学部准教授	皆川明子（みながわ あきこ）
日本大学生物資源科学部教授	長坂貞郎（ながさか さだお）

（執筆順）

まえがき

本書は，農地や農村における水の動きや役割の基本と，水の利用や管理のための技術の基礎を学習するための教科書である．大学によって名称はさまざまであろうが，農業工学や地域環境工学など，農業・農村や地域を対象として工学的手法で開発や改善に貢献する学術分野におけるカリキュラムで，農地と農業や農村における水利用の基本を修得するための講義において，教科書として使われることを想定して執筆・編集した．

取り扱う対象は農地や農業・農村における水利用を中心にしている．これらは水資源の利用において，利用の量や面積で大きな割合を占めている．このことから，農業や農村に限らず，広く水資源の利用と管理に関心を持つさまざまな分野の学生や研究者・実務者なども，参考書として活用いただきたい．

1998年に朝倉書店から刊行され，広く利用され版を重ねた「水利環境工学」の基本的な部分は内容を継承しつつ，近年の技術や環境保全に対する認識や知見の展開を踏まえて，それを全面的に書き改めたのがこの教科書である．とくに，水利用と地域や地球の環境とのかかわりについては，紙幅を大幅に割くことにした．こうした経緯と内容を踏まえ，農業生産や農村生活を中心に，地域の環境を整える水利用にかかわる学の体系をまとめたことから「地域環境水利学」と題することにした．

また本書は，「地域環境工学シリーズ」の一冊として刊行される．農業・農村における水利用も，自然の水循環を基礎に置き，目的や状況に応じてそれを修正して造り上げるものであるから，水利用を学習するには水循環をしっかりと理解する必要がある．同シリーズの「地域環境水文学」は，水の循環を対象とした教科書であり，本書もその内容を踏まえて記述されている．講義で使っていただく教員や学生の皆さんも，「地域環境水文学」と合わせて活用されると一層理解を深めていただけると思う．

本書は全10章から構成される．基本的には農業と農村における水利用と，周囲の地域環境における水のあり方を対象としている．各章の内容を簡単に要約すると以下のようになる．

まず第1章では，農業生産の中心にある作物生育における水の役割を説明したうえで，そのための農地や農村における水の管理の基本的な考え方が整理されている．農地の必要な水条件の形成と，その地域環境の形成との関係が「食料生産・地域環境と灌漑・排水」としてまとめられている．

第2章では，「水資源計画」と題して，農地や農業における水の需要を充足させるために流域や地域として求められる水資源の開発や管理をどうすればよいのかの基本が論じられている．

第3章では，我が国やモンスーンアジアにおいて農業の中心にあって，多くの水を必要とする水田稲作に対する用水供給，すなわち「水田灌漑」が論じられている．水利用の実態を基礎に，灌漑施設の整備計画に必要となる用水量の算定方法も詳述されている．続く第4章では，基本的に湛水がなされずに作物を栽培する畑地における水の役割と必要水量の算定，すなわち「畑地灌漑」の基本が解説されている．第5章では，農地における過剰な水をいかに許容時間内に排除するかの基本的な考え方とその水量の算定方法，排除の方法などが，「農地排水」としてまとめられている．

第6章では，農業・農村での継続的な水利用に必要となる施設や，その操作管理の組織からなる「農業水利システム」の構造と内容が論じられている．とくに，近年注目されるようになった水利施設を使った小水力発電を詳述している．第7章では，農業水利システムが，その用水供給の量的・面的な大きさと持続性によって果たしていて，近年その内容と維持拡大が注目されている国土や地域，流域の環境保全に対するさまざまな機能「農業水利システムの多面的機能」について，その概要と評価方法などを，新たに章を設けて事例を踏まえつつ解説している．

第8章では，水量とともに水利用の大事な側面である水質について解説が加えられている．農地や農業・農村での水利用に求められる水質の要件と，水質を中心とする流域や地域の環境に及ぼす水利用の影響が「水質環境の管理」としてまとめられている．さらに，第9章は，近年とくに注目を集める生物多様性・生態系保全と農業・農村における水利用との関係を論じている．「農業水利システムにおける生態系保全」と題して，とくに，生物の生息地としての農地や農業の役割について，最新の調査成果を紹介しながら，新たに章を設けて解説している．

最後の第10章では，まとめとして「農業水利と地球環境」の関係が整理されている．灌漑を中心とする農業水利の世界の概況を整理した上で，それが地球環境の課題とどのようにかかわるかがまとめられている．とくに，地球温暖化に伴う気候変動との関係や，歴史的に開発利用されてきた灌漑システムの「遺産」としての継承に注目し，課題から次の世代への展開方向が論じられている．

全体を取りまとめるにあたっては，上記のように，広く使われてきた「水利環境工学」に依拠した部分も少なくない．この書は，さらに，同じく朝倉書店から出版され長く使われた「新農業水利学」を基礎に置いていたという．両書とも，我が国の農業水利学分野の先達によるもので，これらの方々の知見の蓄積に改めて敬意を表し，それを活用させていただいたことに謝意を表する．

2017年1月

編者　渡邉紹裕，堀野治彦，中村公人

目　　次

第1章 食料生産・地域環境と灌漑排水

いうまでもなく，地球上のあらゆる生物は，何らかの形でその生命・生存を水に依存している．人間も，直接的に生命を水で維持するだけでなく，生活および生産活動に水は不可欠である．とくに，生命を支える食料を生産することの根幹は作物の生産，すなわち農業生産であり，植物の生育がその基本にある．この植物の生育には土地・土壌・栄養素，大気，日射・熱などと並んで，水が絶対的な要件となっている．

本章では，食料生産における水の利用の全般について，その基本的な事項を概説する．それは，以下に続く各章を通して記述される本書全体の基本的な枠組みであり，具体的な内容はそれぞれの章において詳述される．

1.1 作物生育と水

a. 植物の生育と水

作物は植物であるから，生育の基本には植物として炭水化物を合成するプロセスとしての光合成があり，そこでは水が酸化されて酸素を生じる反応が起こっている．つまり，水は作物生育の中心にある光合成の要素であり，作物にとって不可欠な「生理的体内要素」である．

光合成（photosynthesis）は，植物や植物プランクトン，藻類などが体内の葉緑体で行う二酸化炭素の固定反応で，光エネルギーを化学エネルギーに変換する生化学反応である．この過程において，植物は光エネルギーによって水と空気中の二酸化炭素から炭水化物（糖類）を合成し，水を酸化分解する過程で生じる酸素を大気中に放出する．反応を化学反応式で表すと以下のようになる．

$$CO_2 + H_2O + \text{光エネルギー} \longrightarrow [CH_2O] + O_2 \tag{1.1}$$

光合成は，基本的には太陽のエネルギーを受け取ることのできる日中の現象であるが，同時に，昼夜を問わず植物体は活動のエネルギーを確保するために呼吸を行っている．植物は，光合成で合成した炭水化物を分解することで，成長のためのエネルギー，光合成のためのエネルギーを確保しているが，この反応が呼吸であり，酸素によって炭水化物を分解し，二酸化炭素を生成・排出することになる．同様に化学反応式で表すと以下のようになる．

$$CO_2 + H_2O + \text{成長エネルギー} \longleftarrow [CH_2O] + O_2 \quad (1.2)$$

光合成と呼吸における二酸化炭素と酸素の取り入れや放出は，普通の植物では葉の裏にある小さな開口部（気孔）（stoma）を通して行われる．体内の水分を水蒸気として体外へ放出する蒸散（transpiration）は，体温を維持する効果があるが，これも気孔を通して行われる．

多くの植物では光合成に必要な二酸化炭素を多く取り込むために，気孔を日中に大きく開き，夜間には閉鎖するが，気孔が開かれると水蒸気の放出量（蒸散量）は増加する．植物は体内の水が不足すると水分を維持しようとして，根からの吸収量を増加させることに加え，気孔を閉じて蒸散による消費を制限する．体内の水分ポテンシャルの低下に対応するために気孔を閉じることになると，同時に光合成の要素である二酸化炭素の吸収が制限されることになる．

このように，植物の成長の根幹には水が存在し，それが不足すると生命維持，成長に大きな制約を受けることになる．したがって，植物である作物の生育に基本をおく食料生産には，水を適切に供給することが求められるのである．

b. 作物生産に必要な水量

前述のように，水は作物にとって生理的に不可欠な要素である．望ましい収穫を得ようとして作物を正常に生育させるには，作物体内の水を適当な状態に保っておく必要がある．

実際に作物に吸収されて生育に直接に関わる水の量，すなわち生育に必要な水量は，作物の水を除いた部分（乾物重，作物体重量から，含まれている水の重量を除いたもの）1gを生産するために生育期間を通して必要な水の重量（g）である「要水量」で表される．これは，根から吸収して蒸散する水の総量に相当する．

要水量は光合成の効率などによって規定され，作物や品種によって異なり，また生育の条件によっても若干異なるが，作物別の平均的な値を整理すると表1.1のようになる．コムギでおよそ540g，イネで680g，トウモロコシで370gなどとなっている．

トウモロコシはいわゆるC4植物であり，光合成のために通常の回路に加え，二酸化炭素濃縮のためのC4経路を持っている．気孔の開度が小さくても効率よく必要な二酸化炭素を取り込むことができるため，結果的に蒸散量，

表1.1 おもな作物の要水量（乾物生産量1g当たりの蒸散量）（単位：g）

作物	要水量
トウモロコシ	370
イネ	680
コムギ	540
オオムギ	520
アルファルファ（牧草）	840
エンドウ	700
ジャガイモ	640
ワタ	570

Fitter and Hay (1985)

つまり水分消費量を抑えることができ，要水量は他のコムギやイネなどの穀物に比べて少なくなっている．

トウモロコシの場合，水を含む作物体1000 kgを生育させるには約90 m^3の水が必要であるが，作物体重量の約4分の3が水分であるために，乾物重1000 kgを生育させるには約370 m^3の水が必要ということになる．つまり，作物生育に限ってもかなりの水量が必要であることがわかる．人間が食用に供する部分に限って生産に必要な水量を算定すると，普通はここで示した要水量よりもさらに大きくなる．

水は作物の生育そのものに必要なだけでなく，生育の環境を形成する基本的な要素でもある．作物を水耕栽培したり植物生産工場のような完全に人為的に管理した条件で栽培したりするのではなく，エネルギーを太陽に，栄養を水や土壌に依存する基本型の農業生産において，生産の場としての農地は面的に広がり自然に晒されている．そこで作物体内の水を適当な状態に保つには，作物周辺の土壌や大気中に適度の水分を存在させることが必要となり，比較的調整しやすい土壌の水分量を整えることになる．土壌水分の過不足は，土壌中の栄養素・肥料成分の状態や酸素量，土壌と作物の温度，小動物や微生物の活動など，作物の生育に関わる要因を変化させることにもなる．土壌における水分の不足を回避するために，作物栽培においては水分を人為的に供給することになり，普通は農地に水をかけることになる．

農地の土壌中の水には，作物の根から吸収されて生育に直接関わる水と，作物には直接は利用されない水とがある．後者には，土壌面から蒸発して大気中の水蒸気になるもの，作物の根が広がる範囲よりも深い層に浸透するもの，土粒子などに強固に吸着し土壌にしっかりと保持されるものなどが含まれる．これらは作物生育にとって全く意味のないものばかりではなく，既述のように作物の生育の環境形成に大きく関わる水もあり，人為的に農地に供給される水はこうした役割を果たすことにもなる．

作物が栽培される農地では，作物生育には直接にも間接的にも使われず，土壌から失われる水分も少なくない．土壌面からの蒸発や，作物根群の下層への浸透で失われる水がかなり存在する．前者は，蒸発を抑制する資材（ワラなどの有機資材やシートなどの化学合成資材など）を土壌表面に敷いたりすることはあるものの，人為的に制御することは容易ではない．後者は，土壌の改良や灌水の方法・水量・強度・頻度などによって少なくできる場合もあるが，それによって逆に，供給水に含まれる土壌粒子や栄養塩・ミネラル分の農地への供給が減ることもある．また，土壌に蓄積した塩分を洗い流すために，多量の灌水を行って浸透をあえて増加させる場合もある．これらを合わせて，作物栽培のために農地で必要な水が構成されることになる．

さらに，一般的に食料生産に必要な水の量を考えるとするなら，作物生産に依存する他の食料の生産も考慮しておくことも必要であろう．たとえば，世界的に消費量が

表 1.2　食料生産に必要な水量

食　品　名	対象単位	対象重量（g）	必要水量（L）
レタス	1　枚		11
ブロッコリー	1　株	76	42
パン（食パン）	1切れ		42
オレンジ	1　個	130	53
カンテロープ（マスクメロン）	1切れ	224	152
牛乳	1　杯	224	182
たまご	1　個		239
アーモンド	一握り	28	304
ハンバーガー用のハンバーグ	1　枚		2,341
ステーキ	1　枚	224	4,682

カリフォルニア州水資源局パンフレット（2001）による．

増加している肉類や乳製品の生産のための水の量である．肉の生産には，ウシの飲用水ももちろん必要となるが，ウシの飼料となるトウモロコシなどの穀物を生産するためにも多量の水が必要となる．こうした水量を含めて，身近な食料品を生産するために農地で必要となる水の大まかな量を整理したものが表1.2である．

以上見たように，作物生産・食料生産には農地で多量の水を必要とし，そのうちのかなりの部分は人為的に供給されている．この目的のために，河川などの水源から取水し，農地に配水するための水路などの施設を共同で建設し，水を農地土壌に灌水することを灌漑（irrigation）という．

灌漑によって水源から農地に水が送水・配水される過程では，水路から蒸発したり浸透したりして，農地にまで到達せずに失われる水もかなりある．統計によると，河川などの水源で取水された灌漑用水のうち圃場まで到達して土層内に保持される水量（結果として作物を通しての蒸散と土壌面からの蒸発で失われる水量）は，世界平均で45%であるという（FAO, 1995）．

c.　灌漑と排水の効果

作物生育を正常に保ち，栽培を適切に管理するには，土壌水分を適量に保つ必要がある．とくに，土壌水分が減少し過ぎると，作物は根から水を吸収し難くなり成長が阻害され，さらに一定値以下にまで水分量が減少すると，ついには吸収できなくなり水不足による枯死に至る．逆に，土壌中に過剰な水分が存在すると，根に必要な酸素が供給されなくなって生育が阻害されることになる．一般的には，これらの水分条件による作物への害は，それぞれ干害または干ばつ害（drought），湿害または過湿害（water-logging）などといわれる．

表 1.3　土壌の標準的飽和水分量と作物収量から見た最適水分量の目安

土　性 (乾燥密度 g/cm³)	飽和水分量 (%)	作物収量に対する 最適水分量の目安 (左の 80〜50%)	シオレ点 (%)
細砂土（1.74）	29	23〜14	3
砂壌土（1.62）	37	29〜18	5
壌　土（1.48）	52	42〜26	13
植壌土（1.40）	60	48〜30	14
植　土（1.08）	71	57〜36	17

注）シオレ点については 4 章参照.

農水省（1971）

作物にとっての適度な水の条件は，作物の種類や栽培方法によっても異なるが，植物が利用できる土壌中の適当な水分量だけでなく，場合によっては適当な地表湛水，適度な水の流れや土中への浸透が求められる．また，水温を含む水質も重要な要素である．さらにこうした要件は，年や季節・生育時期，1 日の中での時刻など，時間的にも変動する．このうち中心となる土壌水分については，作物の生産量に対して最も適当な範囲（最適な土壌水分量）の目安が表 1.3 のように示されている．この最適土壌水分は作物や栽培方法・時期によって異なるが，土壌が水で飽和されたときの水分量（飽和水分量）の 80〜50% 程度とされている．

実際には地形や地質・土壌，気候・気象，水資源などの条件によって，人為的な調整がなければ，望ましい作物栽培のための水条件，つまり土壌水分量を確保することができない農地が多い．このため，世界的に，また歴史的に人為的な水の供給である

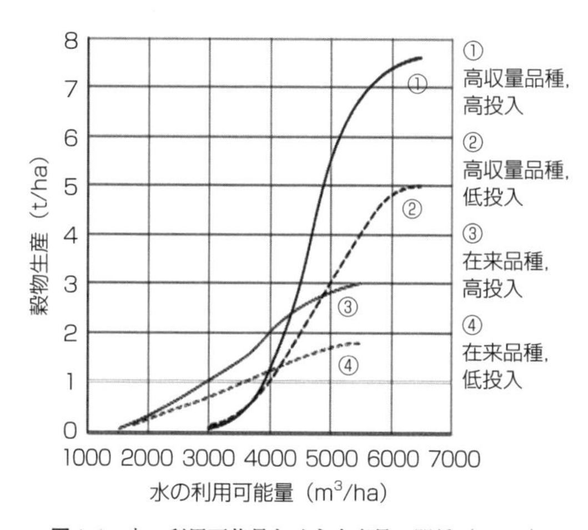

図 1.1　水の利用可能量とイネ生産量の関係（IWMI）

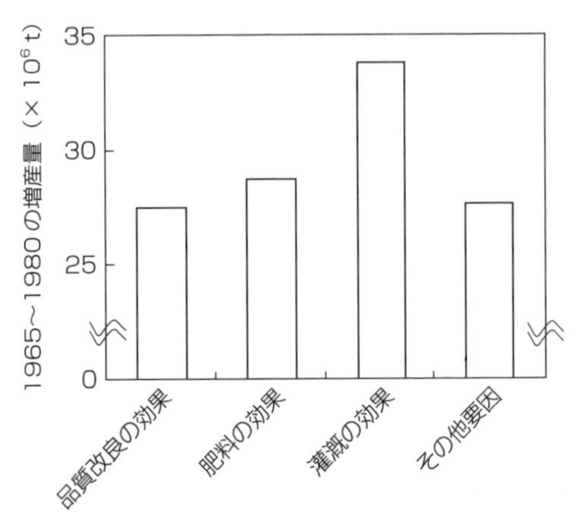

図1.2　アジア各国の1965～1980年の米増産の要因
農水省資料（原典：IRRI（1983））

灌漑が展開されてきた．また，過剰な土壌水分を排除するための農地での排水や，それを保障するためにより広い範囲での排水の改良がなされてきた．

灌漑によって，とくに農地での灌水の実現による効果は大きい．図1.1は水の利用可能量に対するイネ収量の反応を，高収量品種と降雨依存型在来品種について示したものであり，また図1.2はアジアにおける「緑の革命」での米の増産へ寄与した要因を評価したものである．どちらも，生産量の増加に対する灌漑の寄与の大きさが示されている．

作物栽培・農業には確かに多量の水が必要である．世界的には，水が人為的に供給されれば食料生産が可能となったり，安定したりする土地が多く，水は他の生産要素に比べて移動させやすく制御しやすいことから，水条件を人為的に調整して，作物栽培・農業生産を実現することが古来営々と行われてきたのである．

逆に，水の人為的な供給や制御が技術的に可能であっても，経済的な制約からそれがなされないことがある．経済的に見合わなければ，水路などの施設の建設や維持管理に費用・労力をかけてまで農業生産を行うことはない．一般的には農業は大量の水を利用するといえるが，実際の灌漑の状況は水資源と農地および経済・技術の関係で規定されることとなる．

1.2　農業・農村における水利用

a.　農地における水環境と灌漑排水

作物生産を制約する水の不足や過剰が生じないように，またより多くの，あるいは高品質の収穫を図るために，古くから水条件をより農業生産に適した形に整える灌漑と排水が行われてきた．農業生産のための農地の水環境の調整である灌漑と排水は，農業生産に適合した水環境を形成するという共通した主目的があり，相互に密接に連携して行われて効果が一層明確となる．したがって，個々の技術は別にして，「灌漑排水」として一体的に認識することに意味がある．

灌漑排水を中心とする農業生産を対象とした水環境の調整・制御は，総括的に農

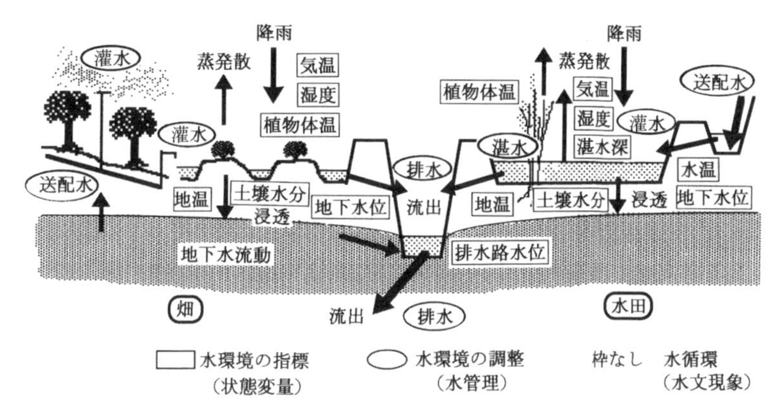

図 1.3 農地(水田・畑)における水環境とその調整(水管理)の概念
(原図:渡邉(2003))

業用排水管理(irrigation and drainage management),あるいは単に農業水管理(agricultural water management)と呼ばれることもある.灌漑排水が通常,農業生産の場(通常は農地)への水の供給とそこからの排除という行為の体系を指すのに対し,農業水管理はこの灌漑排水に加えて,そのための水源確保,施設の建設と管理操作やそれに関わる制度・組織を含むことが多い.生活用水や工業用水の供給など他の目的を含む水利用のシステム全体を水利とし,その視点から農業をおもな対象とすることを指す農業水利(agricultural water use)という表現もある.

灌漑排水は,生育や生産のさまざまな環境を整えるためにも行われる.たとえば,作物への薬剤の供給を目的に,それを混入させた水を散布したり,収穫機械を圃場に導入して効率的に作業するために土壌水分を排除して,土壌に一定の地耐力を保持させることなどがある.このように,灌漑排水は土地生産性だけでなく労働生産性をも含む,農業における生産性向上のための水環境の制御の体系となっている.この農地における水環境と,それを調整する水管理を概念的に示したものが図 1.3 である.

灌漑排水の技術は,農地の内部の水環境の制御だけでなく,農地・農業を洪水や高潮などの水害から守るための水循環の制御も含む総合的な体系であり,一部の治水技術をも取り込む技術体系である.

なお,農業生産にとって有効な降水がなく,水の供給をほぼすべて灌漑に依存する場合を完全灌漑(complete irrigation)といい,一定の降水量はあるものの,それだけでは水供給が不足する場合に行われる場合は補給灌漑(supplemental irrigation)という.

b.　農地への用水供給および地域の水環境管理と灌漑排水

農地に用水を供給するには，まず用水源を確保し，そこから取水して水を必要とする場所（農地）まで送水・配水し，そこで実際に灌水することが必要となる．そのためにはさまざまな施設や器具が必要となるが，水量や時間，対象面積などについてどの程度の規模で行うかによって，灌漑システムのスケールが定まる．

たとえば，作物が栽培される場所の近傍の雨水を集めて作物に与えるようなきわめて個人的な灌水や，小河川を流れる水を導水して農地まで引き入れたり，小型の井戸を掘削して地下水を揚水し，近傍の農地に灌水したりするといった，数戸程度の農家の共同作業で実現できる小規模な灌漑がある．なお，全くの個人で営む場合は通常は灌漑とは呼ばず，個人で水源となる河川で水をタンクなどにくみ，それを農地に運んで作物に灌水する場合なども，普通は灌漑の範ちゅうには入れない．

一方，国境を越えて流れるいわゆる国際河川を含む大河川に大規模な貯水池を建設し，河川の流量をほぼ完全に調整して安定させた上で，適当な地点から取水して，何百 km にも及ぶ水路を通して用水を送って農地に灌水するといった，きわめて大規模な灌漑も行われる．日本の場合には，平均で年間 1,720 mm の降水があり，また山地が多く大規模な平野の発達に乏しいため，世界的に見れば小規模で分散型の補給灌漑体系となっている．

灌漑排水を中心とする農業水管理は，地域の水環境との関わりから見ると，次の特徴を持っている．まず，自然の水循環・水環境が中心に置かれ，それを補完調整するのが基本となっている．工業用水や都市用水などの供給とは大きく異なり，作物生産を含めて，地形・土壌・気象など自然的な要素との関わりがきわめて強い．また，実際の水利用の場が自然界に開放されていて面的広がりを持つために，広い範囲にわたって水文環境と関わりを持つことになる．そして，一般的には面積当たりにして多くの水を必要とするために，水循環への量的な影響も大きくなる傾向にある．さらに，作物や農地の望ましい水の条件が時期的・時間的に変化するため，用排水の量の時間的な変動も大きくなることが多く，水循環への影響は一層大きいものとなる．

また社会経済的な側面では，水利用や施設管理を多くの場合は水を利用する農家が直接行うことが特徴として挙げられる．さらに，古代に開発されるなど長い歴史を持つものが多く，経験を重ねて形成された水利用と水文環境の調整が，地域の持続的で安定した水環境を作り出していることもよく見られる．こうした地域の固有の水環境と調和した水管理が農業水管理の基本となってきたのである．

c.　農村の水利用・水管理

既述のように，灌漑排水は本来，農業生産を中心とする地域の水環境を総合的に制御・調整する体系である．日本でも，農家が灌漑排水の施設を継続して運用・維持管理することを通じて，農村地域における水循環･水環境を総合的に制御･調整してきた．そう考えると，灌漑排水が対象とする水は単に農業生産のためのものではなく，それを中心とする「地域の水」と認識することが適当である．農業用水は「作物生産用水」だけではなく，「地域の水」という性格を強く持つと考えた方が良い．

農村地域を流れる灌漑用水路の水に，「地域の水」の典型を見ることができる．この水は，農地への灌漑に直接用いられるだけではなく，地域のさまざまな水利用に供されていることが多い．たとえば，農村集落で飼育される家畜の飲料水やその他の必要な水として，住民の飲み水として，また洗濯や農機具の洗浄など農家でのいろいろな利用に，さらに水車などの動力源に，加えて舟運や養魚に，集落の防火用水になど，多目的に利用管理されている．そもそも，元々流れていた川や渓流，あるいは水溜まりを農業用に利用することにした地域も多く，その場合さまざまな機能を有するのは当然のことである．

最近の日本では，灌漑用水路を流れるこうした役割を有する水を「地域用水」や「環境用水」などと呼んで，意義を見直す動きが活発になり，その役割を発揮させるための用水路の整備などが進められるようになっている．

地域の農業用水，あるいは地域の水は，ほとんどが農家など地域の住民によって管理されてきた．これは農業や農村における水利用の特徴であり，水利施設の建設や水の送配水管理，施設の維持管理に利用者である農家が直接関わるということである．地形や河川の規模が比較的小さく，平野や灌漑農地の面的な広がりが小さい日本の水田灌漑において，この特徴は顕著である．

一方で世界的に見れば，乾燥地域によく見られるように，自然の水循環を大きく改造するような大規模な灌漑排水システムの建設を国や地域の支配層・為政者が行い，建設された後も国や地方の行政機関が施設の操作や維持管理を行う例が多い．また，短期間で大規模システムを建設することによって地域の水環境の不安定化をもたらし，用水や排水の改良の恩恵を受けるはずの受益農家が維持管理に参加できないために，用水利用効率の低下や不公平な用水配分に伴う過剰な用水供給をもたらして，地域の水循環に悪影響をもたらしている例も多い．

1.3　灌漑排水と地域環境

a.　灌漑排水の改良による地域開発

灌漑排水は，地域の水循環を基礎として歴史的に形成され，それを人為的に調整しながら互いに強く影響を及ぼし合いつつ継続してきている．したがって，農業や灌漑排水のあり方は地域の水環境を左右するものとなる．

こうした関わり合いの歴史的な典型例は，日本の新潟平野の開発史に見られる．新潟平野は信濃川・阿賀野川などの大河川の繰り返された氾濫で形成され，多くの潟湖が存在した低湿地であった．農業集落は比較的安全な河川の自然堤防上に位置し，潟湖や湿地は近世に少しずつ水田として開発されていった．しかしこれらの水田は排水が悪く，また河川の洪水被害を受けやすく，部分的な排水改良は行われたものの，農地の水条件の制御は基本的に困難であった．このため，明治時代に入って進められた信濃川の改修と，最終的に1931年に完成した大河津分水による本川洪水の日本海への直接放流がなされるに至って，この地域の水害は大きく軽減され，農地の排水改良が進むことになった（図1.4）．こうした排水条件の基本的な改良という水文環境の変化によって，地域の農地や農業集落の水環境も徐々に制御することができるようになったのである．この地域の白根郷や亀田郷と呼ばれる輪中や低平な西蒲原地域では，

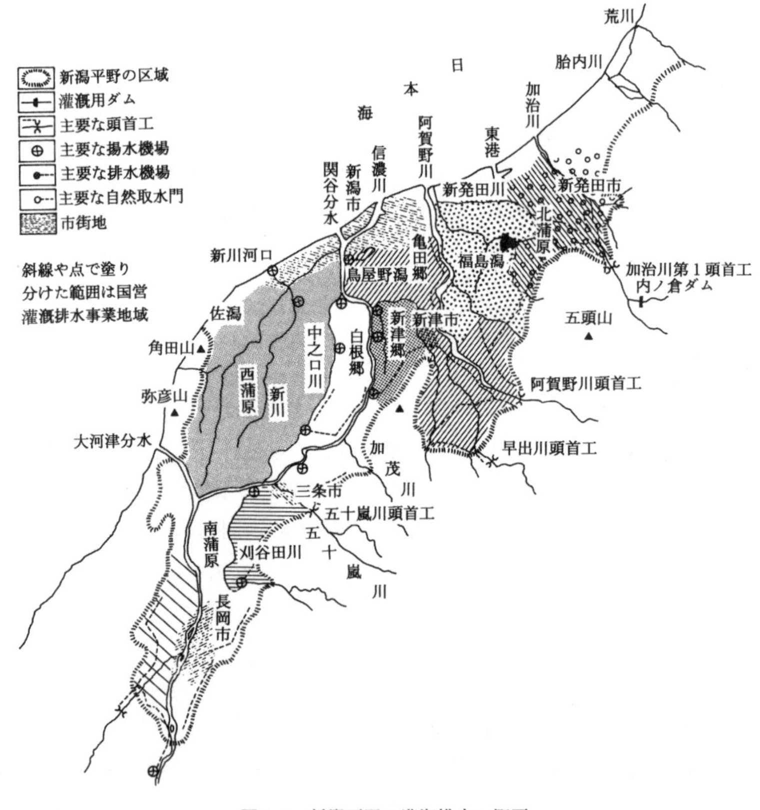

図1.4　新潟平野の灌漑排水の概要
（原図：農業土木研究会（1988））

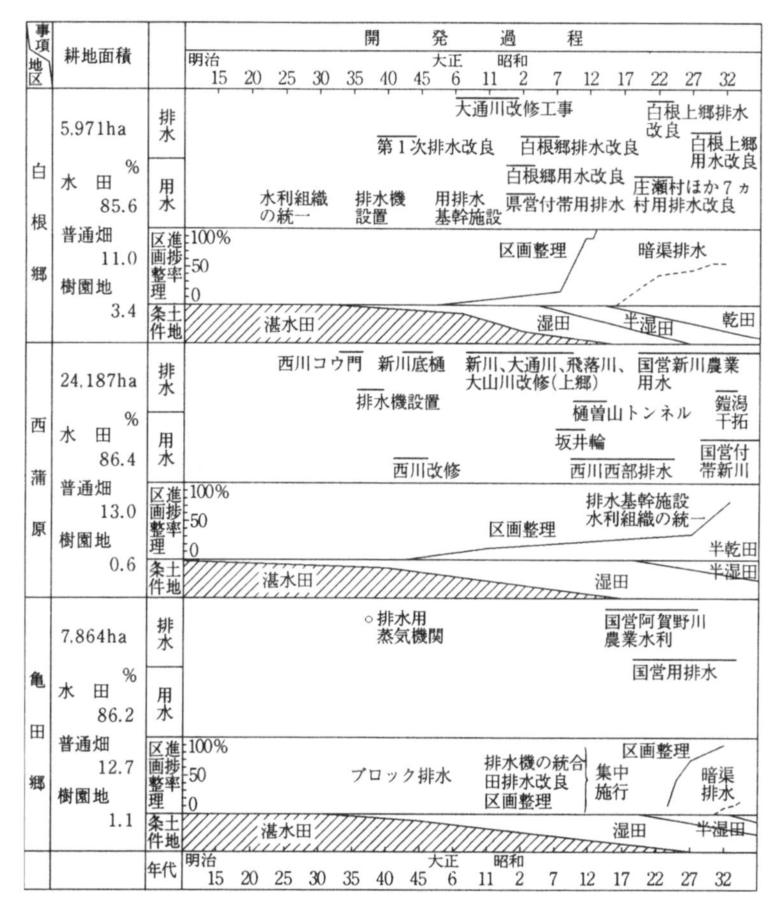

図 1.5　新潟平野の水田地域の用排水の改良
五十崎他（1978）（原図：農林省金沢農地事務局（1959））

図 1.5 に示すように，地域的な排水改良が進んだことにより，不要な湛水を排除できない湿田から，地下水位を下げてそれを排除できる乾田への改良が可能となった．そして区画の整理も進んで，生産性の高い日本有数の穀倉地帯が形成されたのである．

さらに，こうした農地排水を中心とする地域的な排水改良は，その後の都市的な地域拡大の基盤となり，都市の拡大は排水改良の推進をさらに要請することとなった．地域の排水条件の確保は，農地排水を主目的に整備された排水施設が担うことになり，農業水管理が地域の水環境の保持に主導的な役割を果たしてきているのである．なお，排水改良の進展は，農地での地下水位の低下による土壌水の深層への浸透の増加をもたらし，それに伴う用水需要の増加が用水改良を必要とすることとなった．

この新潟平野の例で見たように，灌漑排水を中心とする農業水管理は，地域の基本的な水環境とダイナミックに関わり合いながら，地域や時代の要請に適合した水利用を展開させることで，地域の新たな安定した水循環を形成している場合も多い．

b.　灌漑排水の地域水環境への影響

灌漑排水は，農地だけでなく地域の水環境を形成し調整するため，場合によっては悪影響を及ぼすこともある．多くの例があり，かつ深刻なものは，地域の水循環の基本構造への影響である．

灌漑のために必要となる水量は多く，水源からの用水取水量は比較的多くなる．このため，取水される河川の流況など水源の状況は大きく変化し，とくに河川の流量が比較的少ない渇水時においては河川流量のほぼ全量が灌漑用に取水され，取水地点の下流ではほとんど水が流れない「瀬切れ」と呼ばれる現象が生じることもある．こうした事態は短期間であれば大きな影響が出ないこともあるが，長期に及ぶと下流の河川近傍の地下水流動や水質，生息動植物に影響が生じることになる．

また取水源が地下水の場合，多量の揚水がなされると地下水位が低下し，場合によっては枯渇することさえある．そうなると周辺での地下水が十分に利用できなくなったり，地盤沈下をもたらしたりすることもある．

一方で排水が不十分な場合，灌漑農地の周辺地域で湿害や湛水を生じることがある．また排水先が不適当で，本来の水の循環構造・経路を大きく逸脱するものであれば，下流の排水先地域で不要な湿害や湛水をもたらす．加えて，農地において排水改良などが行われ，下流への雨水の流出が速められると，豪雨によって短時間のうちに河川流量が増大して下流の洪水被害が大きくなることもある．

こうした水環境・水循環の量的側面への悪影響だけでなく，水質への影響も大きなものがある．近年の農地では，化学肥料はじめ殺虫剤・除草剤などの薬剤が施用・散布されるのが普通であり，農地から排出される水には栄養塩類や薬剤が含まれることになる．多量の用水使用とも相まって，地下水や下流の排水路・河川にこれらの物質が多量に流出してくることになる．物質の質や量によっては，関係地域の水利用や利水者，生息動植物・生態系に危険な影響をもたらすことになる．

たとえば，琵琶湖へ流入する窒素やリンの汚濁負荷のうち，水田や畑など約6万haの農地からの排水によるものが，図1.6に示すようにどちらも約12%を占める．琵琶湖周辺の農地は，従来は低湿な水田が多く，用水も繰返し反復的に利用されるなど琵琶湖の富栄養化をもたらす汚濁の負荷は小さかったが，化学肥料や薬剤の使用量の増大と用排水施設の改良によってもたらされた排水量の増加などによって，この負荷流出量が増大した．琵琶湖は，近畿地方の約1,400万人が依存している水源であり，

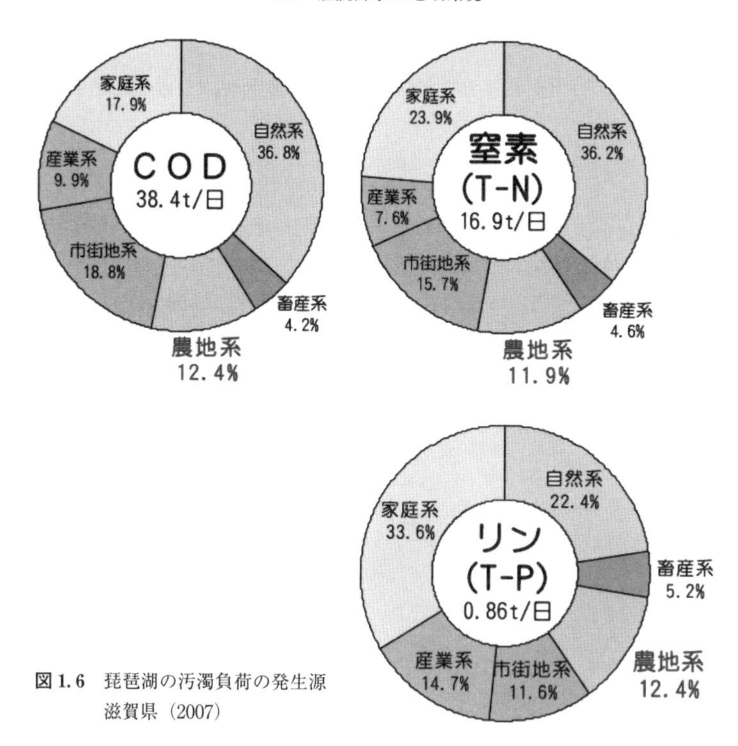

図 1.6 琵琶湖の汚濁負荷の発生源
滋賀県（2007）

また水産業の場や観光地としても，さらに水上スポーツの場としても貴重であり，その水質の悪化はきわめて大きな影響をもたらす．そのため，滋賀県を中心にしてさまざまな水質保全対策が実施され，上記の割合に大きな変化はないが負荷量は減少しつつある．

こうした灌漑排水の直接的な影響だけではなく，灌漑排水用の施設を建設することによる影響も小さくない．河川に建設される取水堰は土砂の流下を抑制することになるため，上流では滞砂が，下流では河床の低下や洗掘が問題となることがある．ダムなどの大規模な施設は，貯水による河川流況の変化にともなうさまざまな環境影響に加えて，建設に長い年月を要するため，工事中の濁水の発生などが問題となることもある．

さらに，効率的な用水利用を目的として，水路などの施設を送配水機能の発揮に重点をおいて建設すると，水辺の生態系を著しく損ねることがある．コンクリート張りの水路が作物に対する病虫害の拡大を抑制する効果を持つこともあるが，水生動植物の生息場所を奪うのも事実である．こうした生態系への影響は，水路だけでなく，湿地の排水による農地化や農地の土壌水分量の変化によって広い範囲で生じることになる．

[渡邉紹裕]

文 献

FAO：命の水(その1)ー食料生産と農村開発における水利用，世界の農林水産，**2**，4-25 (1995)．

Fitter, A. H. and R. K. M. Hay（太田安定他訳）：植物の環境と生理，学会出版センター (1985)

五十崎恒他：理論応用かんがい排水学，p. 238，養賢堂（1978）

農業土木学農業土木史編集委員会：農業土木史（1979）

渡邉紹裕：地域水環境と農業・農村，山崎農業研究所編，21世紀水危機ー農からの発想，pp. 82-93，農文協（2003）

2.1　地球上での水の循環

a.　地球上の水の存在量

人間の生活は古来より水の存在や動態に大きく影響されている．人間活動にとって水資源は必須である一方，洪水や渇水，有害物質による水質汚濁は人間の生命や資産を脅かす．とくに，農業生産には大量の水資源が必須である一方，面的に広い範囲で営まれる農業は水の動態へも大きな影響を及ぼす．また近年，地球規模から地域規模までさまざまなスケールで種々の環境問題が顕在化しているが，その多くは水や水とともに動く物質の動態が人間活動により改変されたことによって起きている．持続的な人間活動のためには，さまざまな要素を考慮した上での水文環境の制御が必要不可欠である．

地球の表面には，さまざまな形態で固体，液体，気体の水が存在している．具体的には，氷河，積雪，海洋，湖，河川，地下水，大気中の水蒸気などの形態で水が存在している．これらの水は不動のものではなく，それらの間を水分子が動くことにより互いに刻々と形態を変えている．このような水の存在する場は水圏（hydrosphere）と呼ばれている．地球内部のマントル中にも水が大量に存在しうることが示されているが（Inoue et al., 1995；Pearson et al., 2014），水圏とは地殻内，地上，大気中の水が存在する場を意味する．

水圏に存在する各形態の水の量は，おもに1970年代に多くの研究者によって推定された．それらの結果には若干の差が認められるが，おおむね一致している．表2.1に推定の一例を示す．これを見ると，水圏には約13.86億km^3の水が存在している．この多量の水の存在は他の天体と異なる地球の大きな特徴であり，この水が人間を含むさまざまな生物の進化をはぐくんだ．しかし，水圏に存在する水の96.5%は海水であり，塩水の地下水と塩水湖を加えると総量の97.5%は塩水である．塩水はそのままでは水資源として用いることができず，すぐに利用できる淡水は水の総量の2.5%しかない．また，この淡水中の69%は雪氷と氷河であり，その大部分は南極大陸にある．人間の居住域近くにあって水資源として最も利用しやすい水は河川水であ

表2.1 地球の水圏における各形態での水存在量

	体積（$\times 10^3$ km^3）	総水体積に占める割合（%）	総淡水体積に占める割合（%）
海洋	1,338,000	96.5	
雪氷と氷河	24,064	1.74	68.7
地下水	23,400*	1.69	
うち淡水の地下水	(10,530)	(0.760)	30.1
永久凍土内	300	0.0216	0.856
土壌中	16.5	0.00119	0.0471
湖	176.4	0.0127	
うち塩水湖	(85.4)	(0.00616)	
うち淡水湖	(91.0)	(0.00657)	0.260
沼地，湿地	11.5	0.00083	0.0328
河川	2.12	0.00015	0.0061
生物体内	1.12	0.00008	0.0032
大気中	12.9	0.00093	0.0368
計	1,386,000	100.0011	
うち淡水	35,029.14	2.53	100.00

＊地表面下 2,000 m までの存在量．また，南極の地下水（約 2×10^3 km^3 で，うち約 1×10^3 km^3 の淡水を含む，と推定される）を含まない．

Babkin and Klige (2003) より作成．

り，次に淡水の地下水であるが，河川水は約 2,100 km^3（総量の 65 万分の1）しかない．地球上には大量の水があるものの，そのうちのきわめて少量に人間活動が依存しているのが現状である．

b. 地球上の水循環

水圏での水の動きを図2.1に示す．蒸発や植物の蒸散によって水蒸気となった水は，地表から大気へと移動する．大気中の水蒸気は気流により運ばれ，周りの物理的条件の変化に従って凝結または昇華し，降水として地上へ降下する．降水の一部は植生などによって遮断され，水蒸気となって大気へ戻る．降雪は積雪として地上に存在したのち融雪水として，また降雨は降下後直ちに，表面流出したり土壌中を浸透したりする．その後，河川流，地下水流などのさまざまな経路を通って，湖沼，海洋といった水体へと流下する．このような水圏での水の動きは水文循環（hydrologic cycle）または水循環と呼ばれ，水文学の中心的な対象として長年にわたり研究されてきた．20世紀後半以降には，水そのものの動きだけでなく，水循環の中で水とともに移動する栄養塩類，有機物，無機イオン，農薬などの水質項目についても研究が進められた（たとえば Reay et al., 2008）.

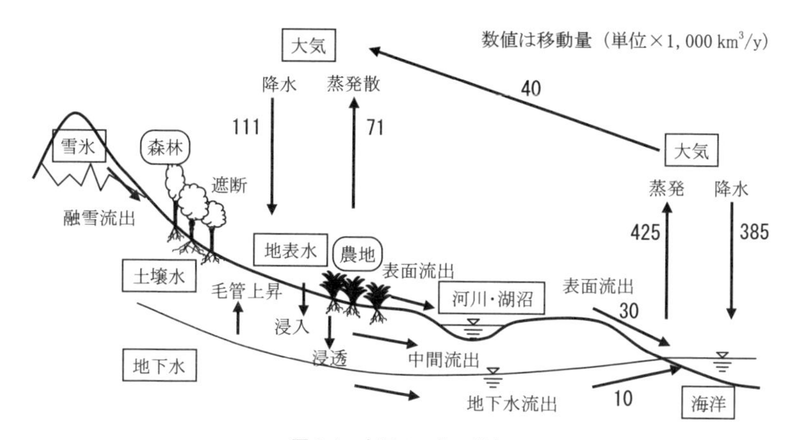

図 2.1 水圏での水の動き
農業農村工学会（2010），Bronstert et al.（2005）より作成.

水循環の大きな流れを見ると，海洋から蒸発して大気中を陸上へ移動し，陸上に降下して海洋へ流出する循環が，水資源として利用されていることがわかる．この水の流れ（フロー）が人間生活に重要な意味を持っており，その水量は年間 4 万 km^3 と推定されている．このように，水資源は巨視的にはフローを利用した資源であり，典型的な再生可能資源である．

表 2.1 に示したそれぞれの形態での水の存在量を，別の形態との間の移動量（通常は 1 年間当たりの移動量）で除すと，その形態での平均滞留時間を求めることができる．表 2.2 に平均滞留時間を求めた一例を示す．滞留時間の長い形態は，氷床や氷河，地下水，海洋である．極域の深層の氷は何万年も動いておらず，そのため掘削された氷床コアに閉じ込められた気泡や不純物から，3 万年前までの大気組成や植物相を推定することができる．また，地下水は平均滞留時間が長いため，ひとたび汚染された場合には問題が長期化する場合が多い．

一方，滞留時間の短い形態は河川，大気である．河川水は平均して 11 日に 1 回更新されており，水資源として最も多く利用されている河川水は再生可能資源であることがわかる．近年，地球温暖化抑制の観点から再生可能エネルギーの利用に注目が集まっているが，自然の水循環の中からエネルギーを得る水力発電による電力は代表的な再生可能エネルギーである．また，存在量が少ない生物体内の水は，平均して数時間に 1 回更新される

表 2.2 各形態の水の平均滞留時間

	平均滞留時間（年）
海洋	3000
地下水	5000
氷床，氷河	8000
陸上の水	7
土中水	1
河川	0.031（11 日）
大気中	0.027（10 日）

Shaw（1994）より作成.

と算出されている（Babkin and Klige, 2003）.

c. 水循環とエネルギー循環

前項で述べた水循環が生起するためにはエネルギーが必要であるが，その駆動力となるおもなエネルギーは，太陽エネルギー，重力による位置エネルギー，分子間力によるエネルギーである．蒸発，蒸散（光合成），風，大気の大循環といった現象は，基本的に太陽エネルギーによって引き起こされる．降水，浸透，流出，地下水流動などは，重力に従った水の動きである．また，水分子同士や水と接触している物質との間の分子間力に起因する毛管現象も，水循環に深く関係している．土壌や積雪内での保水は多孔質体（porous media）内での毛管現象によって起こるばかりでなく，多孔質体内での水の動きは重力に加えて毛管力によって大きく影響される．

一方，水循環は，水を介してエネルギー形態を変換しつつ，水とともに大量のエネルギーを輸送している．海面や地表面近くで水が蒸発する際には，蒸発潜熱に当たるエネルギーが蒸発面から奪われる．このエネルギーが大気中での水蒸気の輸送に伴って遠方へ輸送され，水蒸気が凝結あるいは昇華して降水となる際にエネルギーが放出される．また，海流によっても大量のエネルギーが輸送されており，世界各地の大洋沿岸地方の気候は海流によって強く影響されている．つまり，地球表面でのエネルギーの偏在を駆動力とする水循環によって，平滑化される方向へエネルギーが再分配されている．

d. 水資源の量

水は循環しているため，水資源量を見積もる場合には地下資源の埋蔵量などと異なり，水資源として使える形で循環している量（フロー）について考えることが必要である．従来，水資源量の指標として，ある地域における降水量から蒸発散量を差し引いた量（通常は1年間当たりの量）が用いられ，水資源賦存量と呼ばれる．水資源賦存量は，自然の水循環の中で，その地域における利用可能な水量の上限を表す．実際には，洪水は海洋へ無効放流されるし，利用される場所から遠く離れていて輸送手段がないところの降水は利用できない．

近年は，ある国における水資源量の国際的な指標として，総実質再生可能水資源量（total actual renewable water resources：TARWR）が用いられる．TARWRは，当該国内の降水による河川流出量および地下水涵養量（内生再生可能水資源量（internal renewable water resources：IRWR））に，国外から入ってくる水の量を加えたものと定義されている．上流側の国での取水や，隣接する地域との間での条約や協定で取り決められている越境流量を考慮した上での，当該国で実際に利用できる最大の水資源量を表し（FAO, 2003），人為的な影響も加味した利用可能な水量の上限と見なされる．

水資源量を考える際，現実的には水資源の総量を当該地域の人口で除した1人当たりの水資源量が重要な意味を持つ．表2.3に各国の1人当たりのTARWRの例を示した．1人当たりTARWRの値は，国によって数オーダーの違いがあり，降水量と人口密度に影響されることがわかる．1人当たりTARWRが世界で最も多い国はアイスランドであり，人口密度は3.2人/km^2と非常に低い．表2.3には示していないが，カナダ（82,485 m^3 年$^{-1}$ 人$^{-1}$），オーストラリア（21,077 m^3 年$^{-1}$ 人$^{-1}$），モンゴル（12,258 m^3 年$^{-1}$ 人$^{-1}$）といった，ある程度の降水量があって人口密度が小さい国は1人当たりTARWRが多い．一方，クウェートは1人当たりTARWRの最も少ない国の1つであり，乾燥地域にあって降水量自体がきわめて少ない国はいずれも1人当たりTARWRが少ない．また日本を含め，かなりの降水量があっても人口密度が高い国は，1人当たりTARWRは大きくはない．日本の1人当たりTARWRは年間約3,382 m^3である．

表2.3は国別の値であるが，当然ながら同じ国内でも地域によって利用できる水資源の量は異なる．たとえばインドは，世界で最も多雨な地域であるインド東部と，イ

表2.3　各国の水資源量

	人口密度（人/km^2）	平均降水量（mm/年）	1人当たり年降水総量（m^3 年$^{-1}$ 人$^{-1}$）	TARWR（km^3/年）	1人当たりTARWR（m^3 年$^{-1}$ 人$^{-1}$）
日本	336.4	1,668	4,958	430	3,382
中国	147.6	645	4,371	2,840	2,005
インドネシア	130.8	2,702	20,664	2,019	8,080
インド	380.9	1,083	2,843	1,911	1,526
ロシア	8.4	460	55,065	4,508	31,561
クウェート	189.1	121	640	0	6
イスラエル	350.4	435	1,241	2	230
フランス	117.1	867	7,405	211	3,282
英国	260.2	1,220	4,689	147	2,319
アイスランド	3.2	1,940	605,515	170	515,152
ポーランド	122.2	600	4,909	62	1,612
ナイジェリア	187.9	1,150	6,119	286	1,648
アメリカ合衆国	32.6	715	21,964	3,069	9,589
ブラジル	23.5	1,761	74,846	8,647	43,157
パラグアイ	16.7	1,130	67,572	388	57,013

FAO：　AQUASTAT, Main AQUASTAT country database, http://www.fao.org/nr/water/aquastat/data/query/index.html?lang=en　から2015年3月26日でのLatest valuesを用いて作成．

ンダス河下流の乾燥地域を国内に含んでいる．水資源は基本的に1つの流域内を流下する河川水や地下水流であるため，水資源量も流域単位で考えるべきであり，近年は数10 km四方のメッシュなどごとに，世界各地の水資源量を評価する研究も進んでいる（Islam et al., 2007）．

2.2 流域での水の循環

a. 河川の上下流での水の動態，水需要のちがい

河川は，水のさまざまな存在形態のうち最も水資源として利用しやすい．標高の高い地帯で侵食溝を形成するなどして地表面を流下しはじめた水は，やがて渓流となり，次第に合流を繰り返しながら流下を続ける．河川の上流部では侵食作用が起こりやすく，急峻な渓谷が形成されるとともに，土砂が下流へ運搬される．河川が山間部を出て勾配が緩やかになるところでは，上流部から運搬された土砂が堆積して扇状地が形成される．さらに下流部には，土砂の堆積により沖積平野が形成される．

図2.2は典型的な河川流域の概念図である．1つの河川流域の全体（水系）を概観すると，主要な水利用は通常扇状地から平野にかけて行われている．中流部に大きな盆地が存在する河川では，盆地でも水利用が行われる．扇状地は緩い傾斜地で水はけもよいので，灌漑施設が整えば良好な農地となる．平野部には平坦な土地が大きな面積で広がっており，水田に適した土地である．そのため，日本を含めモンスーンアジアの平野部はほとんどが水田に利用されている．また平野部は河口に近く，交通の利

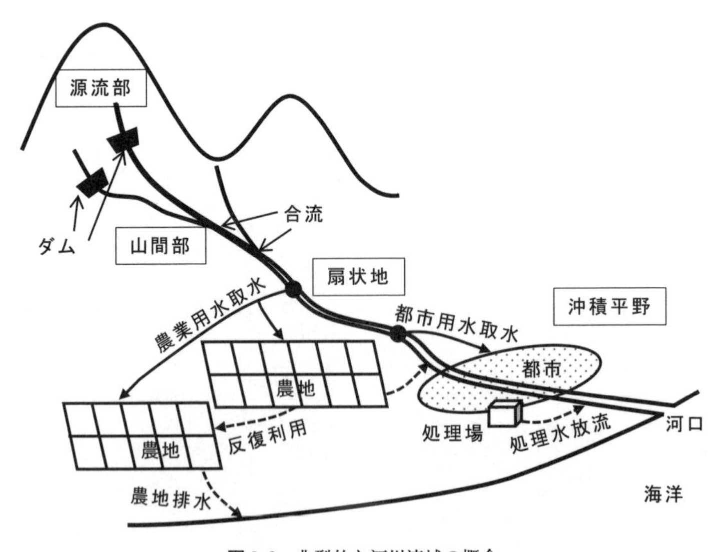

図2.2 典型的な河川流域の概念

便性などのため人口集中地がある場合が多い．一方で平野部に比べて山間部では，農地に適した平坦な土地が少なく，人口集中地も少ないので大きな水需要はない．山間部では渓流取水工を設けて渓流水が利用されるが，渓流では洪水時と渇水時とでの流量の差が非常に大きく，安定して取水できる水量は限られている．

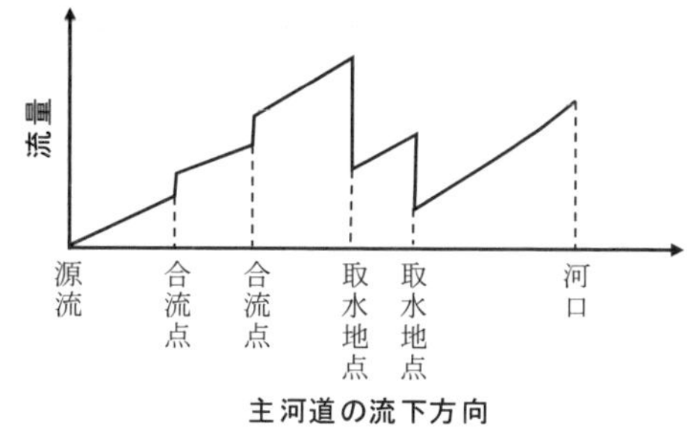

図 2.3 河川の上下流方向に沿った河川流量の変化の模式図

上流部の山岳地帯には，水資源を確保するためにダムが建設され，貯水池が設けられる．利用する水を貯めておく貯水池は，受益地よりも上流側に位置しないと，くみ上げるためのエネルギーが必要となってしまう．また，河川上流部の急峻な峡谷を締め切ることにより，少ない提体積（すなわち，少ない工事費）で大きな貯水池を作ることができる．さらに，ダム建設に伴う移転などの補償費がなるべく少ない地点が，ダムサイトとして選定される．

図 2.3 は，河川の 1 つの連続した河道の上下流方向に沿った，河川流量の変化を模式的に表したものである．基本的には，下流へ流下するにつれて，小規模な横流入によって徐々に河川流量は増加する．上流部，中流部では支流の合流によって流量が不連続に増加し，中流部，下流部では取水によって流量が不連続に減少する．取水された水のすべてが水利用によって消失するわけではなく，水の一部は還元流として下流側で河川へ戻ってくる．

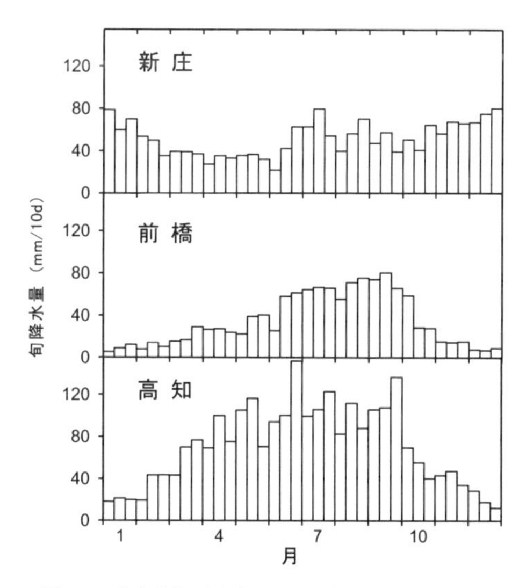

図 2.4 各気象観測地点における旬降水量の平年値
気象庁： 過去の気象データ検索，http://www.data.jma.go.jp/obd/stats/etrn/index.php より作成．

b. 河川流量の季節変動

日本の気候は季節風の影響を強く受け，停滞前線と前線に沿って移動する低気圧による梅雨期や秋雨期，および台風が通過する際に，多くの降水がもたらされる．また日本海側地域では，冬型の気圧配置の際に多くの降水がもたらされる．

図2.4に，新庄，前橋，高知の3つの気象観測地点における，旬降水量の平年値（30年間の平均値）を示した．前橋では6月中旬（第17旬）から10月上旬（第28旬）までの降水量が多い．高知では4月中旬(第11旬)に旬降水量は100 mm/10 dに達し，9月下旬（第27旬）まで降水量が多い．対して新庄では，10月下旬（第30旬）から2月中旬（第5旬）までの冬季間の降水量が多い．新庄のような日本海側地域では冬季の降水量が多く，とくに北陸地方以北ではその多くは積雪として流域に蓄積される．

このような気候特性に応じて，河川流量も季節変動する．図2.5には一例として，利根川の八斗島地点（36°15′52″N，139°11′53″E，流域面積5,150.0 km^2）と最上川の高屋地点（38°45′32″N，140°03′52″E，流域面積6,270.9 km^2）での流出高（＝流出量／流域面積）の季節変動を示した．いずれも上流のダムによる流量調節の影響を受けているものの，日本海側の河川での冬季と融雪期の流量が多いことなど，流量の季節変動の傾向が大きく異なることがよくわかる．日本海側の河川の融雪流出は，農業用水が多量に必要となる水田代かき田植え期の重要な水資源となっている．

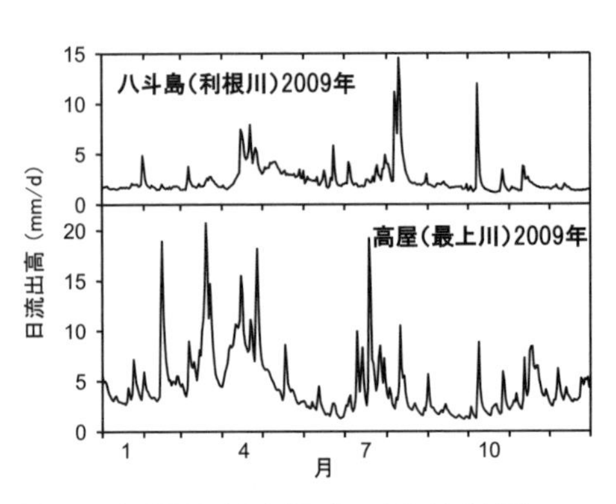

図2.5 太平洋側（八斗島）と日本海側（高屋）での河川流量の変動の例
国土交通省： 水文水質データベース，http://www1.river.go.jp/ より作成．

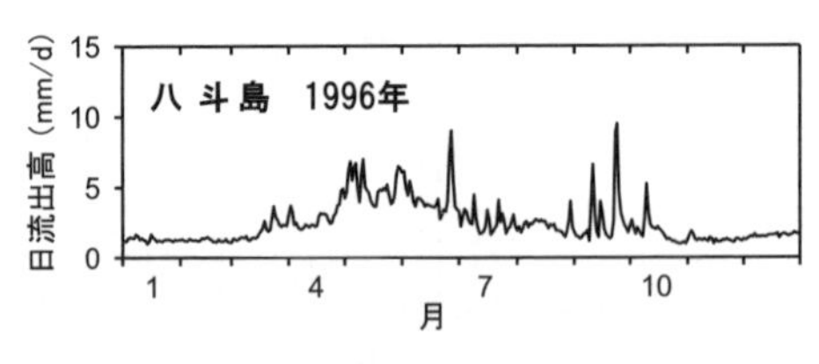

図2.6 利根川（八斗島地点）での渇水年（1996年）の流量変動
国土交通省： 水文水質データベース，http://www1.river.go.jp/ より作成．

図2.6には，利根川の同じ八斗島地点における渇水年（1996年）の例を示す．1996年は利根川水系において，1月～3月の冬季と8月～9月の夏季の2度にわたって取水制限が実施された．夏季の取水制限期間は41日間に及び，うち6日間で30%の取水制限が実施され，近年で最も厳しい渇水年であった．図2.6を見ると，1996年には4月～5月の融雪流出量が少なかった．また，6月下旬に流量ピークがあるものの，7月，8月に大きな流量ピークがなかったことがわかる．このように，梅雨期から夏季にかけて降水が少ない年には渇水が起こりやすい．

ところで，日本と同様に水田稲作が行われている地域のうち，モンスーンアジアと呼ばれる東南アジア島嶼部およびインドシナ半島からイ

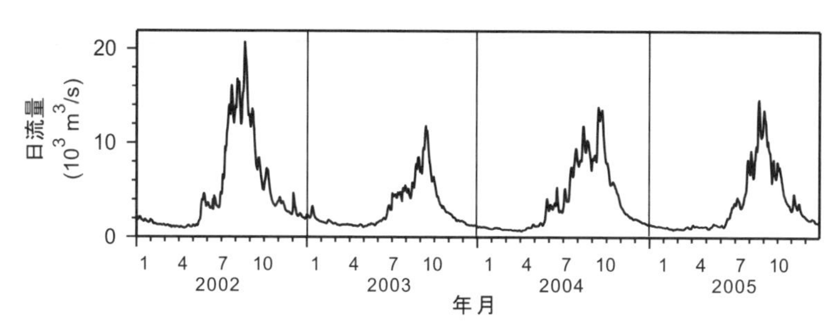

図 2.7　メコン川の中流部ビエンチャンでの流量変動
Iida et al. (2011)

ンド東部にわたる地域では 1 年の中に明瞭な雨季と乾季があり，降水量のみならず河川流量は雨季と乾季とで大きく変動する．図 2.7 には一例として，モンスーンアジアの代表的な河川であるメコン川の中流部ビエンチャン（17°58′21″N, 102°33′09″E，流域面積 299,000 km^2）での流量の変動を示した．このような地域では，かつては毎年起こる雨季の洪水と乾季の渇水のため農業生産が安定しなかったが，それぞれの地域で雨季の豊富な水資源をうまく利用する技術が発達してきた．現在は，近代的な灌漑施設が整備されて乾季にも稲作が可能となり，三期作を行っている地域が増えている．

2.3　水資源の利用

a.　水資源の利用状況

水使用形態は農業用水と都市用水に分類され，都市用水は工業用水と生活用水に分類される．さらに生活用水は家庭用水と都市活動用水に分類される（水文・水資源学会，1997）．水使用量の統計などでは，農業用水，工業用水，生活用水の 3 種類（セクター）に分類されてまとめられる場合が多い．それぞれの具体的な用途の例を図 2.8 に示した．この 3 種類の他の用水としては，消・流雪用水，養魚用水，発電用水があり，水の質的利用として水の持つ熱エネルギーの利用も進んでいる．

農業用水：　水田灌漑，畑地灌漑，畜産…
都市用水
　工業用水：　ボイラー，原料，製品処理，洗浄，冷却，温調…
　生活用水
　　家庭用水：　飲料水，調理，洗濯，風呂，掃除，水洗トイレ，散水…
　　都市活動用水：　営業，事業所，公共，消火…
その他

図 2.8　水利用の分類と用途

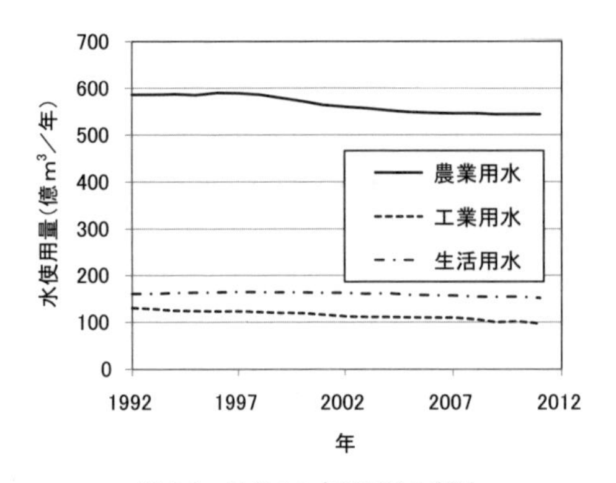

図 2.9 日本での水利用量の変遷
国土交通省水管理・国土保全局水資源部（2014a）より作成.

図 2.9 には，1992～2011 年の日本での水利用量（取水量ベースの値）の変遷を示した．ただし，農業用水は推計値，工業用水は従業者数 30 人以上の事業所での淡水補給量である．日本の総水使用量のうち農業用水が占める割合は，この間 67～69% でほとんど変化していない．農業用水のうち 94% は水田灌漑用水であり，残りの 6% が畑地灌漑用水と畜産用水である．水田灌漑用水量は，水田の汎用化の広まり，用排分離による反復利用率の低下，農村の都市化に伴う水路水位維持用水の必要性などの近年の増加要因はあるものの，水稲作付面積の減少のため，1997 年以降は減少傾向にある．都市用水使用量も，近年は人口減少や社会・経済状況などを反映して緩やかな減少傾向にある．日本では工業用水において一度使用した水を再利用する回収利用が進んでおり，2011 年には淡水補給量は 97 億 m^3 であったが，回収水量は 352 億 m^3 であり，総使用量は 449 億 m^3 であった（国土交通省，2014b）．

農業用水の大部分は河川または湖沼から取水されるが，地下水も利用される．農業用水，工業用水，生活用水に，その他の養魚用水，消・流雪用水，建築物用等まで含めた日本の地下水使用量合計は，現在約 112.1 億 m^3／年と推定されているが，その

表 2.4 世界の各地域でのセクターごとの水使用量

	農業用水 (%)	工業用水 (%)	生活用水 (%)	総量 (km^3/y)	1 人当たり総量 (m^3 年$^{-1}$ 人$^{-1}$)
アジア	86	8	6	1531	519
アフリカ	88	5	7	144	245
旧ソ連圏	65	28	7	358	1280
ヨーロッパ	33	54	13	359	713
北中米	49	42	9	697	1816
オセアニアとオーストラリア	34	2	64	23	905
南米	59	23	19	133	478
世界	69	23	8	3240	644

Malano and Hofwegen（1999）より作成.

内28.7億 m^3／年（25.6%）が農業用水に利用されており，これは農業用水の水利用量544億 m^3／年の5.3%に当たる（国土交通省，2014c）．

表2.4に，世界の各地域での水使用量（総水量および1人当たりの水量）と，セクターごとの内訳の推計値の一例を示した．世界全体で見ると総水使用量の69%が農業用水であり，これは日本における農業用水の比率とほぼ等しい．とりわけ，アジアやアフリカでは農業用水の占める比率が高いことが特徴である．世界の総水使用量のうち約40%はアジアの農業用水であるが，おもにモンスーンアジアでの水田稲作に使用される農業用水量が大きいためにアジアの農業用水の比率が高い．多量の用水の利用を前提とした水田稲作が，モンスーンアジアの多くの人口を支えている．

b. 水資源利用の権利

河川には多くの水利用者が関わっているので，だれでも自由に取水してよいわけではない．河川の流水を取水するには，取水して使用する権利を持っている必要があり，これを水利権と呼ぶ（中村・水谷，1998；農業農村工学会，2003）．日本では，河川から取水する場合には河川管理者から流水の占用の許可を得るよう，河川法に規定されている．一級河川では，河川管理者は国土交通大臣である．

明治29年に旧河川法が制定され，河川の流水の占用について許可を受けることとされたが，古くから水を利用している既存の農業用水など法制定以前から取水の実態

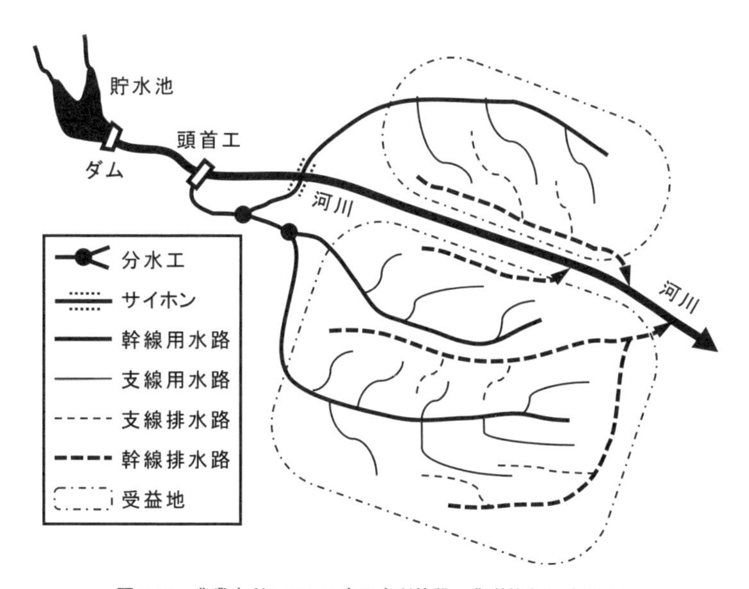

図2.10 農業水利システム内の水利施設の典型的なレイアウト

図 2.11　水田地帯の用排水路網

があるものについては，流水の占用の許可を受けたものと見なすとされた．これは「慣行水利権」と呼ばれ，昭和 39 年に制定された新河川法においても旧河川法と同様の地位が認められている．一方，河川法に基づき河川管理者の許可を受けた水利権を「許可水利権」と呼ぶ．近年は，とくに面積規模の大きな農業用水の多くでは，慣行水利権から許可水利権への切り替えが行われてきている（農林水産省農村振興局整備部設計課・水資源課，2013）．

現在の利水計画では，10 年に 1 回程度の渇水年の渇水流量（年間で 355 日はそれを下回らない流量）を基準渇水流量とし，基準渇水流量から河川維持流量を差し引いた残りの河川流量が，水利権を有する者の利用に割り振られている．

一方，地下水は土地所有権に附随するものというのが旧来からの考え方であり，日本では第 2 次世界大戦頃まではこの考え方が支配的であった．その後，流動する地下水は同じ水脈の利用者の共同資源であって土地所有者に認められる地下水利用権には合理的な制約が加えられるとする判例（昭和 41 年松山地裁宇和島支部判決）などが出現するようになった．近年は，地下水は地表水と同列かつ統一的に扱われるべきであり，流動する性質から見て私権の対象にはなじまず，その保全と利用を適切に行うために公水とすることが必要であるという考え方に基づいた，地下水公水論が進展しつつある（改訂地下水ハンドブック編集委員会，1998）．また，地下水採取量の増大による地盤沈下や塩水化などの地下水障害を防ぐため，工業用水法，建築物用地下水の採取の規制に関する法律，地方公共団体による条例などにより地下水の採取が規制されている．

c.　農業用水の利用

農業用の灌漑施設が整備されている地区では，河川などの水源からすべての農地区画まで水を届けるために，幹線から支線，支々線へと分岐を繰り返しながら用水路網が展開されている．また，農地から不要な水を迅速に排水する排水路網も設けられる．水路網の各所には，所定の量の水を適切な流速，水位，エネルギーを保った状態で流すためのさまざまな水利施設が設けられている．近年は，流水や水利施設を遠隔監視，遠隔操作する装置も導入されている．さらに，これらの水利施設を管理運営する人々が社会的関係の中に存在し，これら全体によって農業水利システムが構成されている．図 2.10 に農業水利システム内の水利施設の典型的なレイアウトを模式的に示した．

とくに用水量の多い水田地帯では，図2.11に示したように用水路，排水路網が緻密に展開されている．第2次大戦後の土地改良事業の中で近代的な水利施設の整備が進められ，近年はICTを駆使した高度な遠隔監視，遠隔操作による農業用水の制御の精密化と省力化が進められている．

2.4 水資源の開発

a. 水資源開発の歴史

農耕が始められた初期には，自然の降水のみを当てにした「天水依存」の農業が行われていたと考えられている．この天水依存では農業生産は安定せず，増加していく人口を支えるための安定した農業生産を求めて，農業に必要な水を人為的に供給する灌漑が行われるようになったと考えられる．

日本では，縄文時代中期には稲が栽培されていたことが，プラント・オパール分析や，炭化米や土器についた籾跡の出土によって示されているが，この時代の水田や灌漑施設の遺構は見つかっていない．この時代には，稲は他の雑穀と一緒に，灌漑施設のない焼畑，普通畑，湿地などで栽培されていたと考えられている（佐藤，2008；那須，2014）．その後の縄文時代晩期終末（弥生時代早期）の水田と灌漑水路の跡が北九州などで出土しており，これらが，現在までに発見された日本で最も古い灌漑農業の遺跡である．続く弥生時代に水田稲作の拡大とともに灌漑農業が本州北端まで広まったと考えられている．それ以降は営々と水田面積の拡大に応じて，河川に取水口を設けて用水路へ取水したり，渇水に備えてため池を築造したりするなどの農業水利事業が，洪水防御のための河川改修事業と併せて，おもに地域の権力者の主導で各地で進められてきた．

近代以前には水利用の大部分は農業用水であり，食料生産のための水利用であったため，時折発生する渇水は水利用者にとってまさに死活問題であった．水源を共有する水利用者間での水の取り合いはしばしば深刻化し，「水争い」が生じた．河川の場合には流量を人為的に補強し得なかったため，ダムなどによる人為的増強のない状態での河川流量が渇水時の利用可能水量の上限であったが，その量が毎年変動することによって水利用が競合した（志村，1987）．古くからある水田（古田）が，後から新規に開拓された水田（新田）に対して優先して取水する権利を有する「古田優先」の方式が基本であったが，そもそも上流側で取水する方が位置的に有利であり，乏しい流水を上流側で強引に取水して下流側へは流さないという「上流優先（上流優位）」の状況も生じた．また，渇水時の被害を最小限にするために，順番に公平に水を配分する「番水」や，さらに厳しい渇水の際には収穫をあきらめる「犠牲田」などの規律も生み出された（農林水産省農村振興局整備部設計課・水資源課，2013）．このよう

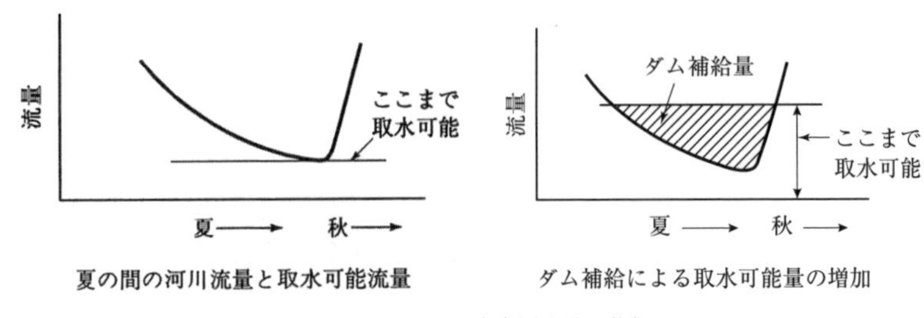

夏の間の河川流量と取水可能流量　　ダム補給による取水可能量の増加

図 2.12　ダムによる水資源開発の仕組み

な水争いとその調停とが繰り返され，次第に農業用水内部での水利秩序が形成されていった．

近代になって国レベルでの法治が整い，河川法によって前述の水利権が規定された．また，土地改良事業の実施により水源の手当てや水利施設の整備が行われ，深刻な用水不足は全国各地でほぼ解消され，安定した農業生産が行えるようになった．

b.　水資源の開発

日本では昭和 10 年代以降（実質的には第 2 次世界大戦後），ダムによる大規模貯水池の建設が技術的に可能となり，ダムによる水資源開発時代を迎えた．現代の多目的ダムのおもなはたらきは，洪水調節，利水，発電である．豪雨の際には川を一気に流れ下る洪水を貯水池に一時的に貯め込んで下流の洪水被害を防ぎ，干ぼつの際には貯水池に貯めてある水を放流して河川流量を増強する．ダムによる水資源開発のしくみを模式的に図 2.12 に示す．日本では，梅雨明けから秋雨期までの間の夏季の小雨期には河川流量が徐々に減少し，年によっては河川流量が水需要量を下回って渇水が起こる場合が多い．そこで，梅雨期以前にダム貯水池に貯めた水を放流することによって少ない河川流量を増強する．

日本には計画中のものも含めて，堤高 15 m 以上のものだけでもすでに約 2,800 のダムがある（日本ダム協会公式ウェブサイト）．水需要の大きな水系では，すでに多くの水利用はダムによる増強分に頼っており，しばらく少雨が続くと残っている貯水量が大きな社会的関心事になる．ダムによる水資源開発を行う際には，建設費用や水没補償費を含めた総費用がより少なく，かつより大きな貯水池を作ることができるような有利な地点が選定される．したがって，水需要の増加に伴って水系内に次々とダムが建設されると，後発のダムほど費用対効果は悪くなる．また，近年はダム開発による周辺の生態系，地下水流，微気象などへの影響の問題にも社会的関心が集まっており，環境保全と水資源開発との兼ね合いも議論になる．水需要の大きな水系では，ダムによる水資源開発の限界期を迎えているといえる．

2.5　水資源に関連する近年の課題

a.　気 候 変 動

水資源に関連する近年の重要な課題として，気候変動への対応が挙げられる．20世紀の終盤から，大気中での温室効果ガスの増加による地球温暖化とそれに伴う気候変動が注目されている．気候変動は，地球上のさまざまなスケールでの水循環に大きな影響を及ぼすことはいうまでもないし，人間生活に直結した立場から見れば水循環の変化が最も直接的な気候変動である．気候変動のそれぞれの地域での具体的な影響について，さまざまな大気大循環モデル（general circulation model：GCM），地域気候モデル（regional climate model：RCM）が提案され，これらを用いた解析が行われている．しかし，複雑な現象をモデル化する際のさまざまな条件設定や，全球規模から小流域などの小規模までのさまざまなスケールと解像度でモデル計算を行う場合のデータの取扱いの難しさなどのため，各モデル間での予測値にはばらつきがある．

現実的には，ある地域で降水量が大きく変化することはその地域の社会に深刻な問題を引き起こす．これまでよりも降水量が大きく減少すれば渇水の頻度が増加し，逆に大きく増加すれば洪水の頻度が増加する．また，水循環の中での水の流れやストックされている水量の変化は物質循環にも大きく影響し，気温上昇の影響とも連動して，水質悪化の問題を誘発する．

人間は有史以来長い時間をかけて，それぞれの地域における気候に適応して，洪水を防ぐとともに渇水時の水資源を確保する水利施設と社会システムを築き上げてきた．長い時間と労力をかけて築き上げてきたこのような水利システムを急に大幅に変更することはできず，それゆえ急激な気候変動に適応することは難しい．将来の気候変動を的確に予測し，それにどのように水利システムを対応させて適応していくのかが，当面の重要な課題となるであろう．

b.　国際的問題

日本は島国であり，水需要量に比して十分な降水量が期待できるため，水資源に関して直接的には他国の影響を受けない．一方で世界には，水資源の問題で隣国から直接の影響を受ける国がたくさんある．水資源に関連する近い将来の重要な課題として，国際的な水資源管理の問題がある．

水資源に関して直接的に隣国の影響を受ける第一のケースは，流域内に複数の国の領土が存在する越境河川を水資源として利用する国々である．これらの国々は歴史的に，水資源の分配だけでなく，洪水調節，河川航行などの面も含めて係争と和解を繰り返しており，今でも水が国際的な軋轢の１つとなっている例もある．第二のケースは水資源の乏しい島国であり，シンガポールがその一例である．シンガポールは隣国マレーシアと条約を締結して大量の水の供給に対価を支払っているが，その契約の一部が2011年に期限を迎えるに当たってマレーシア側から大幅な値上げを持ちかけられた．事態を受けてシンガポールは，貯水池の建設，下水処理水の再利用，海水の淡水化を現在精力的に進めており，次の契約更新が行われる2061年までに水資源を自国で完全に賄うことを目指している．

水資源に関して日本が間接的に受ける影響について，近年の食料輸入の増大を主とする貿易問題と関連付けて議論されることが多い．いうまでもなく，食料生産には大量の水資源が必要であり，食料の貿易はその生産に要した水資源の貿易とも見なすことができる．食料自給率の低い日本は，食料生産のために本来必要である水を食料生産国に委ねている点にも注意を向けるべきで，このような水は仮想水（バーチャルウォーター，virtual water）と呼ばれる．

もともと，水資源の乏しい国が水資源の潤沢な国から食料を輸入することで国内での水消費を節減することができるとの発想から，このような食料輸入は仮想水貿易（virtual water trade）と呼ばれた．その後，輸出に回される食料生産のために産地で必要な水そのものも仮想水と呼ばれることもあったが，最近後者はウォーターフットプリントと呼ばれる場合が多い（沖，2012）．産地で食料生産のために使われた水が産地での水環境に及ぼした影響を評価する場合にはウォーターフットプリントが使われ，たとえば日本の食料輸入が産地国の環境へ及ぼした影響などの議論に用いることができる．今後は日本においても，貿易面を通して，国際的なスケールで水利用のあり方について考えていく必要が生じている．　**[飯田俊彰]**

文　献

Babkin V. I. and Klige R. K.：The hydrosphere. In *World Water Resources at the Beginning of the 21st Century* (Shiklomanov I. A. and Rodda J. C. (eds.)), pp. 10–18, Cambridge University Press, Cambridge, UK (2003).

Bronstert A. et al.：*Coupled Models for the Hydrological Cycle*, p. 4, Springer (2005)

FAO：AQUASTAT, Main AQUASTAT country database, http://www.fao.org/nr/water/aquastat/data/query/index.html?lang=en (2016年8月閲覧)

FAO：Review of World Water Resources by Country, FAO Water Reports 23, Food and Agriculture Organization of the United Nations, http://www.fao.org/docrep/005/y4473e/y4473e00.htm#Contents (2016年8月閲覧), ISBN：92-5-104899-1 (2003)

Iida T. et al.：Characterization of water quality variation in the Mekong River at Vientiane by frequent observations, *Hydrol. Process.*, **25**, 3590–3601 (2011) DOI：10. 1002/hyp. 8084

Inoue T. et al.：Hydrous modified spinel, $Mg_{1.75}SiH_{0.5}O_4$：a new water reservoir in the mantle transition region, *Geophysical Research Letters*, **22**, 117-120 (1995).

Islam M. S. et al.: A grid-based assessment of global water scarcity including virtual water trading, *Water Resour. Manage.*, **21**, 19-33 (2007) DOI: 10.1007/s11269-006-9038-y

Malano, H. M. and Hofwegen, P. J. M. V.: *Management of Irrigation and Drainage Systems—A Service Approach*, IHE Monograph 3, p. 3, A. A. Balkema, Rotterdam (1999)

Pearson D. G. et al.: Hydrous mantle transition zone indicated by ringwoodite included within diamond, *Nature*, **507**, 221-224 (2014)

Reay D. S. et al.: Global nitrogen deposition and carbon sinks, *Nature Geoscience*, **1**(7), 430-437 (2008)

Shaw E. M.: *Hydrology in Practice* (3rd edition), p. 3, Chapman & Hall (1994)

沖　大幹：水危機　ほんとうの話，pp. 83-140，新潮社（2012）

改訂地下水ハンドブック編集委員会：改訂地下水ハンドブック，pp. 5-9，建設産業調査会（1998）

気象庁：過去の気象データ検索，http://www.data.jma.go.jp/obd/stats/etrn/index.php（2016年8月閲覧）

国土交通省：水文水質データベース，http://www1.river.go.jp/（2016年8月閲覧）

国土交通省水管理・国土保全局水資源部：平成26年版日本の水資源，pp. 199-203（2014a）

国土交通省水管理・国土保全局水資源部：平成26年版日本の水資源，pp. 69-73（2014b）

国土交通省水管理・国土保全局水資源部：平成26年版日本の水資源，p. 216（2014c）

佐藤洋一郎：イネの歴史，pp. 173-187，京都大学学術出版会（2008）

志村博康：日本の水資源，「新農業水利学」（志村博康他著），pp. 14-35所収，朝倉書店（1987）

水文・水資源学会：水文・水資源ハンドブック，pp. 358-361，水文・水資源学会（1997）

中村良太・水谷正一：水資源利用計画，「水利環境工学」（丸山利輔他著），p. 52所収，朝倉書店（1998）

那須浩郎：雑草からみた縄文時代晩期から弥生時代移行期におけるイネと雑穀の栽培形態，国立歴史民俗博物館研究報告，187，pp. 95-109（2014）

日本ダム協会：http://damnet.or.jp/cgi-bin/binranA/Syuukei.cgi?sy=sou（2016年8月閲覧）

農業農村工学会：農業土木標準用語事典改訂5版，p. 9，農業農村工学会（2003）

農業農村工学会：改訂七版農業農村工学ハンドブック，基礎編，p. 175，農業農村工学会（2010）

農林水産省農村振興局整備部設計課・水資源課：食料・農業・農村政策審議会農業農村振興整備部会報告「農業水利について」，pp. 2-24，農林水産省農村振興局整備部設計課・水資源課（2013）

第3章 水田灌漑

世界の耕地面積は約14億haといわれ，そのうち約20%（2.8億ha）が灌漑農地と見積もられている．沙漠，熱帯雨林，ツンドラ，高山などの地域を考慮すれば，人の日常生活圏内における水環境，水循環に最も影響を与えている人為的技術は灌漑排水（irrigation and drainage）であると考えられる．とくにわが国では，農地の大部分で灌漑排水施設が整備されており，地域の水環境を議論する上で灌漑や排水に伴う水移動は質・量ともに欠くことのできない要素となっている．本章では，こうした灌漑排水のうち，とくに水田灌漑（paddy field irrigation）に関わる基礎的，技術的な点をいくつか紹介する．

3.1 世界の稲作

「田」とは本来は穀物（grain）を育てる農地の意であったが，わが国では一般に，畦で囲われイネを湛水栽培できる圃場を指すことが多い．湛水を必要とする作物はイネだけではなくワサビやレンコン，クワイなども含まれる．したがって，正確には水田作物には複数の種類が存在することになるが，ここではアジアの主要穀物でもあるイネに限定し，その特徴と世界的な分布を概観する．

a. 世界の栽培イネ

イネの収穫物である米は，小麦やトウモロコシと並び世界三大穀物の1つである．その90%以上がアジアで生産および消費されているが，イネの栽培は南極大陸以外のすべての大陸に広がっており，現状では北緯55°（中国）〜南緯36°（チリ）で米が生産されている．こうした広い分布の要因の1つには，本来寒冷地は好まないながらも，イネが日照や気温，土壌の乾湿，肥沃性などの異なる環境に比較的幅広く適応する多様な型を有していることが考えられる．また，各地域により適した品種改良（selective breeding）が長年にわたり続けられてきた成果も大きい．現在では，およそ12万以上の品種が存在すると見積もられている（Khush, 1997）．

野生イネではなく栽培イネは，大きくアジアイネ（オリザ・サティバ：*Oryza sativa*）とアフリカイネ（オリザ・グラベリマ：*Oryza glaberrima*）に分けられる．

前者は広く世界に展開しているが，後者は西アフリカの一部（ギニア湾沿岸，ニジェール川沿岸など）に限定された原始的なイネである（高橋，1982）．

アジアイネはさらにインディカ，温帯ジャポニカ，熱帯ジャポニカの3生態種に分類される．一般的には，外見からそれぞれ長粒，短粒，大粒として区別されるが，この対応が常に成り立っているわけではない．3種の中では温帯ジャポニカが最も低温抵抗性が強く，比較的高緯度な地域では同種がおもに栽培されている．食味的には，インディカ米は粘りが少なく，日本人には粘りがあり柔軟な温帯ジャポニカが好まれている．熱帯ジャポニカは粒が大きく食味もよいが，インドネシアのジャワ島を含む小スンダ列島の一部に栽培が限られる傾向にある．これは，他の2種に比べ栽培期間が2倍近くになることが主要因と思われる．なお，温帯ジャポニカをいわゆるジャポニカ，熱帯ジャポニカをジャバニカとする呼び方もある．

一方，アフリカイネはアフリカで中心的な栽培種というわけではなく，アフリカにおいてもアジアイネが多く栽培されてきた．しかし近年，雑草競合に比較的優れ粗放栽培にも耐えうるアフリカイネとアジアイネの種間交雑により，ネリカ（NERICA：New Rice for Africa）と呼ばれる品種群が新たに育成された．西アフリカ稲開発協会（WARDA）は，2000年からネリカの有望種をアフリカ各国に配布し，普及を図ってきている（坪井・北中，2008）．

b. 米の生産と消費そして水

人が主食とする穀物には米，小麦，大麦，ライ麦，トウモロコシ，ソルガムなどがあるが，一部は飼料用としても消費されている．国際連合食糧農業機関（Food and Agriculture Organization：FAO）の統計データ（FAOSTAT）をもとに，2013年の三大穀物について主要な地域別に整理すると表3.1のようになる．当年の総穀物生産量は約27.8億tであり，米が26.8%（7.46億t），小麦が25.6%（7.13億t），トウモロコシが36.7%（10.2億t）を占めている．また，この3種の世界的生産量の経年変化は図3.1に示すとおりであり，2000年頃までは小麦の方が米を若干上回っていたが，以降は逆転の傾向にある．一方，

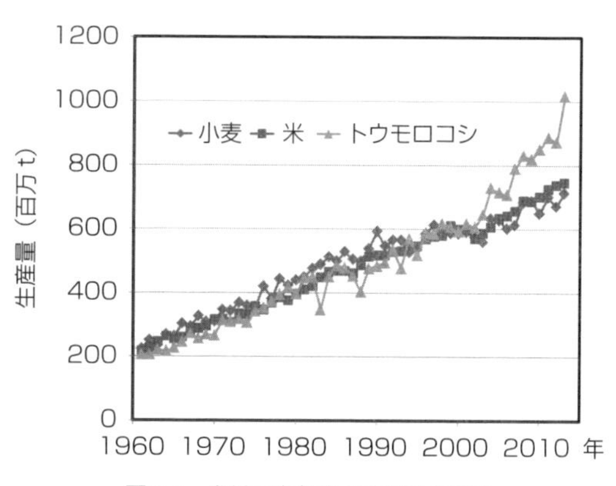

図3.1 世界三大穀物の生産量の変遷
FAOの統計資料より作図．

表 3.1　世界三大穀物の生産量

地　域	生産量（百万 t）			三大穀物に占める米の割合（%）
	米	小麦	トウモロコシ	
アジア	675.	319.	304.	52.0
東アジア	224.	123.	220.	39.5
南アジア	233.	140.	35.5	57.0
東南アジア	216.	0.19	40.1	84.3
その他	1.86	55.7	8.88	2.8
北中米	9.9	98.9	395.	2.0
南米	24.9	18.6	12.7	44.3
アフリカ	29.3	28.1	71.6	22.7
欧州	3.9	225.	117.	1.1
オセアニア	1.17	23.3	0.73	4.6
世界	746.	713.	1017.	30.1

FAOの統計資料より作成.

トウモロコシは2001年から生産量の増加に拍車がかかり，他の穀物に比べ占有率を上げてきているが，これはバイオ燃料（biofuel）の原料としての需要に影響された結果であると考えられる．しかしながら，表3.1からわかるようにアジアでは米の生産割合が高く，とくに東南アジアでは三大穀物の84%以上を米が占めている．

米は白米100 gで約360 kcalと小麦粉とほぼ同等の熱量を含み，トウモロコシの3.5倍以上で，比較的高い人口扶養力を有する．さらに主食向き穀物として，地域によっては多期作が可能である，原則そのまま調理して賞味できる（粉砕・製粉や加工の手間が不要），長期保存にも耐えうるなどの利点が考えられる（清水，2004）．

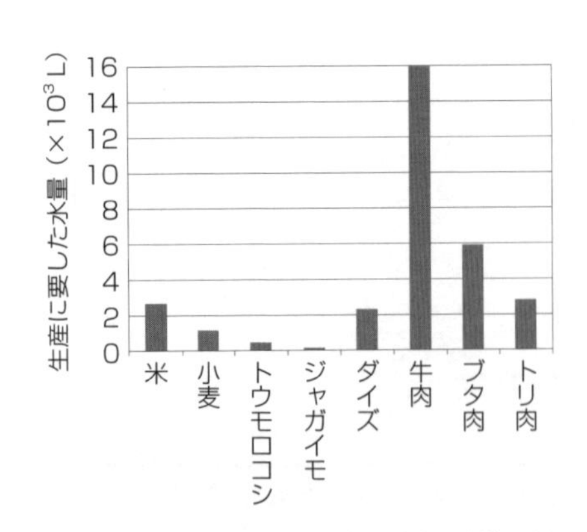

図 3.2　農畜産物1 kgの生産に要する水量の例
FAO and IFAD（2006）より作図.

反面，米の生産は畑と異なり“水の器”としての水田が基本となることから，原則的には栽培様式が多少異なっても他の穀類に比べ多量の水が必要となる．FAO and IFAD（2006）の整理によれば，主要農畜産物1 kgの生産に要した水量は図3.2のように示される．米は穀類の中でも大きな値となり，小麦の2倍以上，トウモロコシの6倍弱に相当する．ただし，ここでの穀物は可食部以外も含めた収穫物としての重量をベースとしている点に注意されたい．一方，飼料作物を大量に消費して生産される食肉用の畜産物は，農産物よりはるかに多くの水を必要とすることがわかる．2章でも触れたように，こうした水量の概念は，ある農産物の輸入が（輸入国で）その食料の生産に要したはずの水を輸入する仮想水貿易（virtual water trade）でもあり，国や地域間の水不均衡を考える上で重要とした（Allan, 2003）考えから派生し，最近では生産物のライフサイクルすべてに関わる水量ウォーターフットプリントへと展開している．

c. 水田の形態と分布

米を生産する耕地は，原則「湛水条件下でイネを栽培する圃場」としての「水田」であるが，畑地状態でも生産可能である．こうした米の生産場は，その水環境や管理状態などに応じていくつかの視点で分類される．ここではIRRI（国際イネ研究所）がイネを取り巻くエコシステムの視点から分類した例を紹介する（Khush, 1997）．なお，この分類による世界の稲作耕地面積は表3.2のとおりである．

1）灌漑水田（irrigated）

自然の降雨に頼るだけではイネの栽培に支障をきたす場合に，不足する水を人為的な施設を利用して供給し，安定的な生育を確保しようとする，畦で囲われた栽培圃場である．生産性は他の形態より高い．水源を山地からの渓流や泉，地下水などに依存した小規模なものから，ダム貯水池，巨大ため池，大河川などを利用した大規模なものまでさまざまな様式がある．わが国のようにすべての水田が小用水路に隣接したり，パイプラインによる給水口を備えたりして個別に取水が可能なわけではなく，圃場を仕切る畦畔越しに導水するいわゆる田越し灌漑（plot-to-plot irrigation）も，世界では多く見られる．現状では世界のイネ栽培地の55%近くが灌漑水田であり，そこで

表3.2 世界の形態別稲作面積

地域	米の生産農地面積（$\times 10^3$ ha）			
	灌漑水田	天水田	陸稲畑	洪水田
南アジア	24,120	10,488	7,309	5,589
東南アジア	14,924	16,073	2,381	4,361
東アジア	34,372	1,888	778	0
ラテンアメリカ	2,046	427	3,685	108
アフリカ	1,107	280	2,800	1,327
その他	2,641	11,397	199	66
世界	79,210	40,553	17,152	11,451

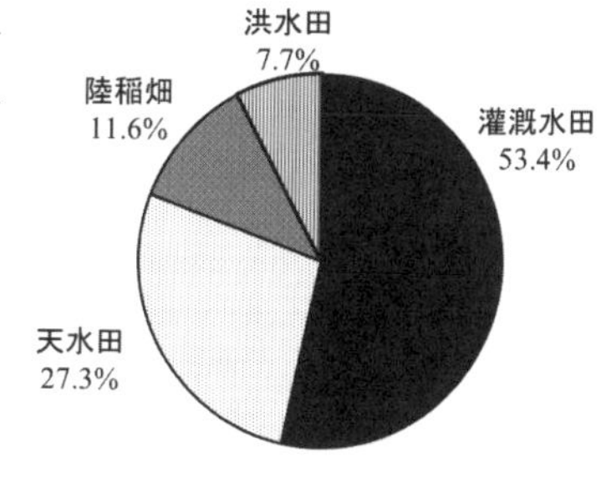

Khush（1997）より作成．

総生産量のおよそ4分の3が収穫されている.

灌漑域は大きく，日本のように雨季に不足水を導水して賄う補給灌漑水田と，乾季に必要水のほとんどを灌漑に依存する完全灌漑水田に大別される．一般に，日射の強さから後者の方が生産性が高いとされているが，地域によって栽培方式が異なること，とくに後述する初期の播種あるいは移植などの影響も大きいことから，必ずしもそうとはいい切れない.

2）天水田（rainfed lowland）

栽培に必要な水のほぼすべてを降雨に依存する圃場であり，用水路はないものの灌漑水田と同様に畦で囲まれ湛水しやすくなっていることが多い．世界の稲作耕地の約4分の1がこれに分類される．地域の降雨状況により，無湛水が頻繁な状態の水田から，比較的中位の湛水下（50 cm 程度まで）にある水田までさまざまであり，それに応じて栽培される品種も多様である．単位面積当たりの生産性はおよそ灌漑水田の4割程度と見積もられている．非常に小規模な水源を備え，土壌乾燥の厳しい時期に水を人力で運搬補給することもある.

3）陸稲畑（upland）

水田ではなく，畑地状態で降雨を頼りにイネ（陸稲）を栽培する圃場であり，基本的には畦で囲われてはいない．場所により畦を設けている場合もあるが，いずれにせよ表面湛水はほとんど見られない．アジアでは比較的湿潤な熱帯域の山岳地域で焼き畑による栽培が多く見られていたが，現在では減少しつつある．世界的には全稲作地のおよそ11～12% となっている．陸稲畑の土壌はpHや栄養度が低いことが多く，天候にも左右されやすいため生産性は4形態中最も低い．なお，日本では陸稲を「おかぼ」と呼ぶこともある.

4）洪水田（深水水田，floodprone）

東南アジアや南アジアの低平地で多く見られる形態の水田であり，通常湛水深が50 cm を超えるものを指す．周辺地全域が水没することが珍しくないため，畦で囲まれることは少ない．水深の増加に伴い1m以上の湛水でも生育可能なイネは浮稲（floating rice）と呼ばれ，3m以上の湛水でも収穫を期待できる．洪水田のうち，とくに湛水の大きいものを深水水田と呼ぶこともある．平均収量は，一般に陸稲に次いで低い.

日本で米1kgを生産するための水量は？

仮想水あるいはウォーターフットプリントの考えに従い，わが国で精白米1kgを生産するために必要な水量を試算してみよう．まずは，面積当たりに要する水量の基本的データを概略的に次のように考える．日本の水田でイネを育てる場合，適正な減水深は 20 mm/d 程度といわれている．栽培上必要な湛水期間を約 100 日とすると，1 ha の水田での需要量は 2,000 mm × 10,000 m^2 = 20,000 m^3 となる．一方で玄米ベース収量の全国平均は，農水省調査によると平成 20〜26 年で 5.22〜5.43 t/ha と安定しており，この 7 年間はすべて平年収量（作況指数の元となる収量の期待値）が 5.30 t/ha と設定されている．したがって玄米 1 kg の生産に要した水量は，20,000 m^3 ÷ 5,300 kg ≒ 3.77 m^3 = 3,770 L となる．一般に，玄米を精米し白米とすると 10% 程度減量することから，白米 1 kg に要した水量を求めると 3,770 L ÷ 0.9 ≒ 4,190 L という結果となり，もう少し丸めると，約 4,200 L ということになる．これに対し，飼料作物を餌とする畜産食肉ははるかに仮想水量が大きく，たとえば牛肉は 16〜21 m^3/kg とされている．牛丼一杯の仮想水が約 2,000 L と試算されていることは有名である．ちなみに，米の生産量は籾重，玄米重，白米重などで表され，籾を脱穀し玄米とすることで 25〜30% の減量となる．したがって，籾重から白米重に換算する場合には，0.65（= 0.725 × 0.9）が係数として用いられることが多い．

現在日本の米消費は玄米ベースで 1 人約 1 俵（60 kg）／年と整理されていることから，米を食べることで年間 1 人 226 m^3 の水を消費していることになる．都市部での生活用水が多くても 1 人につき 350 L/d であり，年間で 128 m^3 であることと比べて，その数値の持つ意味を考えてみよう．

3.2　日本の水稲作と灌漑

a.　水稲生育段階と営農

わが国の水稲栽培では，毎年春先に育苗を行いその後水田に移植（transplanting）するのが一般的である．同じ移植栽培でも地域や品種などにより水稲の生育や圃場での作業は異なるが，これらのおよその例を図 3.3 に示す．ただし，農作業については主要なものだけを取り上げ，施肥や農薬散布，除草は除いている．通常，準備として水田の耕起（田起こし）が行われ，多量の灌水を必要とする代かき（puddling）によ

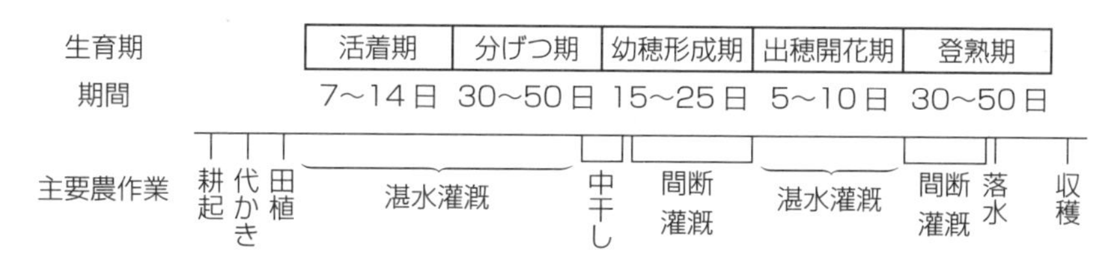

図 3.3　水稲の生育段階と農作業の例

り灌漑が始まる．代かきとは，田起こしされた圃場に導水して田面下数十 cm を泥濘化し，田面を均平にする作業で，過剰漏水の抑制や浸透のムラの低減，鋤き込みによる雑草の発芽抑制などの効果があるが，本質的には苗を植えやすくしてその後の生育に好適な環境を形成する目的で行われる．代かきに続いて田植え（移植）が行われ，イネはその後1週間程度で活着し（新根を発生して土壌に定着），分げつを開始する．この活着期には，苗の保護のため深水灌漑とすることが望ましいとされている．約40日前後の分げつ期間を経ると，無効分げつの抑制や根群への酸素補給などを目的とした中干し（落水・田面干し，mid-summer drainage）が行われ，その後水稲は幼穂形成，穂ばらみの段階を経て出穂する．中干しの後，幼穂形成期の後半辺りから間断的な灌漑が一般的となるが，出穂期には稲は多量の水を必要とするため，深水灌漑が行われる（上村，1979）．登熟期になると再び間断灌漑（intermittent irrigation）がなされることが多く，この期の途中で完全に落水される．落水はコンバインの走行など収穫作業に向けて田面地盤の安定を図るためであり，登熟の程度や収穫日を見定めながら決定される．

こうした標準的な移植栽培ではおよそ100～120日が灌漑の対象期間となるが，配水計画上，短期間ではあるが多くの水を必要とする代かき・田植えまでの灌漑初期（初期用水）と，田植え後から収穫までの灌漑普通期（普通期用水）に大別される．

なお，近年では農作業の初期の段階で，不耕起や無代かきが選択される営農も行われてきている．また苗の移植ではなく，種籾を湛水水田や畑状態の水田に直接播種（direct sowing）する栽培法（前者は湛水直播，後者は乾田直播と呼ばれる）も導入されている．こうした営農形態の多様化にともない，従来の移植とは異なる用水事情が発生している可能性が高い．総じていえば移植栽培の方が直播に比べイネの定着に優れ生産性は高い傾向にあるが，東南アジアではおよそ4分の1程度の圃場で直播が選択されている．あるいは2期作が可能な地域では，雨季の水稲作時には移植が，乾季には直播が採用されるなど，同一の農家や圃場でも時期によって栽培様式が異なる場合もある．

b. 水田灌漑の付加的役割

水田に限らず，灌漑の本質は作物の生育に必要な水分の補給，生育に「好適な水環境」の形成にある．すなわち，水稲栽培に関わる直接的な灌漑の役割には，第一義としての生育に必要な水の確保に加え湛水制御あるいは多量の灌水により，①雑草発生の抑制（防除），②小獣害防除，③水温調節（生育温度調節），④養分補給，⑤連作障害回避，⑥除塩など，稲の生育に好適な状況を確保している点が考えられる．これらは水稲栽培に対する直接的な効果である一方で，湛水の維持により問題が生じる場合もある．一例として，長期間の湛水維持によって土壌が還元状態となり，硫化水素など生育に有害なガスや温室効果ガスの１つであるメタンの発生が促進されることが挙げられる．

湛水を可能にする器としての水田圃場や湛水管理，さらには用水の供給システムを含む農業基盤など，水田灌漑を維持する一連の農業システムやその運用は，上で述べたような本質的，直接的な役割だけでなく，結果として派生する間接的な役割も果たしている．これは，農業・農村システムの有する多面的機能（multifunctional roles）あるいは公益的機能と呼ばれており，わが国の食料・農業・農村基本法（平成 11 年 7 月）にも，「多面的機能の発揮」は「食料の安定供給の確保」，「農業の持続的な発展」，「農村の振興」と並び農政の 4 大基本原理の１つとして位置づけられている．具体的な機能の整理は個々の評価者により多少の相異はあるが，農林水産省では，①洪水抑制（雨水の一時的貯留），②国土保全（土砂崩れ防止，土壌流亡防止），③渇水緩和（川の流れの安定化），④地下水涵養（地下水の供給源），⑤気象緩和（潜熱消費による暑さの緩和），⑥ビオトープ形成（多様な生物の生息場），⑦景観保全（里地里山，水辺の一体的原風景），⑧文化伝承（地域固有の祭事，共済），⑨心身休養（心身的な保健休養の場），⑩学習教育（自然や生命への畏敬，情操教育効果）におよそ相当する機能に分類している（農林水産省，2015 年 1 月現在）．これらの機能のいくつかは定量的にも評価が試みられており，その価値が改めて見直されつつある．また，水田圃場だけではなく送配水のための用水システムが，地域住民の生活に利便性や潤いを供与しているという地域用水（regional water, communal water）機能も注目されている．こうした地域用水を含む多面的機能の詳細は，別途 7 章で触れる．

3.3　水 田 用 水 量

水田用水システムとして配水すべき量を見積もることは重要である．システムの計画時に想定される必要水量は計画用水量と呼ばれ，貯水池や水路など利水施設の設計・施工や管理・運用スケジュール上不可欠となる．これに対し，供用後の水利用実態（実際の取水・配水量）を反映する実績用水量は，各時期の気象や営農体系などに応じて変動するが，その状況を把握しておくと将来の用水システム改変や近隣地区での新規用水システムの展開における計画用水量の算定に有効となる．

a.　圃場・利水の形態

従来の日本の標準的な水田圃場整備では，畦畔（ridge, bund）で囲われた 30 m×100 m＝30 a の圃場を耕作上の最小単位として耕区と呼び，一筆（parcel）の標準区画と考えている．耕区の農道に接する短辺側に沿って用水路が，反対側の短辺に沿っ

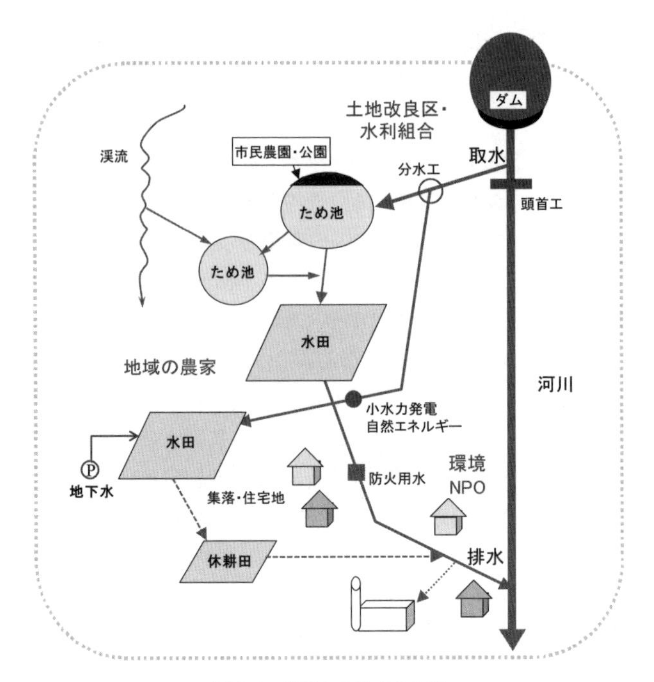

図 3.4 用排水システムの例

て排水路が配置される．各耕区，すなわち（末端）圃場ではもちろん取水口（水口），落水口（水尻）が備わっている．なお，用水路として管水路が導入されている場合には，通常，取水口が農道側に敷設されている．水稲栽培に必要な水をこうした一筆一筆の末端圃場において充足させることが，水田灌漑の本質である．このために必要な水量がいわゆる水田用水量であるが，これは単純に各圃場での需要量を積算すればよいというわけではない．

ある程度の広がりを持つ地域の排水を含めた灌漑システムの概要は，図 3.4 のように例示される．末端の圃場（耕区）まで配水するには，安定的な水源を確保するとともに，頭首工（headworks）や分水工，各種水路など利水施設を設置して供給上効率のよい用水ネットワークを過不足なく整備する必要がある．水資源の有効利用から，圃場群の近傍に利用可能な渓流水や地下水などが存在すればこれらを利用することも想定され，また時間的な需要変動に対応するため中間貯留施設やため池が利用されることもある．こうしたハード的な施設体系だけが灌漑システムのコアではなく，施設の運用や維持管理，配水調整，環境との調和への配慮などソフト的な対応も重要な要素である．近年では，従来の耕作者農家を主体とした管理組織（土地改良区（land improvement district），水利組合など）のみならず，近隣の互助的組織，教育機関，

NPOなどが連携して灌漑システムを地域資産として利活用する動きが見られている.

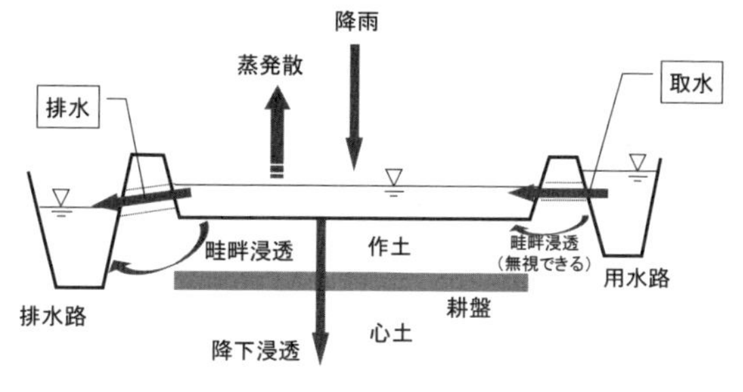

図3.5 一筆圃場の水収支要素

b. 用水量の構成要素

ここではまず,灌漑普通期の水需要を圃場レベルで概観し,地域的に必要となる広域水田灌漑用水量へと展開することにする.

一筆圃場での水収支は,およそ図3.5のように考えられる.基本的に水移動に関する人為的操作は取水と排水であり,それぞれ用水路側の取水口,排水路側の落水口を通して行われる.湛水深は落水口にセキ板などを設置し,その敷高により調節される.湛水深がほぼ一定の場合,圃場から見た入水量(取水量+降雨量+畦畔浸透入水量)と,出水量(排水量+蒸発散量+降下浸透量+畦畔浸透出水量)が釣り合うことになる.落水口からの流出である排水には,稲の栽培技術上必要となる栽培管理用水量(lot management water requirement)と,無効雨量と呼ばれる過剰降雨の溢水(降雨による落水口敷高以上の湛水成分の越流)が含まれる.また,通常用水路は漏水を極力避けるためライニング処理されていることから,用水路側の畦畔浸透は無視できる.隣接圃場との畦畔を介した浸透も,相互に湛水がなされている場合には見かけ上無視できることが多い.以上から,末端圃場での稲作需要水量である圃場単位用水量は,水田下層の耕盤を通過し地下水涵養に寄与する降下浸透量と,耕盤上部での排水路側畦畔浸透量の和である水田浸透量に,蒸発散量および栽培管理用水量を加えた水量となる.なお,水田浸透量と蒸発散量の和はそのまま蒸発散浸透量あるいは減水深と呼ばれ,圃場の特性を表す重要な指標としてよく用いられる.一般的には,20〜30 mm/dが水稲栽培に適正な減水深(water requirement in depth)といわれている.

上記の圃場単位用水量すべてを供給する必要はない.先述の無効雨量とは反対に,田面に貯留され水稲の栽培に寄与する降雨成分を有効雨量(effective rainfall)として見込むことができる.したがって,末端圃場に供給すべき純用水量(net water requirement)は次のようになる.

純用水量=圃場単位用水量−有効雨量
=減水深+栽培管理用水量−有効雨量
=水田浸透量+蒸発散量+栽培管理用水量−有効雨量 (3.1)

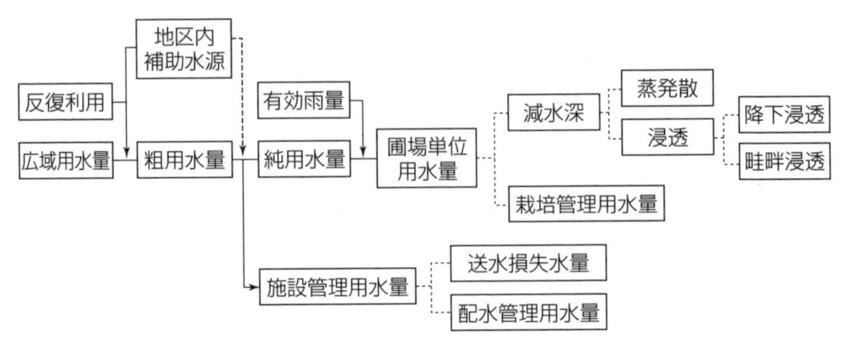

図 3.6　水田用水量の構成（地域〜一筆レベル）

水田灌漑計画では，こうした耕区（圃場）レベルでの純用水量を積み上げ，送配水時の実効性や補助水源，排水再利用なども考慮しながら，地区レベルで必要な水量，さらにはより広域的なレベルで必要な最終的な計画用水量が決定される．その流れを農林水産省（2014）の「計画 「農業用水（水田)」に係る土地改良事業計画設計基準及び運用・解説書」（以下，基準書）にならって示すと，図 3.6 のとおりである．

営農上の水管理からすれば，各末端圃場に純用水量分の配水が必要となる．したがって，不足のない純用水量をスムーズに送り届けるためには，純用水量以上の水が確保されなければならない．この送配水作業に要する上乗せ分の水量を施設管理用水量と呼び，それを考慮した用水量を粗用水量（gross water requirement）という．すなわち，

$$\text{粗用水量} = \text{純用水量} + \text{施設管理用水量} \tag{3.2}$$

と表される．施設管理用水量は基本的に，幹線用水路の取水元である頭首工などから末端圃場までの間の送水損失水量と，用水の流下を円滑にしたり分水に要する水位を維持したりなど実配水上の運用に利する配水管理用水量から成る．また非灌漑期において，水路を含む利水施設の機能が損なわれないように通水を要する場合があり，これも施設機能維持用水量として施設管理用水量に含まれるが，灌漑期には直接関係しない．

地区内に井戸やため池など別途利用可能な水源がある場合には，これを地区内補助水源水量として見込み，その分粗用水量を減じることができる．さらに，地域内で上流の水田からの排水を下流の水田で再利用できることもあり，粗用水量の総和からこうした反復利用量を減じた量が統合的に計画・管理すべき最終的な水田用水量，広域水田灌漑用水量となる．

c.　初期用水量

移植栽培における初期用水は通常，移植のための育苗に必要な苗代用水，代かき水

量に加え，直後の田植えまでの水田維持用水も含まれる．代かき水量は，土壌や地形などの地盤環境や，作業直前の降雨の有無，地下水位の高低などによる土壌の乾湿状態にも左右されるが，普通期の日当たり圃場単位用水量よりもはるかに大きくなる．農林水産省の基準書によれば，代表的な代かき用水量として，湿田では80～120 mm，乾田では120～180 mm，漏水田では150～250 mm のように整理されている．

こうした水量の大きさを考えると，地区の水田圃場全体で一斉に代かきを行うことは用水供給の施設容量を過剰に要求することになり合理的ではない．そこで，計画上は，適宜水田群を分割し，作業日をずらすことによって，地区としての代かき必要水量が一時期に極端に多くならないように配慮する．灌漑初期は移植の場合代かき作業が優先されるため，代かきが終了した圃場も，原則他の圃場の同作業が終わるのを待って田植えを行う．地区としての代かき期間は7～10日間程度が一般的であり，代かきが済んだ水田は残りの期間その状態を維持するために，圃場単位用水量相当が連日必要となる．地区内で一定の面積ずつ代かきを行う方式は等面積代かきと呼ばれ，地区としての代かき最終日に取水量（用水量）が最大となる．これに対し，地区の初期用水量が期間中一定の日水量となるよう代かき面積を日々調整する方式もあり，等水量代かきと呼ばれる．兼業農家の増加により，実際は休日に耕作者の代かき希望が集中することが多く，この期間の用水量ピークの増大への対応に，土地改良区など送配水管理者が苦慮する傾向にある．

一方，直播栽培の初期用水は次のように考えられている．まず湛水直播では，苗代用水は不要であるものの，移植栽培と同様に代かきを行うため，先の考え方がそのまま適用できる．これに対し乾田直播では，代かきをしないことからその用水を必要としないが，代わりに常時湛水に移るまでに数回の「初期灌水」が必要とされる．この初期灌水量は，総じていえば代かき水量より2～4割程度少なくてすむ場合が多いとされているが，無代かきのため土壌の状態や地下水位などの地下環境に大きく左右され，地域的なばらつきや圃場ごとの差が大きい傾向にある．なお，東南アジアでは初期の栽培方式として，「投げ植え」とでもいうべき移植と直播の中間的なスタイルもある．これは幼苗（日本で見られる移植用の苗よりもう少し若い状態の苗）2～3本が顔を出している直径2 cm 程度の土団子を多数用意し，荒い代かきを行った水田に土団子ごと適当に投げ蒔きする方法である．初期用水としては代かき水量相当の水が必要となる．

水田灌漑では（初期用水も含めた）水量だけではなく，水質にも注意する必要があり，農林水産省では後掲表8.1の水稲用の農業用水水質基準を定めている．ただしこの基準は推奨値であり，この基準が満足されない場合でも水供給が行われないわけではなく，罰則もない．基準値自体も，たとえばT-N濃度の1 mg/L は，雨水中の同濃度がすでにこの基準を超えることが珍しくないことを考慮すると，現実には完全な達成は厳しいと思われる．正常な水稲生育や環境を重視する立場からは，農業用排水に係る水質基準や規制のあり方を見直す必要があろう．

3.4　用水の評価・調査と利用の実態

a.　用水構成要素の評価

前節ではおもに計画用水量としての用水構成の流れを整理した．当然ながら，実際に水稲栽培の行われている圃場において，圃場用水量の水収支成分を実測・推定することが計画の見直しや新たな計画策定に大きく寄与する．ここでは，いくつかの用水構成成分についてその代表的な求め方を簡単に紹介する．

1）減水深

近年では，フロート式，圧力式などの水位センサーを内蔵した湛水深計により田面上の湛水深の経時変化を追跡することが多い．取水・排水のない状態では，この湛水深の変化から容易に減水深が求められる．取水・排水がなされていても，それらの量が特定できればその収支差と湛水変化量から推定することが可能となる．一方減水深の評価は，必ずしも精密である必要はなく，むしろ短期間に簡易に多点の観測が必要とされる場合も珍しくない．したがって，とくに途上国では費用面も重要視しなければならない．これに適した簡易で低コストの測定法として，古典的な杭・物差し（定規）法(中川, 1967)がある．図3.7に示すように，釘を横打ちした杭を田面に途中まで打ち込み，釘から水面までの距離を定規で読み取る方法である．

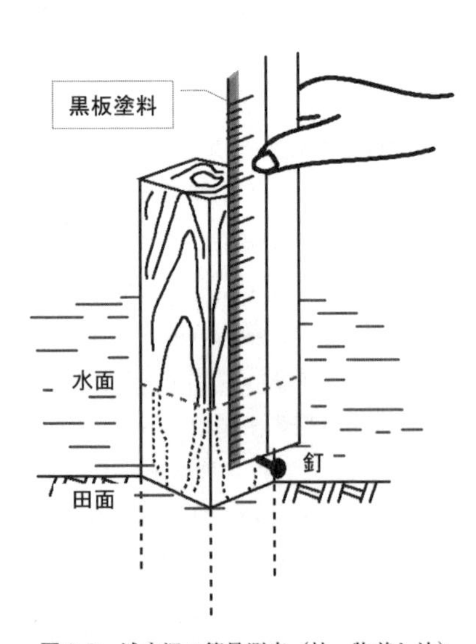

図3.7　減水深の簡易測定（杭・物差し法）
定規の幅の一部を縦方向に黒板塗料でペイントし，チョーク粉をすり込んでおくと，測定時に水跡がはっきりと残り目盛りの読み取りが楽に行える．

上記いずれの方法も，設置（測定）場所に注意する必要があり取水口や落水口付近は避け，畦畔から1m以上離れた地点が望ましいとされている．

2）蒸発散量

水田では十分に水が存在することが多いため，蒸発散量は，最寄りの測候所データ（日照，気温，湿度，風速）などからペンマン（Penman）法により日蒸発散位を求めた後，それに期別の水稲用作物係数を乗じて求めても大きな問題はない．あるいは，ペンマン蒸発散位の代わりに計器蒸発量を用いてもよい．純放射，2高度以上での温度・湿度などから熱収支ボーエン比法を用いて決定されることもある．日本における用水計画立案時には，すでに整理されている地方別・期別の蒸発散量の参考値（基準書に記載）が利用できる．

3）取水・排水量

取水口，排水口にそれぞれ小型の堰，あるいはパーシャルフリュームを設置し測定することが多い．パイプライン灌漑の場合は，吐出口付近の管内に水道メータに準じた流量計を設置し測定することもある．

4）送水損失水量

水の出入りのない水路区間の両端で流量を精度よく測定することにより，その区画の送水上の損失を算出することができる．しかし，全用水系統を通じて実際の損失水量を精度良く測定することは現実的ではない．わが国では，土水路で10〜20%，コンクリート水路・管水路では5〜10%程度が計画上送水損失として見込まれている（丸山他，1986）．したがって，施設管理用水量がほぼ送水損失水量のみで構成されている場合は，次式で粗用水量が表されることになる．

$$粗用水量 = 純用水量 / (1 - 送水損失率) \tag{3.3}$$

5）有効雨量（計画）

（3.1）式で示したように，灌漑用水の削減に寄与する降雨成分が有効雨量であり，当該地域での利水施設容量などに大きく影響する．有効雨量の実態は多くの要因（降雨の強度や継続時間，生育段階，湛水管理など）に規定されるが，用水計画では圃場での標準的な有効化状況を勘案したルールに基づいて算定している．すなわち，通常日本では10年に1回程度の過去の渇水年（drought year）が計画基準年に選ばれ，この年の降雨に対して計画上の有効成分が見積もられる．具体的には日単位を基本とし，日雨量5 mm未満はゼロ，それ以外は80 mmを上限としてその80%が有効雨量と見なされる．したがって，日雨量80 mmを超える場合には，すべて64 mm（80 mmの80%）となる．なお，有効雨量の実態評価については次項で述べる．

上に例示した以外の測定・推定も含め，圃場単位用水量や送配水量を検討するための調査は多くの国で行われている．こうした調査により，たとえば日本の琵琶湖周辺域水田での事例では，灌漑期間中，およそ降雨720 mm，蒸発散620 mm，取水1,270 mm，排水430 mm，浸透940 mmであること，近年進められている標準区画数筆分の1 ha以上の大区画圃場でも水需要に関しては同程度であること，むしろ移植，乾田直播，湛水直播などの初期の栽培様式の違いによる影響が大きいことなどが報告されている（堀野他，1997）．

b. 末端圃場での水管理実態

ここでは，取水や排水など実際の圃場レベルあるいは地区レベルでの水管理を，いくつかの課題を含めて紹介する．

1) 栽培管理用水量と無効雨量

落水口からの地表排水は，すでに述べたように栽培管理用水量と無効雨量から成る．栽培管理用水量には，栽培管理上必要となる強制落水以外にも，いわゆる掛流しによる表面流出も含まれる．排水量が測定できても，その成分である栽培管理用水量と無効雨量の独立測定は実質的に不可能であり，このためたとえば降雨時にも掛流しが行われ，取水と同時に排水がなされている場合には，何らかのルールを定めないと両者の個別定量は難しい．そこで，排水量に占める栽培管理用水量と無効雨量の割合が，それぞれ取水量と降雨量の割合に等しいものと考えて，排水量を分離する方法が考えられている．この他にも，降雨や栽培管理用水（取水）が，それぞれ優先的に（選択的に）利用されたり，排水されたりすると考える方法があり，優先順位によって，「取水優先利用の方法」（降雨が選択的に排水）と，「降雨優先利用の方法」（取水から選択的に排水）とに大別される（渡邉・丸山，1984）．

いずれにせよ，無効雨量が定量できれば，降雨量からこれを差し引くことにより有効雨量の実績値が求められる．総じていえば，降雨の有効化率（＝有効雨量／降雨量）は実態としておよそ70％程度であることが多い．

2) 田越し灌漑

近年の日本では末端用水路が圃場に隣接しているため，田越し灌漑はほとんど見られないが，途上国では今なおこの方法に依存する地域が多い．したがって，各圃場に用水が到達するまでの経路を追跡することは，取水の柔軟性を診断する上で重要である．取水経路調査から評価できる客観的な指標の1つに，経筆数（水路から当該圃場に至るまで用水が通過したと考えられる圃場の数）が考えられる．図3.8に例示するように，水路に直結した取水口に「0」，田越しとして利用される畦畔の欠口（連絡口）に「1」の経路番号を設定し，水路に接する上流側の圃場からその経路番号を積算して当該圃場までの経筆数を決定していく．複数の田越し経路を有する場合には，便宜的にそれらの平均値を経筆数とする（図中の太字の数が平均経筆数を表す）．この経筆数に圃場の広さの概念が含まれていない点に注意を要するが，農家間の取水の優先度や圃場の地形特性などがおおよそ反映される．図3.9には，ミャンマーの低平地水田で経筆数と収量の関係を整理した事例（農林水産省海外土地改良技術室，2007）を示す．およそ経筆数が2を越えると収量が低く安定しており，水管理上の取水の柔軟性が収量にもある程度影響する傾向がうかがえる．

なお現在の日本でも，代かき時に濁水（turbid water）が集中して河川や湖などに

第1巻 植物育種学

奥野 員敏 編　A5判 192頁　口絵4頁
定価 3,960円（本体3,600円）［40571-2］

植物を遺伝的に改良して新品種を作り出す理論と手法を研究する植物育種学について，基礎から先端までを概観する。

第2巻 植物病理学Ⅰ

奥野 員敏 編　A5判 336頁
定価 6,600円（本体6,000円）［40572-9］

農作物，園芸作物，樹木などの病害を防ぐ植物病理学について，基礎から先端までを概観する。

第3巻 植物病理学Ⅱ

日比 忠明 編　A5判 256頁
定価 4,950円（本体4,500円）［40573-6］

農作物，園芸作物，樹木などの病害を防ぐ植物病理学について，基礎から先端までを概観する。

第4巻 生産環境統計学

岸野 洋久 編　A5判 240頁
定価 4,950円（本体4,500円）［40574-3］

農学の生産環境の最前線において用いられている統計手法・分析法を解説。

第5巻 発酵醸造学

北本 勝ひこ 編　A5判 296頁
定価 6,050円（本体6,000円）［40575-0］

有用な微生物を用いた酒，醤油，味噌等の食品生産を研究する発酵・醸造学について，基礎から先端までを概観する。

第6巻 農業工学

渡邉 紹裕・飯田 訓久・清水 浩 編　A5判 320頁
定価 6,600円（本体6,000円）［40576-7］

灌漑・圃場整備等を扱う農業土木学と，農産物生産・貯蔵・加工等の機械・施設を扱う農業機械学を合わせた農業工学について，基礎から先端までを概観する。

第7巻 農業昆虫学

藤崎 憲治・石川 幸男 編　A5判 356頁
定価 7,150円（本体6,500円）［40577-4］

農業に関わる昆虫の生理・生態から，害虫としての管理，資源としての利用などの応用までを解説。

第8巻 畜産学

眞鍋 昇 編　A5判 340頁
定価 7,150円（本体6,500円）［40578-1］

現代の畜産業を支える基盤科学としての畜産学を育種から動物福祉，動物との共生まで詳述。

第9巻 土壌学

A5判 368頁 デジタル付録付
定価 7,150円(本体6,500円)
[40579-8]

妹尾啓史・早津雅仁・平舘俊太郎・和穎朗太 編

基礎から応用，先端まで充実した内容を網羅した骨太な教科書。土壌の構成要素，生成・分類を解説する基礎編，国内外の陸域および農耕地生態系における土壌の特性，作物生産の土壌管理，土壌をとりまく環境問題と対策を解説する応用編の二部構成。

第10巻 作物学

A5判 208頁 口絵4頁
定価 4,950円(本体4,500円)
[40580-4]

大杉 立 編

農作物(普通作物)を対象に，光合成，耕地生態系，物質生産，作物と環境との相互作用など作物生産の理論的基礎から遺伝子レベルの解析・同定まで進展著しい新たな作物学の最新の成果をコンパクトに提示。

第11巻 植物生理学

A5判 240頁 口絵4頁
定価 5,280円(本体4,800円)
[40581-1]

篠崎和子・篠崎一雄 編

植物の生存や成長のための生理現象やその仕組みを解き明かすことにより農学の主要な一分野となった植物生理学について，基礎的な植物の生理現象から農業への応用に関する最新の研究成果を遺伝子レベルで詳細に説明する専門書。

熱帯作物学

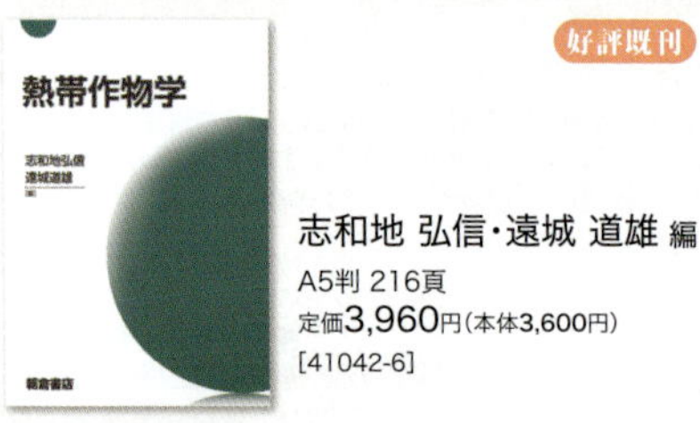

好評既刊

志和地 弘信・遠城 道雄 編
A5判 216頁
定価3,960円(本体3,600円)
[41042-6]

熱帯作物学の平易なテキスト。特に各論に重点を置き，食用・薬用・油糧・繊維など様々な作物を取り上げて解説。〔内容〕熱帯の環境／イネ／マメ類／葉菜／果菜／バナナ／マンゴー／パパイア／ドリアン／チェリモヤ／パンノキ／コーヒー／他

改訂 土壌学概論

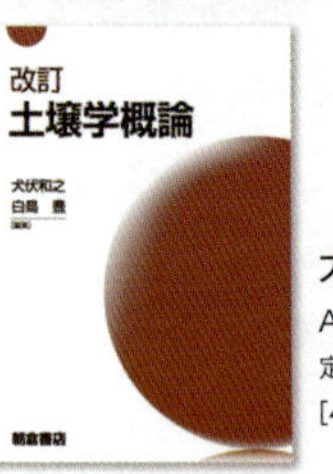

好評既刊

犬伏 和之・白鳥 豊 編
A5判 208頁
定価3,960円(本体3,600円)
[43127-8]

土壌学全般をコンパクトにまとめた初学者向けテキスト。〔内容〕土壌の生成／土壌調査・分類／物理性／化学性／生物性／物質循環／作物生育／水田／畑／草地／森林／里山と都市／化学物質／放射能／栄養塩／土壌劣化／歴史／土壌教育

実践土壌学シリーズ（全5巻） 各A5判／各定価 3,960円（本体3,600円）

1. 土壌微生物学
豊田 剛己 編
A5判 208頁
[43571-9]

2. 土壌生態学
金子 信博 編
A5判 216頁
[43572-6]

3. 土壌生化学
犬伏 和之 編
A5判 192頁
[43573-3]

4. 土壌物理学
西村 拓 編
A5判 212頁
[43574-0]

5. 土壌環境学
岡崎 正規 編
A5判 216頁
[43575-7]

きりとり線

【お申し込み書】こちらにご記入のうえ、最寄りの書店にご注文下さい。

● 書名 冊	● 書名 冊
● お名前 □公費／□私費	取扱書店
● ご住所（〒　　　　）	
● TEL	

朝倉書店 〒162-8707 東京都新宿区新小川町 6-29／振替 00160-9-8673／価格は2024年3月現在
電話03-3260-7631／FAX 03-3260-0180／https://www.asakura.co.jp／eigyo@asakura.co.jp

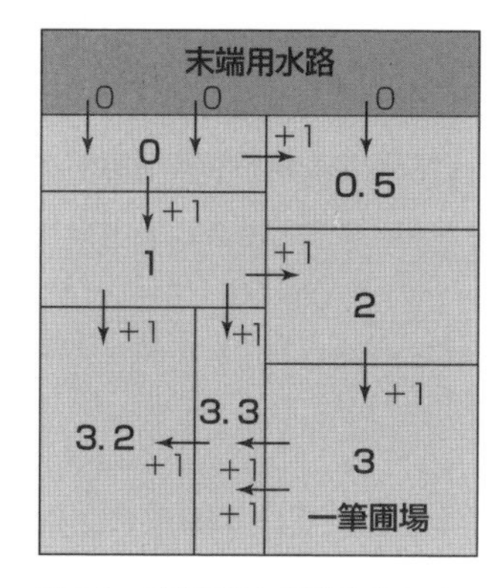

図 3.8 当該圃場に到達するまでの田越し圃場数（経筆数）の数え方

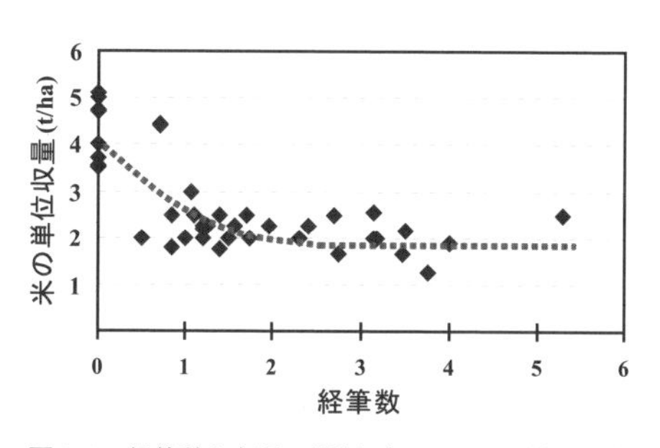

図 3.9 経筆数と収量の関係（ミャンマー低平地水田での事例）

排出されることを避けるため，あえて隣接田との畦畔に連絡口を設け，一時的に田越し灌漑による代かき作業を逐次実施している地域もある．

3）環境配慮型水管理

現在では，営農のみに注目した用排水管理から環境との調和にも配慮した水管理への移行が求められるようになっている．とくに日本では，2001 年の土地改良法改正以降この傾向が強い．基準書でも，農業用水に関わる整備事業計画に際し，生態系や景観，水質への配慮について紹介している．末端での圃場群並びにこれに近接する水路系では，とりわけ生態系への配慮を求められることが水管理上少なくない．9 章で詳しく触れるが，近年では水田圃場のビオトープ機能を強化するため，たとえば魚類が水田内に遡上しやすいよう圃場ごとにミニ魚道（fishladder）を落水口に連結したり，排水路自体を堰上げ式の魚道にしたりするなどの整備が一部導入されている．滋賀県では「魚のゆりかご水田プロジェクト」が進められ，その水田技術指針（滋賀県，2006）では農家が行う田面水位の管理についても言及している．すなわち，時期にもよるが落水口堰板天端付近で水位を維持し，溢水時の速やかな遡上を促すとともに，やや深水を保つことで仔稚魚の生育環境に配慮する，きめ細やかな水管理が推奨されている．こうした取組みは，生態系にはこれまでより望ましい環境の提供に結びつく．しかしながら，この水管理の結果，圃場からの排水が増加する傾向にあることが報告されており，従来の栽培管理用水や無効雨量では説明できない「生態系保全用水」とでも呼ばれるような，新たな用水成分の認識の必要性も感じられる（中村他，2012）．

一方地区レベルで見れば，これまでにも取り組まれてきた用水の反復利用や循環灌漑（6 章参照）も基本的に排水の一部を再利用することから，節水による水資源開発の低減や水田排出負荷の削減といった環境配慮効果が期待できる．しかしながら，とくに循環灌漑において排水利用率を過度に高めると，①排水中の不純物・ゴミなどにより揚水ポンプに支障が生じやすいこと，②除塵機の設置費用や維持管理労力がかかること，③病害虫が発生した場合に地区内に蔓延するリスクが高いこと，④濁水利用による米の品質低下のおそれがあること，⑤他圃場での農薬や化学肥料散布により，独自のブランド米認定が受けられない可能性があること，などといった問題も懸念されることに注意する必要がある．

4）今後予見される問題と水管理

FAO によれば，人口や所得の増加により，農業生産物の需要は 2050 年には 2010 年頃の約 1.7 倍になると見込まれている．一方で，水田に限らず，作物生産に寄与してきた灌漑農地面積の増加は近年減速の傾向にある．この理由として，効率的な灌漑の適地の減少，水資源の窮乏化（水を巡る国際紛争も含む），灌漑投資資金の縮小，他の利水需要との競合が指摘されているが（清水，2004），他にも先進国では利水やその施設の環境への悪影響なども考えられる．したがって，米をはじめ作物の需要増を賄うには，既存農地での生産性の向上が重要な対応策の 1 つとなり，ハード・ソフト両面での灌漑のさらなる発展が求められる．

こうした対応には，さまざまな国や地域レベルで取り組むべき案件が多い．一方，農家や地区レベルでの意識変革による水利用の向上や，結果としての生産性の増強も考えられる．たとえば，途上国では水源から末端圃場までの送配水に関して，その水配分ルールが一貫性を持っていなかったり，とくに圃場に直接配水する用水路や田越しでの取水において，農家間あるいは水利組合などの管理組織における自主協議の中で合理的な配分が機能していないことが珍しくない．したがって，送配水上の公平性や取水の優先順位などの相互理解を少なくとも地区レベルで強化し，灌漑水の有効活用を図る余地は十分にある．

最後に，地球温暖化に伴う気候変動も当然ながら農業に影響を与えることになると考えられる．定量的に詳細な気候変動の予測が困難である現状では具体的な水管理への言及は難しいが，単純に考えれば，水稲栽培に関しては，高緯度地方では米の生産にプラスに，低緯度地方ではマイナスに作用する可能性がある．また，生育上の気温の問題だけではなく，たとえば p. 36 で触れた低平地の洪水田の大部分は海面上昇により被害を受けることにもなる．こうした問題に対しては，世界的な対応が必要である．さらに，豪雨や干ばつなどの常態化による水田の大きな水需給変動も予見されるが，根本的対策は別にしても，地域全体で水稲作（多期作含む），畑作の作付け体系（cropping pattern）を見直し，水需要の集中をある程度回避する適用策は有用と思われる．

［堀野治彦・中村公人］

文　　献

Allan, J. A.：Virtual water-the water, food and trade nexus. Useful concept or misleading metaphor? *Water International*, **28**, 4-11 (2003)

FAO and IFAD：Ch. 7 Water for food, agriculture and rural livelihoods, Water a shared responsibility, UNWATER Report2, pp. 245-273 (2006)

Khush, G. S.：Origin, dispersal, cultivation and variation of rice, *Plant Molecular Biology*, **35**, 25-34 (1997)

上村幸正：農業土木技術者のための作物の知識(その1)ー新しいイネつくりと土・水管理ー，農土誌，**47**(12)，37-44 (1979)

滋賀県農政水産部農村振興課：魚のゆりかご水田技術指針，滋賀県農政水産部 (2006)

清水徹朗：世界の米需給構造とその変化，農林金融，**57**(12)，17-35 (2004)

高橋成人：イネの生物学，科学全書3，大月書店 (1982)

坪井達史・北中真人：アフリカ稲作の現状と課題，ARDEC, **38**，20-24 (2008)

中川昭一郎：水田用水量調査計画法(その5)，農土誌，**34**(10)，13-19 (1967)

中村公人他：排水路堰上げ型魚道の管理が水田用排水量の諸元に及ぼす影響，農業農村工学会論文集，**278**，19-29 (2012)

農林水産省：農業・農村の多面的機能，http://www.maff.go.jp/j/nousin/noukan/nougyo_kinou/ (2015年1月閲覧)

農林水産省海外土地改良技術室監修：アジアモンスーン地域における農民参加型末端整備・水管理指針，日本水土総合研究所 (2007)

農林水産省農村振興局監修：土地改良事業計画設計基準及び運用・解説　計画　「農業用水(水田)」，農業農村工学会 (2014)

堀野治彦他：栽培方式の異なる大区画水田における水収支，応用水文，**10**，89-95 (1997)

丸山利輔他：新編　潅漑排水　上巻，養賢堂 (1986)

渡邉紹裕・丸山利輔：栽培管理用水の発生とその水量，農土誌，**52**(11)，39-44 (1984)

4.1　畑地灌漑の目的と効果

わが国では農地面積の約半分は畑地で（2013 年度統計では約 200 万 ha（農業施設含む）で全耕地面積の 45.7%），その面積は徐々に減少傾向にある．一方で，畑地では野菜を含めた主食の米以外を栽培しており，食の多様化や食の安全性といった観点からも注目されている．わが国における畑地の生産性の向上は必要であり，また高品質で安全な畑作物を生産するために，灌漑に期待される部分は高い．加えて，畜産飼料費の高騰から国内で飼料を生産する必要性も高くなり，生産性の向上も望まれる．そのためには，圃場における水と他の物流に対して，灌漑が競合しないような設計にしなければならない．たとえば，散水の配管が，播種，定植や収穫の作業の邪魔にならないようにしなければならない．

a.　水田と畑の違い

日本の耕地面積調査では，畑を「普通畑」，「牧草地」，「樹園地」の 3 種類に分類しており，本章ではこれらを総括して「畑地」とし，ハウス栽培，施設栽培はあまり取り扱わない．

畑地は，以下の点において水田と異なる．まずわが国では，歴史的に主食である米を栽培する農地（水田）は水利的に恵まれている低地に発達しているが，逆に畑地は水田になりにくい，水利的に不利な条件の場所や，水田土壌に比べて透水性の良い土壌帯に発達してきた．そのためわが国の畑地は，おおむね火山灰を中心とした土壌であり，比較的高地で，傾斜がある場所で発達していることが多い．あわせて，農地造成事業で新規に開畑された農地も多く，それらも比較的高地に位置し，傾斜がある場合が多い．

次に，対象とする作物は多様で，野菜や普通畑作物，牧草，果樹を栽培する．栽培期間も，早春から晩秋までと幅広く，地区によっては冬季も栽培が行われる．さらに，市場商品性の高い作物を栽培するため経済原理に依存し，市場での評価が農家収益に大きな影響を与えるので，単に多量に生産すればよいというわけではない．競争に耐えうる高品質な作物生産が必要であり,機械化や販売などと直結した営農および戦略・経営が必要となる.

b. わが国の畑地の特徴

前述のように,畑地は比較的高地で傾斜があり,水利が不便な場所に発達してきた.したがって,畑地土壌は一般に粒子が軽小で,排水性が高いのが特徴である.畑地土壌は,開墾した後堆厩肥などの肥料を与え,作物栽培を継続すると,生産力は向上し,安定した土壌に変わってくる(熟畑化).しかし,熟畑化した畑土壌では,①土壌侵食を受けやすい,②養分の供給量がきわめて少ない,③連作障害が現れやすい,④干ばつを受けやすい,⑤微量要素欠乏がでやすいなどの特徴があり,作物生産を安定的に維持するためには注意を払う必要がある.持続的な畑地を維持するためには,灌漑と肥料などの管理を適切に行うことが必要である.

なお,日本では比較的降雨に恵まれているために,わが国の用水計画は,降雨を有効に利用し,不足分を補うことを主目的とする補給灌漑である.そもそも降雨量が少ない乾燥地で,水を集めて節水灌漑を行ったり,限られた水資源で生産量を向上させるような目的とは大きく異なる.

c. わが国の畑地灌漑の歴史

わが国の灌漑に関して,考古学的に確認されたものとしては福岡市の菜畑遺跡で検出した水路が最古であり,縄文時代後期(約2,500~2,600年前)まで遡ることのできる灌漑稲作の痕跡である.一方で畑では,第2次世界大戦までは海岸の砂地帯での干害防止のため,湧水を掛け流す小規模な灌漑が行われてきた程度であった.本格的な畑地灌漑の諸事業の開始は大きく遅れ,戦後の愛知用水,豊川用水事業を待たなければならなかった.豊川用水事業は1958年から始まり,7,000 haの農地をスプリンクラー灌漑するという計画であった.また緊急開拓事業実施要領,畑地農業改良促進法,海岸砂地地帯農業振興臨時措置法などによって畑地灌漑事業が拡大され,ダムを含めた灌漑施設も設置されるようになった.

d. 畑地灌漑の意義・目的

1) わが国における畑地灌漑の意義

わが国では年間1700 mm程度の降水量があり,平均蒸発散量が約600 mmなので,農業生産には十分な降雨量であるといえる.しかし,降雨の約3分の1は梅雨時期および秋雨の時期に集中し,一般的に梅雨明けの盛夏には比較的降水量は少ない.一方,この時期には温度が上昇し,高い蒸発散要求によって作物は容易に干ばつにさらされる．この時期の干ばつによって，枯死したり，正常生育が抑制されれば大きな収量減を引き起こし，高品質の作物を作ることはできない．また，降雨が必要な播種，定植期には日本では一般的に降雨が少ない特徴があり，植物根が十分に発達していないために，作物は容易に水不足に陥る懸念がある．さらに，高品質の作物を栽培するためには適切な水と肥料の管理が必要であり，さまざまな営農管理のためにも適期で，適量の散水は必要である．

また，水田ほどではないが，畑地用水にも多面的機能（eco-system services），多目的利用があり，営農管理以外のためにも灌漑は必要である．後述するように，近年は畑地用水が畜産の飲用水に流用されたり，機械や作物の洗浄にも利用され，栽培管理上必要性が向上している．

2) 畑地灌漑の目的

畑地灌漑の目的は，生産性の向上と高品質生産の担保である．世界的には，灌漑によって土地生産性は2倍程度に増加するといわれている．もちろん，畑地灌漑の効果は一律，一様ではなく，作物種，散水のタイミングなどによって異なるが，とくに灌漑効果が顕著なのはサトイモ，トマト，キュウリ，サトウキビなどとされている（風間，2003）．

また，畑地灌漑の導入によって，商品性の高い作目へ転換することが確認されており，穀物や普通作から野菜，果樹に転換することが知られており，農家経営を改善する．さらに灌漑によって営農管理を適期に行うことが可能であり，灌漑は欠かせないものになっている．たとえば，播種，定植を適切な時期に行うために，事前に散水を行うなどによって，営農管理を効率的に行うことが可能である．

e. 畑地灌漑の効果

1) 短期的効果

畑地灌漑の効果のうち，短期的なものにはさまざまある．たとえば，①生産性の向上と安定性の確保，②品質の安定と向上，③栽培管理の効率化，④生産管理の効率化，⑤商品作物への転換支援，などである．このうち，生産性，品質の安定と向上は，水管理だけではなく，肥効の改善や効率化を伴うことで到達できる．また生産管理の効率化は，多目的利用などによって各種作業を効率的に行うことで可能となり，両者は農家の労働生産性の向上に貢献する．また，農家は商品性の高い作目への転換が容易となり，農作業の軽労化，生産性の向上に直結し，最終的には農家収益の向上と労働生産性の改善につながる．

2) 長期的効果

長期的な効果は，おもに農家経営的な面に影響を及ぼすもので，定性的である．すなわち，畑地灌漑の導入で商品性の高い作物への転換が可能であり，戦略的な営農展開が可能となる．また畑地灌漑の事業導入によって，生産規模の拡大や生産ロットの拡大が可能となり，さまざまなマーケットに対応でき，戦略的な農家経営ができる．こうして生産量が安定すれば，生産団地指定や大型の販売企業などとの直接取引も可能となり，販路が拡大する．あわせて経営が安定すれば，後継者の確保や新規参入者の増加も見込め，農村地域の活性化につながり，精神的な余裕も生まれると考えられる．

4.2　畑地用水量計画

畑地の用水計画とは，灌漑用水および一体として利用される畑地灌漑用水について，地区で必要な水量を算定することである．これは，河川，ダムやため池からの取水量の算定および水利権調整に必要である．また後述するように，ダムや頭首工などの灌漑施設，送水，散水するためのさまざまな施設の規模や諸元を決定する要素ともなる．農業用水計画は，畑地において必要な水量と水田において必要な水量を合算し，さらに地域において必要な地域用水などを勘案して最終的に決定される．

補給灌漑の基本は農地から失われた水量を補完するという原則があるので，まず農地から失われる水量を測定すればよい．そのためには土壌の水分減少量に注目するのだが，土壌の水分定数に関する知識が必要とされる．水分定数（恒数）とは，植物の生育や土壌水の運動について重要な水分の状態量であり，土壌水のエネルギー状態を示す pF（コラム参照）によって説明される．畑地灌漑に必要な定数としては，以下のようなものがある．なお，灌漑および用水計画ではほとんどの水量を水深換算して mm(/d) で記載し，水分量は体積含水率（%）を用いる．

a.　水 分 定 数

1)　圃場容水量（24 時間容水量）(field capacity)

植生のある土壌に水を供給すると過剰な重力水が排除され，根群域には水の下降運動が著しく減じた層が生じる．この土層が保持している水分量が圃場容水量である．実際の現場においては，十分な降雨・灌漑後，24 時間経過したときに土壌に保持される水分量である，24 時間容水量とほとんど同値となり，一般に pF 1.5～1.8 とされる．これは，用水（灌漑）計画における灌水の目標とする上限の水分量である．

2)　シオレ点（wilting point）

シオレ点とは，作物が枯死してしまう水分量のことである．同一土壌ではほとんどの植物に対して一定で，pF 4.2（1.5 MPa）の水分量に相当し，これを永久シオレ点という．一方，作物がしおれはじめる土壌水分を初期シオレ点と呼び，pF 3.8 程度の水分量に相当する．この水分量においては，作物は一旦しおれるものの，灌漑すれば正常生育を回復する可能性がある．わが国の用水計画では，そもそも気候が比較的湿潤であり，生産品質の担保もあることから，さらに安全側の水分量を用いる．これが生長阻害水分点と呼ばれるものであり，下回ると正常な生育を阻害する水分量で，おおむね pF 3.0 に相当し，遠心水分当量に等しい．わが国では，用水計画上の下限の水分量となる．

3) 有効水分量（available soil moisture）

植物によって有効に利用できる土壌水分量であり，一般に圃場容水量とシオレ点の間の水分量のことをいう．わが国においては，24 時間容水量と生長阻害水分点の間の水分量（生長有効水分量）で代替する．

その他のおもな水分定数には，重力の 1,000 倍の遠心力で保持される遠心水分当量（centrifuge moisture equivalent）がある．また乾燥土を相対湿度 98％の水蒸気下においたとき，平衡に達したときの水分量で，pF 4.5〜6.0 に相当する吸湿係数（hygroscopic coefficient）などがある．

b. 効率（efficiency）

畑地灌漑では，送配水時の損失について効率という考え方を導入する．畑地灌漑に用いられるおもな効率には，以下のようなものがある．

1) 適用効率（Ea）（water application efficiency）

スプリンクラーなどによる全面灌漑については，散水の不均一から生じる損失を考慮した散布効率（Epa）は式（4.1）で計算される．散水の均等性の評価にはクリスチャンセン（Christiansen）の均等係数（CU，式（4.2））も用いられる．

$$E\mathrm{pa}(\%) = \frac{h\mathrm{m}}{h\mathrm{a}} \times 100 \tag{4.1}$$

$$CU(\%) = \left(1 - \frac{\sum_{i=1}^{n} |h\mathrm{a} - h\mathrm{d}_i|}{n \times h\mathrm{a}}\right) \times 100 \tag{4.2}$$

ここで，ha は平均散水量（mm），hm は最少散水量（mm，測定値を小さい順に並べて，小さい方から全測定個数の 25％の平均値）であり，また $h\mathrm{d}_i$ は個々の散水量（mm），n は測定点数である．

一方，スプリンクラーなどからの飛散蒸発や葉面付着による効率（Er）は，葉面遮断量などをスプリンクラーノズルからの吐出し量で除して，1 から差し引く．適用効率（Ea）は，散布効率（Epa）とこの Er の積とする．

2) 搬送損失率（Ec）（conveyance efficiency）

水源から取り入れた水の中で，末端圃場までの送水中に浸透や蒸発などによって失

表 4.1　適用効率・搬送効率・灌漑効率の一般値

区　分	適用効率（%）	搬送効率（%）	灌漑効率（%）
スプリンクラー灌漑	80～90	90～95	70～85
地表灌漑	70	90～95	60～65

土地改良事業設計計画基準　農業用水（畑）(2010)

われた水量を引いた割合であり，以下のように算出する．

$$Ec(\%) = \left(1 - \frac{Wl}{Wr}\right) \times 100 \tag{4.3}$$

ここで，Wr は水源からの取水量，Wl は送水中の損失水量である．

3)　灌漑効率（irrigation efficiency）

適用効率と搬送効率を乗じて算定する．この場合，大まかな値は表 4.1 のようになる．

c.　多目的利用

畑地灌漑の用水は，作物の光合成の確保，担保以外にもさまざまな用途に利用される．以下に概要を示す．

1)　栽培管理の改善

播種，定植期時の散水や耕起のために用水が利用される．前述のように，播種，定植期には作物根系が発達しておらず，浅い根圏近傍に十分な水分がなければ作物は枯死しやすい．したがって，十分な水分確保のために散水する場合が多い．また耕起前に散水することで，土壌を膨軟にし，土埃などの拡散を防ぐことができる．播種前後の散水は，経験的に 20～30 mm 程度とされている．

2)　気象災害防止

おもに風食防止，凍霜害防止，潮風害防止のために用水が利用される．

①風食防止：　風食とは，乾燥した折に強風が吹き荒れ，表層の肥沃な土壌粒子が持ち去られることであり，肥沃な土壌が流失するだけでなく，近傍の土埃ともなる．これを抑えるために，強風が予測される前に 10 mm 程度散水すれば有効である．わが国ではとくに，乾燥と強風が同時に起こる冬季に被害が著しく，散水の効果は大きい．散水のタイミングなどを事前に決めるためには，天気予報を有効に利用することなどが必要である．

②凍霜害防止：　凍害とは，放射冷却によって夜間温度が急激に低下し，樹体や新芽が凍死することである．一方霜害とは，0℃以下に冷えた物体の表面に空気中の水蒸気が昇華（固体化）し，氷の結晶として堆積することで，植物体に傷害を与えることである．一般に，秋季の早霜や春季の遅霜による被害が多く，霜によって作物体の

温度が下がる被害である．

作物体はさまざまな溶質を含み，純水よりも凝固点が低く，種類や時期によって異なるが，おおむね－2℃程度で凍結するといわれている．したがって，凍霜害を防止するためには，純水を散水して凝結する際の凝結熱を利用することで，作物体を守る．わが国ではおもに，チャ，サクランボで散水の実績が多く，その効果は大きい．散水量は1晩で数十 mm になる場合もあり，散水は途中でやめることができず，また放射冷却は数日（夜）間連続する場合があり，多目的利用の中でも散水量はきわめて大きい．そのために水源の確保が必要である．用水計画では，通常の散水量を上回る水量が必要になる場合があり，施設容量の決定には熟慮する必要がある．

③潮風害防止：　潮風害は，台風などによって吹き上げられた海水に含まれる塩分が葉に付着し，生理障害を起こすものである．塩分が付着した4～5時間後に散水し，塩分を洗い流せば被害を抑えることができ，1回に20 mm 程度の散水で効果的であるといわれている．この用水については，地区内で一斉に散水する場合が想定されるため，散水の圧力低下やそれによる散水の均等性を確認する必要がある．

以上のような気象災害は突発的であり，被害の回避のために散水の優先順位は高く，適切な散水を行えば的確な効果が期待できる．一方で，不十分，不均一な散水はむしろ被害を助長するため，散水量の確保，散水タイミングの確認などについて注意が必要である．また急を要する場合は，通常の散水順であるローテーション（rotation，後述）は遵守されず，一斉に散水する可能性があり，その場合に施設容量を上回る場合があり，通常散水（補給灌漑）よりも大規模な施設となる場合がある．

3) 管理作業の効率化

灌漑施設を利用し，液肥散布，病害虫防除を行うことがある．果樹で実施事例が多く，ブドウのジベレリン処理などもこれにあたる．防除においては高価な薬液を短時間で散布するため，均等な散布になるよう留意し，残留する溶液が少なくなるような設計が必要である．そのために，薬液の自動混合装置やフラッシングなど，新たな機器の導入や管理も検討される．

またおもに北海道において，畜産ふん尿を希釈して散布する肥培灌漑（p. 154 参照）が行われている．希釈槽や混合槽などの新たな施設や，粘性の高い液体を散布するための特殊なスプリンクラーを導入する場合があり，適切な設計，計画が必要となる．

4) その他

微気象調節，地温上昇にも用水が利用される．とくに，農業施設内での夏季の温度上昇や，畜舎の温度上昇を抑制するため，冬季などに地温の低下を抑制するために散水する場合がある．散水量は大体，1回あたり10 mm 程度であると推察される．

また，湛水陽熱処理による嫌地防止などに利用される場合がある．とくに露地や農業施設内で夏季湛水し，日射を利用して一定期間温めることにより，線虫などの微生物を抑制する技術開発が行われている．

ここまで述べてきたように，多目的利用の用水量は時に補給目的の用水量を超える場合がある．したがって，施設の設計においては，用水需要量の確認が必要不可欠である．

d.　畑地用水量算定の手順

畑地用水量の算定手順を図 4.1 に示す．以下のいくつかの調査を行い，図のような手順で諸元を決め，灌漑水量や計画間断日数を決定していく．

1)　気象特性調査

地域気象観測システムであるアメダス（AMeDAS）の気象因子を用いて蒸発散能を計算し，作物ごとの因子（例えば作物係数）などをもとに実蒸発散量を算定し，計画の日消費水量を決定していく．蒸発散能（位）の算定には，ペンマン-モンティース（Penmann-Montheith）式を使うのが一般的である（FAO 灌漑排水技術書）．日本ではペンマン（Penmann）式で算定する場合が多い．

2)　畑地水分消費調査

畑地の水利用状況をもとに，消費水量，有効土層や土壌水分消費型（SMEP）などを推測する．

①消費水量（consumptive use of water）

消費水量とは，作物が消費して土壌から失われた水分量であり，間断期間中の水分減少量となる．用水計画では，農地から失われた消費水量（畑地ではおもに蒸発散量）を補完することが原則となる．なお土壌面蒸発と蒸散による土壌の乾燥によって，上向きの（毛管）補給水量が期待される．上向きの補給水量は土性によって異なるが，

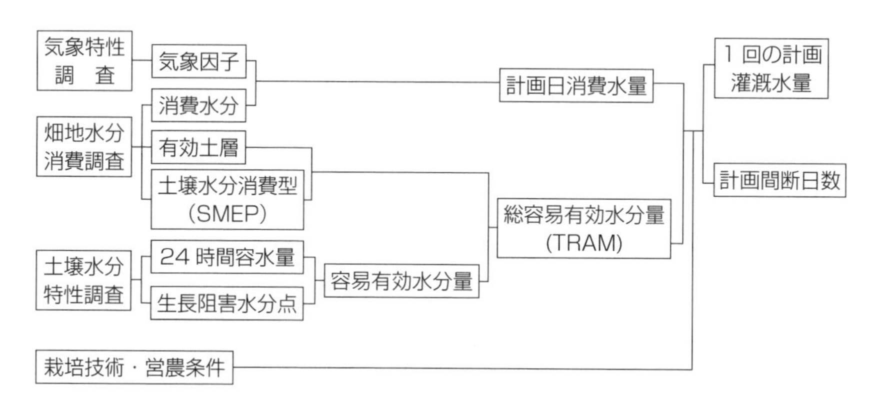

図 4.1　畑地用水量算定手順

乾燥した期間でも0.1〜0.2 mm/d程度である（土地改良事業計画設計基準 農業用水(畑)，2014）．この水量を消費水量から差し引くことになる．

消費水量は，実測による土壌水分減少法と蒸発散量の測定から算定する．土壌水分の減少を各種の水分センサーで実測し，有効土層にわたって積み上げる（土壌水分減少法），ライシメーターなどで実測する，といった方法がある．代表的な水分センサーには TDR（time domain reflectometry），ADR（amplitude domain reflectometry）などがあり，土壌水分張力と土壌水分の関係が解明されていれば，テンション（tension）メーターも利用可能である．

②蒸発散量（evapotranspiration）

蒸発散量とは，土壌面からの蒸発（土壌面蒸発，evaporation）と作物蒸散量（transpiration）の和である．機構は異なるが，土壌からの損失ということでまとめて取り扱われる．蒸発散量を算定するには，実測する方法と，蒸発散能（蒸発散位ともいう，potential evapotranspiration）に作物の係数を乗じて推測する方法がある．

前述したように，蒸発散能はペンマン-モンティース式を用いて計算するのが一般的であるが，ペンマン法で計算してもさほど大きな差異はない．このペンマン法（式(4.4)）は，物理的法則に従って蒸発散能を算定する式である．地表面の水蒸気が飽和し，かつ地表面温度に対して飽和水蒸気圧曲線の勾配は気温に対応する飽和蒸気圧曲線の勾配に等しいと仮定して，1高度の温度と湿度の実測値によって地表面の蒸気圧を計算し，ダルトン（Dalton）の法則をもとに蒸発量を求めるものである．以下の式で蒸発散能（位）が計算される．

$$Ep = \frac{\Delta}{\Delta+\gamma} \times \frac{S}{l} + \frac{\gamma}{\Delta+\gamma} f(u_2) \times (e_{sa} - e_a) \tag{4.4}$$

ここで，Epはペンマン法による蒸発散能（mm/d），Δは温度飽和蒸気圧曲線の勾配（hPa/℃），γは乾湿計定数（hPa/℃），Sは純放射量（MJ $m^{-2}d^{-1}$），lは水の蒸発潜熱（MJ/kg），$f(u_2)$は風速関数（高度2 mの風速の関数，$f(u_2)=0.26(1+0.537\,u_2)$），$e_{sa}$は気温での飽和蒸気圧（hPa），$e_a$は空気の蒸気圧（hPa）である．

実蒸発散量は，これにいくつかの作物の係数を乗じるなどして以下のように計算される．

$$Et = kc \times kb \times Ep \tag{4.5}$$

Etは蒸発散量（mm/d），kcは作物係数，kbは水分反応係数である．わが国における作物係数や水分反応係数は，『土地改良事業計画設計基準 農業用水(畑)（2014）』にまとめられている．

その他，少ないパラメータで妥当な数値を算定できるハルスグレイブ（Harsgraves）式やソーンスウェイト（Thornthwaite）式，ブラネイ-クリドル（Blaney-Criddle）

式などが蒸発散量の算定に用いられる．また，実測の方法としてライシメーター法やグロースチャンバー法がある．

③有効土層（effective soil layer）と制限土層（limited soil layer）

灌漑の間断日数程度の期間において，水の消費が行われる深さを灌漑計画の有効土層という．圃場整備における有効土層とは異なる．また，有効土層内で水分消費に最も支配的な役割を果たし，その土層の水分状態が作物の生育，収量や品質に強く影響を及ぼす土層を制限土層という．一般に，表層が制限土層になる場合が多い．

④土壌水分消費型（soil moisture extraction pattern：SMEP）

作物による土壌水分消費のパターン（型）を指し，一般に有効土層を 4 分割した場合の各層の消費割合を示す．土壌水分消費型は作物種や土壌，気象条件によって異なるが，経験的に，表層から順に各層の水消費の割合を 40，30，20，10％としても大きな誤りではない．つまり，有効土層を 4 分割した表層部分（第 1 層）で全体の水の 40％が，土壌面蒸発と蒸散によって消費される．以下，第 2 層で 30％，第 3 層で 20％，最下層で 10％というように水分が消費される．

⑤総迅速有効水分量（total readily available moisture：TRAM）

制限土層の水分が生長阻害水分点に達した時点で，有効土層全体で消費された水分量を示す．一般に，制限土層の水分量が生長阻害水分点に達しても，上向きの補給水量によって水分が補給されるし，他の層は生長阻害水分点以上の水分を保持しているが，用水計画上は安全のため，灌水を開始し十分な水分を補てんすることとしている．

TRAM は制限土層に式（4.6）を適用して求める．制限土層が明確でない場合は，各土層に式（4.6）を適用して，得られる値のうち最小値を TRAM とする．

$$\mathrm{TRAM} = (fc24 - M\mathrm{l}) \times 10 \times D \times \frac{1}{C\mathrm{p}} \tag{4.6}$$

ここで，TRAM は総迅速有効水分量（mm），$fc24$ は圃場容水量（％），$M\mathrm{l}$ は生長阻害水分点（％），D は層厚（cm），$C\mathrm{p}$ は土壌水分消費型（％）である．

⑥インテークレート（intake rate）

インテークレートとは雨水や灌漑水の土壌への浸透速度であり，畦間インテークレート，シリンダーインテークレート，散水インテークレートなど目的によって異なるものがある．ここでは，単純なシリンダーインテークレートについて簡単に触れる．詳細は土壌物理学の教科書を参照されたい．

土壌水の鉛直浸透は，コスチアコフ（Kostiakov）によって経験的に以下のような式が与えられている．

$$I = ct^{n} \tag{4.7}$$

ここで，I は積算浸透量（mm），c, n はおのおの定数，t は時間（min）である．

土壌の浸透速度は $i=dI/dt$ であるので，時間に換算すると，

$$i(\mathrm{mm/h})=60\times c\times n\times t^{n-1} \tag{4.8}$$

インテークレートの減少率がその速度の10%になったときの速度をベーシックインテークレートといい，以下のようになる．

$$i_b=60\times c\times n\times\{600\times(1-n)\}^{n-1} \tag{4.9}$$

ここで，i_b はベーシックインテークレート（mm/h）である．

現実的には，時間（t）に対する積算浸透量（I）とインテークレート（i）の関係を両対数紙で表せば，双方とも直線的に変化することが知られている．勾配と切片から定数 c と n を決めることができ，これらからベーシックインテークレートを（4.9）式によって算定する．得られたベーシックインテークレートをもとに，灌漑方法や灌漑の強度を決める．この値が7.6 mm/h 以上であれば，散水灌漑が優位だといわれている．

⑦有効雨量

わが国の用水計画では，計画上有効と考えられる降雨のみを有効雨量として計上する．つまり，日5 mm 未満の降雨は無視し，TRAM を超える水分量になるまでの降雨についてはその80%のみを利用する．TRAM 以上になる降雨については算定しない．

e.　畑地灌漑用水量

畑地灌漑に必要な水量は，圃場から水源へと積み上げて算定する（図4.2）．各構成量については以下のとおりである．

圃場単位用水量は，計画日消費水量と栽培管理用水量（多目的利用などの用水量）の和である．なお，有効雨量は用水計画の積み上げではマイナスとなる．純用水量は灌漑面積をかけたもので，その地区に必要な水量であり，粗用水量は，純用水量に水源から圃場への用水の搬送損失率を見込む．地区内利用可能水量は地区内に存在する水量なので，用水計画上は差し引くためにマイナスとなる．

各効率は，表4.1を参照されたい．

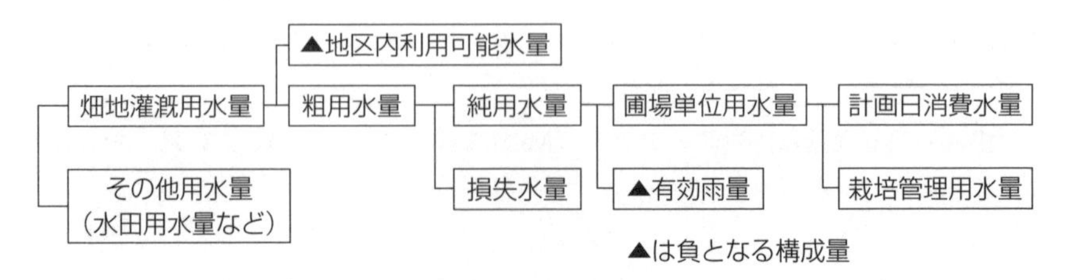

図4.2　用水量の構成

①圃場単位用水量＝(計画日消費水量＋栽培管理用水量)／適用効率（%）×100

②純用水量＝(圃場単位用水量－有効雨量)×灌漑面積

③粗用水量＝純用水量／搬送効率（%）×100

④畑地灌漑用水量＝粗用水量－地区内利用可能水量

なお用水計画ではローテーションブロックの考え方を導入する．これは受益の地区をいくつかのブロックに分けて，順番に散水するというものであり，施設費の高騰を防ぐ．計画上のローテーションと運用上のローテーションは異なる場合もある．

4.3　畑地の水利用

畑地は，水田と違って作物種が多様で，一般に土壌が比較的水持ちが悪くて，排水性が良好である場合が多く，ゆえに散水灌漑を用いる場合が多い．おもにスプリンクラーや散水チューブ（ホース），点滴チューブなどの散水器材を用いる（図4.3）．

スプリンクラーの利点としては，①散水，停止が容易，②散水量，散水パターン，水滴など器種で選択可能，③多目的な用途にも利用可能，④多少の表土の凹凸があっても散水が容易，⑤潰れ地が少ない，⑥移動式は移動可能，といったものがある．一方不利な点は，①施設管理費がかさむ，②比較的高圧が必要，③散水ムラが生じやす

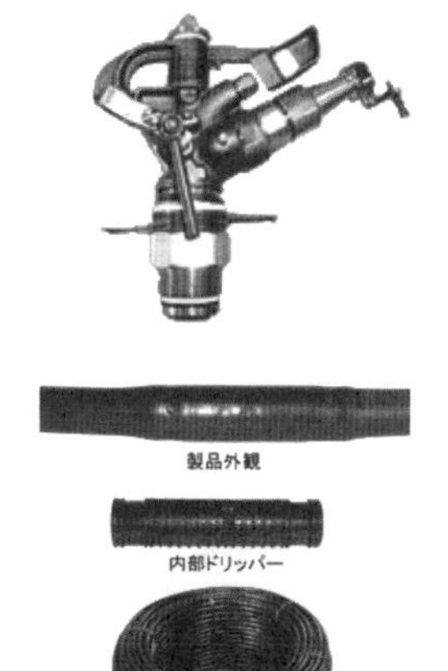

図4.3　散水器材

左上：スプリンクラー（共立イリゲート株式会社）

右上：散水チューブ（株式会社イーエス・ウォーターネット）

左下：点滴チューブ（株式会社イーエス・ウォーターネット）

右下：農業施設内散水システム（有限会社サンホープ・アクア）

い，などである．

散水チューブの利点としては，①散水，停止が容易，②散水水滴が小さい，③移動散水も可能，といったものがある．一方不利な点は，①散水が風の影響を受けやすい，②水質管理が必要（後述），などである．

点滴チューブの利点は，①散水，停止が容易，②節水灌漑ができる，であり，不利な点は，①多目的や多用途の利用ができない，②水質管理が必要，などである．

地表灌漑の利点は，①特段の施設が不要で，施設費が安価であり，②圧力が必要でない，といったもので，一方不利な点は，①多目的な利用ができない，②適切な維持管理が必要，③効率が悪く，多量の水が必要，である．

散水器材には固定式と移動式があり，スプリンクラーには移動式スプリンクラーもある．移動式スプリンクラーには自走式タイプ（センターピボット式，水流ホースタイプ），トラクタータイプ（ブーム式）と移動セット式があり，自走式などの機械タイプは一般に高価であるが，比較的大きな面積にも対応できる．わが国では，北海道の一部で大規模な自走式スプリンクラーが使用されている．

また散水方法には，スプリンクラーや地表灌漑による全面灌漑と，点滴ホースやマイクロスプリンクラーによる部分灌漑のような差異がある．部分灌漑では散水する面積が限られるため，用水量を削減することが可能である．一般に果樹などの主幹近傍で，主要根群域のみに灌漑する場合に適している．ただし，多目的利用には向かない場合があり，果樹根が比較的浅い層にのみ発達する懸念もある．

a. 散水方法（application methods）

1) スプリンクラー（sprinkler）

スプリンクラーにはさまざまな種類がある．材料は大型では金属が，小型ではプラスチック製品が多い．大型のレインガンやブーム式，揺動型スプリンクラー，あるいはマイクロスプリンクラーと呼ばれる小型のスプリンクラーも含まれる．散水量，散水角度，散水水滴，散水形態（回転形態（回転式か非回転式），散水口数，頭上散水，樹下散水）を変えられる場合もあり，多様な散水が可能である．散水の目的によって種類を選択，決定することができるものの，一般に一度器種を決定すれば変更することは多くはなく，さまざまな用途の散水には散水時間を調節することで対応する場合が多い．

流量は圧力の平方根に比例し，スプリンクラーの仰角は35°程度で最大の散水距離が得られることが知られているので，目的に応じた仰角，散水量，散水水滴直径などを事前に考えておく必要がある．一般に，補給灌漑の場合には高仰角，薬液などの散布には低仰角のものが利用される．

固定式のスプリンクラー灌漑は，おもに散水の均等性や散水量をもとに設計される．散水用のノズルなどが決まれば，散水圧によって散水パターンや散水量が決まってくる．一般に，クリスチャンセンの均等係数（*CU*）や散水効率（*E*p）に準じて効率を算定し，散水間隔を決めていく．両係数は前述のとおりであり（式(4.2)，(4.3)），均等係数が75％または散水効率が80％以上になるように最大の配置間隔を決定し，それによって散水強度が決まる．散水はスプリンクラーの矩形配置を原則とし，不定形は矩形で代用する．配管方式は設置場所の形状に従う必要があるが，フォーク型（給水栓から分岐しフォークの枝のように散水支管が配置される）が一般的である．

表 4.2 許容灌漑強度

土　壌	許容灌漑強度（mm/h）	
	平坦地	傾斜地
砂質土	30	20
壌　土	15	10
粘質土	10	7

（土地改良事業設計計画基準　農業用水（畑），2010）

自走式タイプについても，散水の均等性をもとに給水栓の配置間隔が決定される．なお，実際の設計では，管の摩擦によって農地上端と下端では散水圧力が異なる．上端と下端の散水量が1.1倍以内に収まるように，管の選定や設計を行う必要がある．

後述する多目的利用の場合は，補給灌漑に比べて薬液や肥料を散布する場合が多く，散水の均等性だけでなく，仰角，回転速度や散布時間などが問題となる．とくに，薬液や肥料の散布に散水器材を用いる場合，散布の不均一性が大きな問題を引き起こすことになる．

許容される散水量，灌漑強度は土性によって異なり，過剰な灌漑は土壌侵食を助長し，優良な土壌や農地を劣化させるため，適切な散水量の決定が必要である．表4.2に目安となる許容灌漑強度（mm/hr）を示した．

2）　散水チューブ（irrigation tube）

散水チューブに関しても器種および圧力を適切に選択する必要があり，これらが決まれば散水量（深）は決定される．配置する際は，2本の散水チューブに囲まれた部分の散水均等性（散布効率や均等係数）が一定の基準を満たすようにする．

散水チューブは，器種や圧力によって散水強度，散水幅，散水水滴が異なるために，用途に応じて適正な器種を選定する．一般に，散水チューブによる散水は微小水滴の場合が多く，風の影響を受けやすいため散水の均等性に留意しなければならず，補給灌漑の際にはできるだけ風が少ない条件で散水することが望ましい．また，散水チューブ上端と下端では摩擦によって圧力損失が生じるため，その差異が一定範囲内に収まるように設計・計画しなければならない．加えて，灌漑用水の水質には留意が必要であり，フィルターやストレーナーを導入し，目詰まりの対策を講じる必要がある．なお，フィルターやストレーナーは詰まりやすいので，適切な設計とこまめな維持管理（フラッシングや洗浄）が望まれる．一般に固定配置の散水が行われ，ホースは劣化するため一定期間での更新が必要である．

3) 点滴チューブ（drip tube）

点滴チューブにおいては，エミッターと呼ばれる吐出部分が重要となり，器種によって適応する圧力範囲と吐出流量が決まる．エミッターには，減圧機構の違いによって，長流路型，オリフィスおよびひげ根タイプがある（安養寺，2003）．エミッターは，一般に一定間隔である．点滴チューブは，実際は土壌マルチの下や地中に埋設するケースが多く，一旦設置すると散水の確認ができない場合があり，事前の散水確認が必要である．散水量は適応する土性によって決定する．一般に，塩類集積の対策にも効果的であると報告されている（ヒレル，1998）．

点滴チューブは，とりわけ灌漑水中に含まれるごみや土粒子による目詰まりが懸念されるため，時々のフラッシング（flushing，末端を開けて，水圧で排砂する）などの維持管理が必要である．また，作物根がエミッターに絡まり，散水ができないなどの弊害も見られる．

4) 地表灌漑（surface irrigation）

地表灌漑は世界では一般的である反面，わが国では転換畑においてのみ見られる．おもに，①畦間灌漑，②ボーダー灌漑，③コンターディッチ灌漑，④水盤灌漑，などがある．このうち，わが国で見られるものはおもに畦間灌漑であり，畦の間に通水させる形式である．畦幅は畦間インテークレート（intake rate）によって決まるが，実際は営農面から決まる株間，畦幅も考慮される．

5) 地下灌漑（sub-surface irrigation）

地下灌漑は土壌面蒸発を防ぐ節水的な手法であり，さまざまな散水技術がある．たとえば，点滴チューブを地下に埋設し，排水管を利用することで毛管上昇を期待し，地下水の管理を行うものである．

地下水制御機能が付いたフォアス（FOEAS）やシートパイプは，埋設した管による排水と通水で水分を制御し，地下灌漑を行う装置である．過剰水がある場合は排水し，干ばつ時には排水管に通水し，毛管上昇で有効土層に灌漑を行うことができる．節水と水分コントロールの両方が可能である．

b. 水利用実態

畑地の水利用実態を調査した事例は多い．一般に，わが国では適度に降雨があり，補給灌漑の観点からいえば畑地灌漑は「保険」的な役割が強く，夏季の補給的な散水が多い．しかし実例から推察すると，最も使用量や要求度が高いのは多目的利用水である．とくに，チャ，サクランボの防霜には多量の水を頻繁に利用している．また，潮風害防止，凍結防止にも頻繁に水が利用されている．さらに近年では，夏季の湛水陽熱処理にも多量の水を利用する事例，冬季の風害防止のために散水する事例もある．他にもトンネル栽培では播種時期に多量の水を利用し，農業施設では降雨を遮断しているので，始終頻繁な水使用が行われている．

自然災害防止のため水を多目的利用する場合は，危険が回避されるまで散水を継続することが必要である．たとえ長時間でも，全体で危険が迫った場合，適切に散水しなければならない．たとえば凍霜害対策では，夜間の気温が2℃程度に下がると散水が始まり，朝になって気温が5℃程度に上昇するまで続けられる．しかも，ほとんどの受益面積で一斉に散水されることもあり，補給灌漑と比較して著しく大きな水量が必要となる．潮風害防止も同様に，台風の影響が過ぎ去った直後からの散水が効果的であり，ほとんど一斉の散水が必要となる．灌漑組織が大きくなれば維持管理費などの負担は大きくなるので，最適な施設規模については十分留意しなければならない．

c. 多面的機能保持

畑地灌漑ではあまり多面的機能（eco-system services）が期待できない．しかし，運用によって灌漑用水を生活用水や地域用水として運用する場合もある．たとえば，消雪用水，防火用水，畜産の飲用水，農機具や作物の洗浄などに灌漑用水を利用している事例が見られる．

d. 配　　　水

図4.4に畑地灌漑システムの概念図を示した．一般的に，ダムや取水堰から水を取り入れ，調整池を通した送水施設により通水し，ファームポンドで短期間の需給調整を行う．

配水にはローテーションブロック制を用いる．これは地区をいくつかのブロックに分割し，ブロックごとに適宜順番に散水する方法である．とくに渇水の場合，ローテーション制の順守が求められる．

畑地は高地や山沿い傾斜地に発達している場合が多く，農地の造成によって新規に開畑されたものもあり，灌漑水の搬送，配水上大きな高低差がある場合が多い．こういった農地に配水する場合，上流ダムや頭首工から取水した水を，一旦調整池やファームポンドに貯留し，加圧ポンプを使って再び管路に送水し，散水器材を通じて散水する場合が多い．

現在では調整池やファームポンドといった需給を調整する施設を設けるのが一般的であるが，これは水利用が集中する昼間に最大限散水ができるよう，1日中および比較的長期間で需給を予測し，需要に備えるためである．

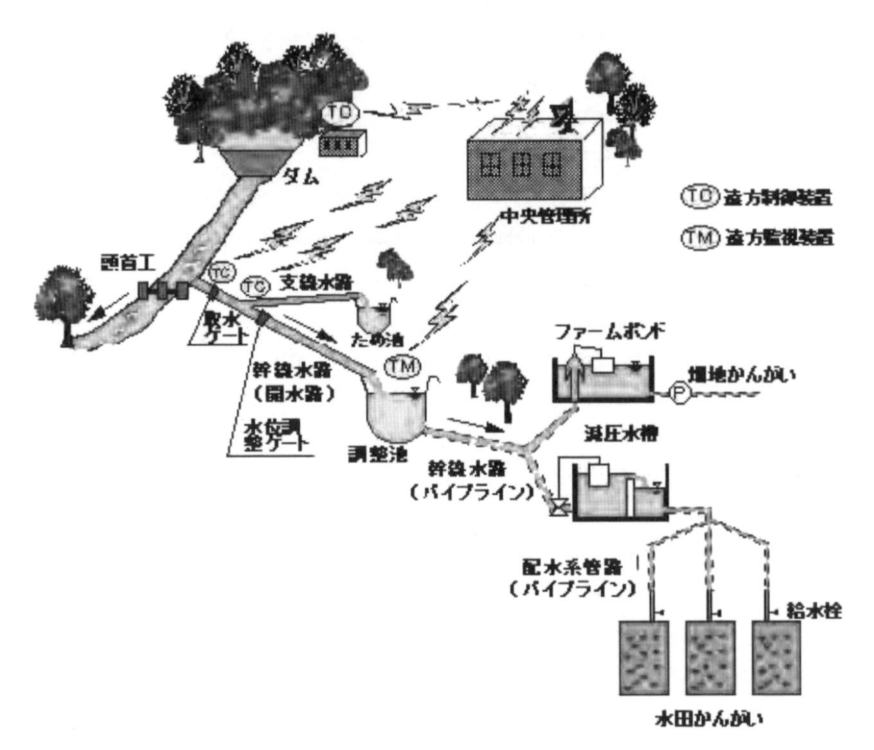

図 4.4 畑地灌漑システムの概念図

調整池は，比較的長期間において需給のバランスを調整するために，水利ネットワーク内に導入する場合が多い．数日からローテーション期間程度の需給の調整をするために，水量を確保する必要性から設置される．

一方ファームポンドは，1日の需給の調整を行う目的で用水系のネットワーク中に導入されるもので，一般に夜間貯留されることを考慮し，かつ昼間の水利用に影響を及ぼさないように施設の容量を決定する．ファームポンドの容量としては，一日の最大必要水量よりも大きな量を貯留する場合が多く（営農の自由度として勘案される），2倍程度になる．この中には，多目的用水，災害軽減用水量の余裕水量もすべて含まれている．適切な自由度については，地区で十分に検討して判断する必要がある．

また，一部地区では段階的整備として，本格的な散水器材の導入に先立って農地団地に給水栓のみを仮設置している事例もあり，事業費の高騰を防ぐ努力もされている．

e. 維持管理

送配水システムの維持管理は重要であり，必要な折に必要な給水，散水ができなければ無意味である．また，平時の補給灌漑のための散水だけでなく，気象災害軽減のための緊急的な散水に対しても，比較的均等になるようにしなければならない．一般的に，ファームポンドの容量で調整することになり，過大設計とならないよう自由度を決め，緊急時にも散水が担保できる状況を目指すことが必要である．

施設の長寿命化は当然のことであるが，ライフサイクルコストを最小とするような，ストックマネージメントの思想を考慮する必要もある．初期導入コストだけでなく，維持管理を想定した長期間にわたってコストが最少となるような施設の導入と，着実な維持管理を励行すべきである．たとえば，適切な維持補修のために大小複数台のポンプを導入し，適宜点検管理を行うことは長寿命化と維持管理費の抑制に繋がる．

近年では，人件費の抑制のために自動化が進んでいる．初期コストは多大となるが，将来にわたって管理負担が少ない体制を決定しなければならない．今後，農家の高齢化をにらみながら，適切な維持管理体制を確立することが重要である．

pF（ピーエフ）

pF とは土壌水分張力を水頭（cmH_2O）で表し，その常用対数をとったものである．

土壌物理学では体積含水率ではなく，土壌に保持されている土壌水のエネルギー状態で評価する．つまり，土壌に保持されているエネルギーを指標とする．このエネルギーは負であるために，張力である．pF が 0 で飽和状態，pF 値が大きくなる程乾燥が進むことを示す．根系や作物体内および大気の水分（エネルギー）状態を測定できれば，土壌から作物体を通り，大気に至る土壌-植物-大気（SPAC）連続体の水移動量を推測することができるなど，利点は大きい．土壌水分張力はテンシオメーターなどで測定する．

［凌　祥之］

文　献

安養寺久男：畑地灌漑施設の設計，畑地農業振興会（2003）
風間　彰：畑地の整備，畑地農業振興会（2003）
ダニエル・ヒレル著，岩田進午・内嶋善兵衛監訳：環境土壌物理学，農林統計協会（1998）
農業農村工学会：改訂七版農業農村工学ハンドブック（2010）
農林水産省：土地改良事業設計計画基準　農業用水　（畑）　基準書および計画書（2014）
FAO：灌漑排水技術書

5.1 農地排水の基本

農地排水は，大きく分類して地区・広域排水と圃場排水に分けることができる．ある一定地区内の過剰な水を地区外へ排除することを地区排水（block drainage）といい，地区内の降水による流出水，地区内の雑排水（他の土地利用からの排水を含む），地区外からの流入水などを，農地やその関係地域から早期に排除する技術を指している．近年の地区排水は，対象となる地区内で都市化や田畑輪換などが進んでさまざまな土地利用が行われ，その面積も広域化していることから，広域排水（regional drainage）とも呼ばれる．農業地帯からの洪水時排水（storm drainage）によって氾濫や湛水を防止あるいは減少させ，農地，水利施設などを含む農村地域の洪水被害を防止することをおもな目的としているが，常時排水（ordinary drainage）も含めて考えねばならない．

一方，水田や畑地からの過剰水を排水することを圃場排水（field drainage）という．圃場排水は水田と畑地で違いがあるが，水田の場合，適切な水管理によって生産性や品質の向上を図り，さらには大区画圃場などでの作業機械の走行が可能な地耐力の増強を図る技術を指している．また，圃場排水は圃場表面の余剰水の排除を目的とした地表排水（surface drainage）と，地下浸透水の降下や地下水の排除を促進するための暗渠排水（subsurface drainage）に分けられる．

農地排水は，日本を含む湿潤地におけるものとオーストラリアなどの乾燥地・半乾燥地におけるものとで対象が異なり，前者が地域全体の排水路水位の制御を行うのに対して，後者では暗渠排水を中心とした地下水の低下をおもな管理対象としている．とくに，乾燥地・半乾燥地においては，灌漑による地下水位上昇に伴う塩類集積（salinization）などの問題も生じており，地下水位の低下を図る技術は不可欠となっている．日本では，圃場排水の対象となる農地には低平地の水田や畑，田畑輪換による水田の畑利用（転作田）があるが，一方で，泥炭，火山灰土壌，重粘土などの特殊土壌地域における排水も重要である．

イネはある程度の湛水は許容できるが，葉先の水没や長時間の湛水は避けなければならない．また一般の畑作物は湿害に弱いため，無湛水とする必要がある．洪水時には，雨水流による土壌侵食，土砂災害，農村地域の住宅地や道路の浸水などの懸念もあり，社会経済的観点からの洪水防御も必要である．しかし，稀にしか発生しない洪水に対して被害をなくそうとすると，必要となる排水施設規模が過大になり，過剰投資の問題も発生する．投資効果を一律に評価することは困難であるが，現在の日本の農地排水では，10年に1度程度発生する洪水時の農業被害を防止することを一般的な基準としている．ただし，混住化が進展する農村では，防災目的も加味して20〜30年に1度の洪水に対する排水施設整備も行われるようになってきた．今後は気候変動などにより，基準となる洪水規模の変化に対する考慮も必要となってくる．

各圃場から排水路に集水された地表水は，道路，都市部や丘陵・山地など背後地からの雨水流出も合わせ，下流部へ流出し，河川や海へ排出される．この排水地区からの雨水を排水させるあるいは流出する河川や海を外水といい，その水位を外水位（outer water level）と呼ぶ．これに対し集水域側の水を内水，その水位を内水位（inner water level）と呼んでいる．内水から外水への出口では，一般にゲート付きの堤防を設置して外水の浸入を防ぐが，これを外水防御という．外水位が低いときにはゲートを通じての排水が可能であるが，外水位が内水位より高くなる場合にはゲートを閉じ，集水域からの流出を低位部に一時的に湛水させる．排水計画（drainage planning）の基準とする洪水時に許容湛水を超えると予想される場合には，ポンプを設置し，早期に強制排水を可能にする．このように集水域の雨水を外水へ排除することを内水排除（drainage of inland water）といい，重力を利用して水位の高い方から低い方へ排水する処理方式を自然排水（natural drainage），ポンプを利用した強制的な排水方式を機械排水（pump drainage）と呼んでいる．

圃場排水を強化するには，十分な地区・広域排水能力が必要であり，まず地域の内水排除を先行して，あるいは圃場排水と同時に実施する．排水改良が必要な地域は，主として流域内の河川下流のデルタと呼ばれる低位部や，河川中流部でも河川合流部の周辺や平坦な平野を河川が蛇行する地形に分布している．

5.2 圃 場 排 水

a. 水田と畑地の圃場排水の違い

水田の圃場排水の改善は大区画圃場整備に即応し，耕地の汎用化をもたらす水田の畑利用（田畑輪換）に適応した排水条件を整備するために必要である．具体的には，大型機械の走行に必要な地耐力を得るために地表および作土層の過剰水を排除し，表土の乾燥を促進することである．また，高品質な米を栽培するために土壌水分をコントロールすることも必要であり，乾田直播の場合，播種後の給水に暗渠を利用した地下灌漑を行う技術の開発が行われている．排水施設の計画と設計には，排水計画の基準値と計画排水量を決定する．水田の場合，排水の対象となるのは雨水ではなく，田面に湛水する残留水である．そこでは，地表湛水をおおむね24時間以内に排除し，地下残留水を暗渠でおおむね24時間で排水する基準で計画排水量を求めると，その標準値は約20 mm/d(最高で50 mm/d)となる．対象とする排水土層は15〜20 cm(耕盤上の作土層)，見かけの透水係数は10^{-2}〜10^{-4} cm/sのオーダーである．

一方，畑地の圃場排水の目的や必要性は，水田の場合と同様に，大型機械の走行に必要な地耐力を得ることと，根群域の土壌水分をコントロールするため地下水位を十分低下させることにある．地表排水施設の計画と設計に用いる排水計画基準値は，雨水を対象として決める．降雨データを統計処理し，10年に1回（10分の1確率）の4時間雨量を4時間以内に排除する基準で計算される．計画排水量はこの計画基準値に圃場の面積をかけて雨量値（体積）に変換し，流出率（おおむね35〜50%）を乗じて算出する．代表的な基準値は7 mm/h（最大で10 mm/h, 4時間雨量4時間排水）だが，地区によっては4時間雨量4時間排水の基準が過大な値と判断されることもあるため，24時間（日）雨量24時間（日）排水を基準に計算することもある．その場合には，値はおよそ半分の3〜4 mm/h程度（最大で5 mm/h）となる．外国の例では，乾燥地の場合は1〜3 mm/d（塩類コントロールのためとして），湿潤地の場合は7 mm/dといわれている．

日本にはさまざまな特殊土壌が存在し，それら個々の排水条件を検討することも大変重要である（丸山他（1998），p. 112）．北海道などに広く分布する泥炭土壌では，圃場の大区画化や汎用化に伴う排水路掘削による内水排除と，客土を前提とした暗渠排水が必須と考えられている．火山灰（黒ボク）土壌では有機質含量が多いが，暗渠と心土破砕，とくに粗粒火山礫土（火山礫，軽石などを多く含み透水性が良い）を充てんする有材心土破砕が有効である．重粘土は通気性，透水性が不良な土壌で，水田・畑ともに暗渠による地下排水が重要である．東南アジア，沖縄地方に多く分布するラテラル土壌は，通気性，透水性がともに悪く作物の生育には適さないため，地表排水を中心に注意深い排水改良が必要となる．東南アジアや沖縄地方の主として海岸・デルタ域に分布する海成粘土の硫酸酸性土壌は，乾燥すると強い硫酸酸性を呈して毒性を発現することから，排水改良は大変難しい．

b. 圃場排水の計画と設計

1) 圃場排水の基本的考え方

圃場レベルの排水を考える際には，地区レベルの排水が完備されていなければならない．地区排水は圃場排水の前提であり，それなしには暗渠排水（地下排水）の効果は少ない．地表排水の促進には，地表面への排水溝の設置，落水口の整備，水田田面の均平化などが大切である．

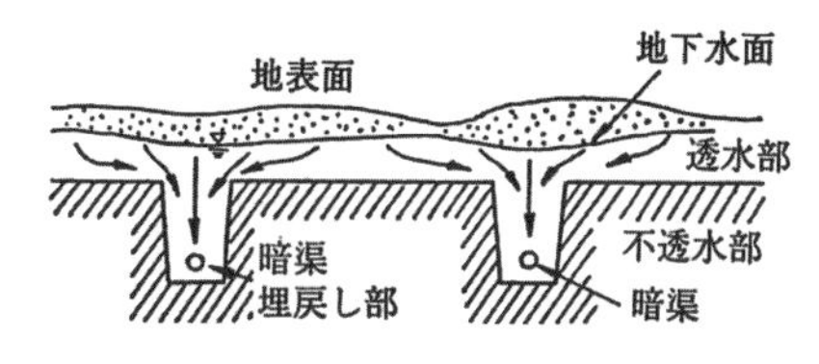

図 5.1 粘土質土壌水田の暗渠排水機構

暗渠（subsurface drain）によって排水される過剰水は，地表面に残留する過剰水，すなわち地表排水が困難な凹地貯留水と土壌中の過剰水である．このうち，地表残留水の占める割合が大きい．とくに透水性が悪い粘土質の土壌では，暗渠施工時の暗渠埋め戻し部の撹乱や土壌の乾燥による作土および心土クラックの発生により透水性が改良され，これが水ミチとなって地表残留水が暗渠に導かれる（図 5.1）．

一方，暗渠は土壌透水性変化の要因となる．暗渠の施工による地下水位の低下，それに伴う土壌の乾燥と透水性の改善がなされ，さらに排水の促進による土壌の乾燥化と土壌透水性の改良などにつながる．これらが繰り返されて暗渠排水の効果が発現するため，効果そのものは暗渠の施工と同時に現れるだけでなく，2〜3 年を経過してはじめて期待できる場合も多い．

2) 暗渠排水のシステム構成（丸山他（1998），p. 117）

暗渠システムは，吸水渠，集水渠，水閘（すいこう），排水口，集水マス，および承水渠からなる（図 5.2）．吸水渠（lateral drain）は，農地の地表排水が困難な過剰水を集める管路または素掘りの孔である．集水渠（collecting drain）は吸水渠で集められた水を受け，下流の排水路に過剰水を導く管路である．水閘（relief well）は，吸水渠または集水渠の中の流れを調節する装置で，水田で設けられる．排水口（outlet）は，吸水渠や集水渠が排水路に開口する部分に，さらに集水マスは流れの調節のために吸水渠や集水渠の交叉部分にそれぞれ設けられる．承水路（catch drain）は暗渠排水区域の外周に，地区外からの浸入水を遮断する目的で設けられる．

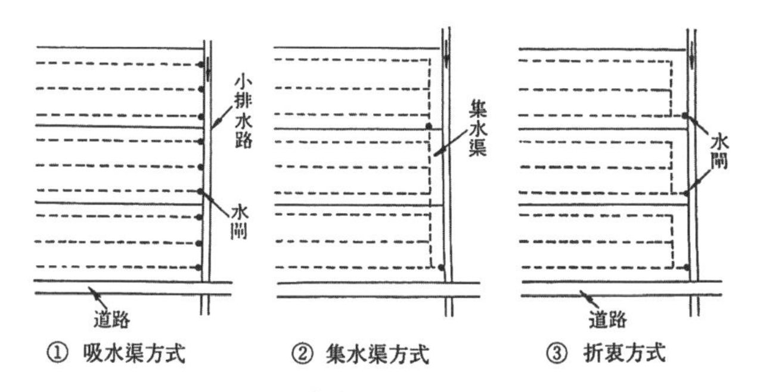

図 5.2 暗渠排水組織の配置方法

暗渠システムの方式は，前述の構成要素を組み合わせて，吸水渠を直接排水路に開口する方式（lateral drain system）と，吸水渠からの過剰水を集水渠に集めて排水路に開口させる方式（collecting drain system），さらにはそれらの折衷方式に分けられる．これらには以下のような特徴がある．

吸水渠方式は，吸水渠の維持管理としては容易であるが，単位面積当たりの排水路の密度が高く，潰れ地面積が大きくなる欠点がある．さらに，水閘の数が多く，排水路の維持管理に労力を要する．一方，集水渠方式の特徴は，末端排水路設置のための土地が不要で潰れ地が少なくなるが，接続部が多くなり，故障などによる維持管理が困難な上に，区画整備などの土地利用に制限が生じることもある．それらの折衷案はそれぞれの利点を有し，田畑輪換などの農家ごとの土地利用が求められる場合に有利であり，図5.2に見られるように，水田区画ごとに2〜3本の吸水渠を設け，区画毎に集水渠により排水路に開口させている．

土壌の透水性が小さい場合（透水係数 10^{-5} cm/s以下）で，上記の吸水渠（本暗渠ともいう）により十分な排水効果が期待できない場合には，本暗渠に直交して，補助暗渠またはモグラ暗渠（moledrain）が設けられる．わが国の水田では，一般に本暗渠は10〜20 m間隔で0.8〜1.0 mの深さに設置されるのに対し，補助暗渠は3〜5 mの狭い間隔で0.4 m程度の深さに設けられる．ただし，補助暗渠は短期間で機能が低下するため，そのたびに施工が繰り返されることになる．

3) 計画暗渠排水量の算定方法

水田利用の場合，中干し期あるいは落水期における地表水排除の後，地表残留水，地下水を排水対象とする．地表水の落水後，圃場に残留する過剰水を計画排水時間（1日）内に排水する．計画暗渠排水量 D(mm/d) は，対象とする水量を計画排水時間 T 時間内に排除するのに必要な排水量として，次のように求める．

地表水を排除した直後（満水非湛水状態と呼ぶ）から暗渠による排水が開始されたと仮定すると，図5.3に示すような暗渠排水量-時間曲線が得られる．これは，初期暗渠排水量 q_0(mm/d) を最大値とする低減曲線となる．ピーク排水量の数%の誤差の割合になる排水時間を T' として，暗渠総排水量 V(mm) との関係は，暗渠排水量-時間曲線から一組の値 (q_0, V, T') となる．Vを一定とすると，計画排水時間 T(日) $= T'$ のときの q_0

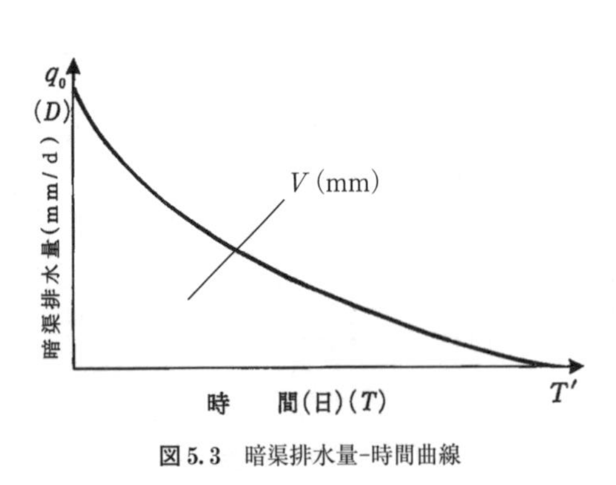

図5.3 暗渠排水量-時間曲線

が求める計画暗渠排水量D(mm/d) である．具体的には，曲線を指数関数で近似すると，D，T，Vの関係は次式のようになる（荻野・村島，1991）．

$$D=3\frac{V}{T} \tag{5.1}$$

これまで多くの水田圃場で行った観測結果から，わが国の水田ではVは3～18 mmの範囲にある．すなわち，計画暗渠排水量は10～50 mm/d の範囲である．通常は20～30 mm/d 程度を目標値と考えればよい．

4) 暗渠排水間隔の算定方法と組合せ暗渠の配置方法

暗渠間隔は7.5 m 程度を下限とし，これより小さくなる場合には本暗渠に補助暗渠を組み合わせた組合せ暗渠を計画する．吸水渠の間隔の決定は，類似地における実績を参考にする場合，計算式を用いて決定する場合と暗渠排水試験を実施して決定する場合がある（荻野・村島，1995）．

計算によって決定する場合は，計画暗渠排水量，作土層の透水係数，作土層の厚さをそれぞれ定め，暗渠間隔を決定する．一方，暗渠排水試験が実施できる場合は，暗渠施工計画地区内を代表する圃場に暗渠を施工し，排水試験を行いピーク暗渠排水量を実測した値を用いて暗渠間隔を決定する．

難透水性水田のように暗渠間隔が7.5 m 程度以下となる場合は，組合せ暗渠を計画する（図5.2の③）．弾丸暗渠などの補助暗渠は本暗渠に直交し，深さ30～40 cm程度に施工する．このとき，弾丸部分が本暗渠の埋め戻し部の疎水材を貫通することが必要である．

本暗渠と補助暗渠の間隔をそれぞれa（m，通常10 m 程度），b（m），両暗渠の排水の能力は同じと仮定すると，間隔S(m) との関係式（5.2）からまずaを定めた後，補助暗渠の間隔bを決定し，それぞれの配置を決定する（図5.4）．

$$\frac{1}{S^2}=\frac{1}{a^2}+\frac{1}{b^2} \tag{5.2}$$

5) 深さや管径などの暗渠構造

暗渠排水を必要とする水田はもともと透水性が不良であることから，暗渠排水機能は土壌表層部と暗渠管との連絡部の構造に支配される．暗渠の構造はトレンチタイプとして，埋め戻し材料には透水性が良く，耐久性のある疎水材を用いることが重要であるが，経済性も考慮してその地域で容易に入手できる材料を選ぶ必要がある．砕石やモミガラが一般的であるが，竹炭，チッ

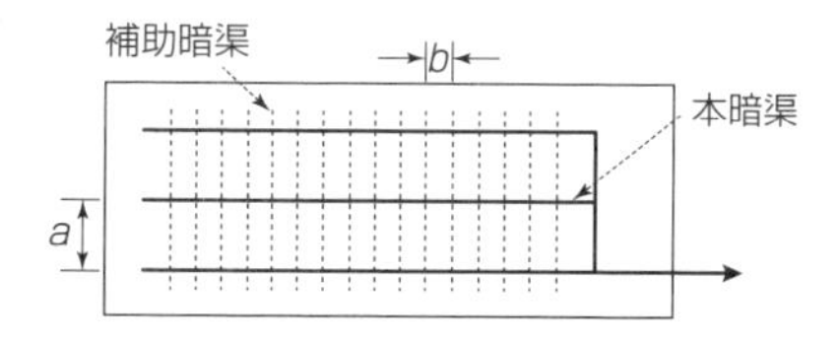

図5.4 暗渠と補助暗渠を格子状に配置した組合せ暗渠

プ，川砂利，その他さまざまな地域で入手可能な材料についても検討する．また管材では，合成樹脂管，土管などさまざまな選択肢がある．

吸水渠の埋設深さは，水田の畑利用の場合で60～80 cm程度を目安とするが，浅埋設（50～60 cm）が有効な場合もある．ただし，土層改良を考慮する場合には吸水渠が破壊されないような管材，また深根性作物の栽培が想定される場合にはその生育を考えた十分な余裕高の確保が重要である．吸水渠の溝の掘削幅はトレンチャー施工の場合15～20 cm程度，バックホー施工の場合30～40 cm程度であるが，最近では狭幅バケットを装着したバックホーの利用もある．

暗渠の敷設勾配は1/100～1/1,000程度で，1/500が一般的である．ただし，後述の地下灌漑の導入が想定される場合には，灌漑の視点も考慮する必要がある．暗渠管の口径は50～100 mm程度で，大区画水田において管の延長が長く，支配面積が大きくなると，より大きな口径も必要となる．

6)　水田圃場排水の特殊性

水田土壌の構造は，耕起によって柔らかくなった透水性の良い作土層と，耕耘されないち密で固い心土層の二層構造が発達し，長年の代かき作業により二層の間には固く難透水性の耕盤層が形成され，湛水を維持する機能を果たしている（図5.5）．水田の圃場排水とはこの作土層に停滞する，あるいは表層に湛水する過剰水を排除することであり，欧米に見られるように地下水位の低下を目的とするものではない．

わが国の排水改良は，まず用水の安定供給が先行し，圃場整備に伴う用排水路の分離と排水面での小排水路の掘り下げ，次いで圃場排水の整備水準向上のための暗渠排水整備という過程で進められてきた．そのような中で，これまでに示した暗渠排水の計画設計に関して，暗渠間隔の決定や組合せ暗渠の設計が重要であった．加えて重要な事項として，暗渠の維持管理の観点からの暗渠溝（暗渠埋戻し部）の構造と，その維持が挙げられる．

7)　暗渠排水の機能と維持管理

暗渠は泥などの堆積により機能が失われるため，必要に応じて清掃が必要である．また組合せ暗渠では，適当な時期に営農の中で補助暗渠を再施工することが望ましい．

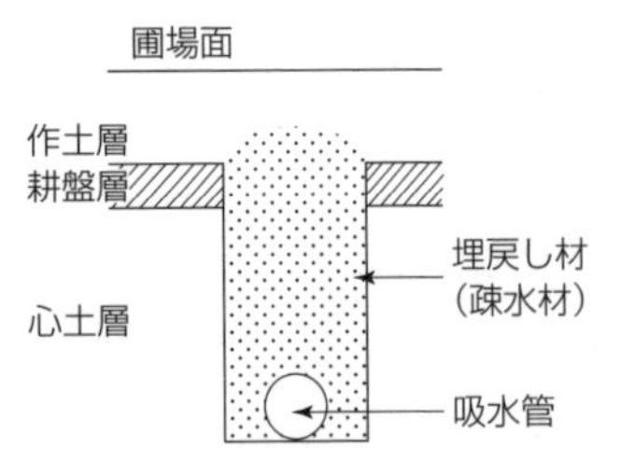

図5.5　暗渠溝の構造

地表残留水や表層土中に滞水する過剰水の排除には，暗渠管を埋設している暗渠溝の（鉛直方向の）通水機能が最も重要で，図5.5に示すように，透水性の良好な埋戻し材料（疎水材）で充てんすることが重要である．この際，埋戻し材料の圧縮・沈下と代かきによる耕盤層の形成が暗渠溝（とくに上部）の通水機能を阻害することが問題になる．

暗渠溝の幅に関しては，表層や作土層からの流下水を速やかに暗渠管へと排水通水させるための条件がある．たとえば，計画暗渠排水量 50 mm/d，暗渠間隔 20 m，埋戻し材料がモミガラ（透水係数を 1×10^{-2} cm/s）の場合には，暗渠溝の幅は 12 cm 以上は必要となる．ただし，埋戻し材料の投入量不足や耕盤形成による暗渠溝の透水性低下などの課題はある．

暗渠溝の深さは，平均 70 cm（上流端 60 cm，下流端 80 cm，暗渠長さ 100 m，勾配 1/500）が最も普及しているが，重力水排除の迅速化やモミガラ材料の施工量の節約のため，敷設深さはさらに浅くすることも可能である．

暗渠管の口径では，長さ 100 m，間隔 10 m の標準的な暗渠施工で，計画暗渠排水量が 50 mm/d の例では，60 mm の口径が必要である．

暗渠機能低下の要因としては，代かきによって形成される耕盤（事業実施後，2, 3 作目で深さ 15～25 cm の固い難透水層になる），さらには砕石やモミガラなどの埋戻し材料の充てん不足（田面から深さ 10～15 cm まで充てん必要），泥土による暗渠管周辺の埋戻し材料や管の穴の目詰まり，暗渠管の変形や破壊などが挙げられる．そのため，耕盤の破壊，補助暗渠の施工（暗渠埋戻し時のモミガラ充てんと弾丸暗渠による排水穴の貫通），圃場の水管理による透水機構（水みち）の維持，泥土の除去などに注意することが必要である．

8）平坦地における管水路型式小排水路の設計

わが国では現在，大区画汎用化のための水田整備が課題となっており，圃場レベルの排水整備が重要とされている．暗渠による地下排水技術として，管水路形式の排水システムの計画・設計が開発されている．従来は開水路で圃場から排水を受けていた

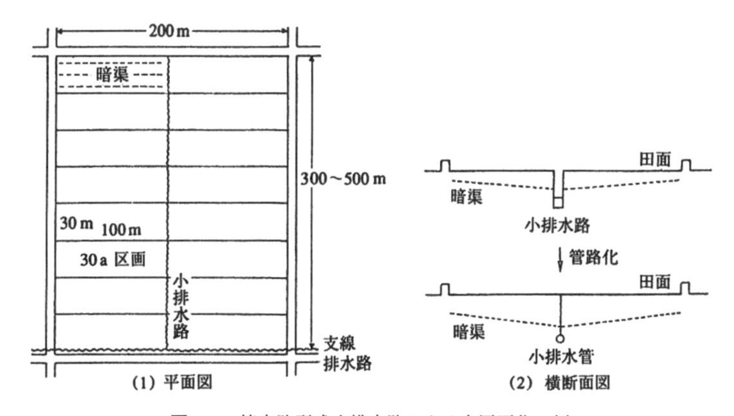

図 5.6　管水路型式小排水路による大区画化の例

小排水路を管水路にして，道路や圃場の下に埋めてしまう取組みである（図5.6）.

この取組みの利点として，水路草刈り・浚渫の労働と費用の節減，作業上の障害物の除去，水路上部の有効利用，地下灌漑用給水路としての利用，圃場排水の強化などが挙げられる.

水理条件としては，排水システム管内の圧力水頭が地下排水に影響を与えないよう，動水勾配線が田面から少なくとも0.5 m以下となること，また，管内に砂礫が堆積しないよう最低流速を0.6 m/s以上とすることが必要である．さらに，計画排水量は汎用化水田を対象として，10年確率の4時間雨量とし，流出率を0.35とする．設計のための具体的な計算手順は以下のようになる．まず，排水区間を適当に分割する．それぞれの区間ごとに管の口径を設定して，圧力水頭と流速を計算する．圧力水頭が基準値以下となり，流速が最低流速以上となるよう，管の口径を変えて繰り返し計算を行う．それらの条件が同時に満たされない場合は，区間設定を変えて再計算する.

c. 圃場排水の新たな技術

圃場排水の技術は古くから取り組まれてきたもので，その基本的技術の多くはすでに完成したと見なされていたが，最近では暗渠やその周辺の技術を応用してさまざまな分野への展開も行われ，さらには暗渠施工の新たな技術開発も行われてきた．以下にその最新技術のいくつかを紹介する.

1) 暗渠排水と地下灌漑を両立させた地下水位制御技術

暗渠排水と地下灌漑を両立し，地下灌漑時の地下水位制御を可能とするシステムである（若杉・藤森，2009）．この技術は，暗渠システムを利用しながら地下水位を作物の生育状況に適した水位に制御し，田畑輪換が自在に行えることをおもな目的としたもので，「地下水位制御システムFOEAS（フォアス）」と呼ばれている．用水路（主として管用水路）と暗渠管上流部を桝で接続することにより，用水を直接暗渠に給水する方式である．システムは，地下に埋設する管路網，用水供給施設および水位制御施設で構成される（図5.7）.

暗渠管は，中央に幹線，周囲に支線が配置され，これらは上流部および下流部で接続されている．地下灌漑時の用水は幹線，支線の順に送られ，用水に含まれる泥土などは主として直径の大きい幹線に沈殿されるため，管内清掃が容易になっている．補助用の暗渠は，地下灌漑の均一性向上のために配置するものである.

地下水位の制御には，暗渠上流部にフロート式の給水器，下流部に上下に可動する内筒を有する特殊な水閘が使用される．上流部の給水器と下流部の内筒の高さを調節することで，地下水位の自動制御が可能となっている．上記の給水器を介さず，桝から直接田面に給水する地表灌漑にも対応可能となっている.

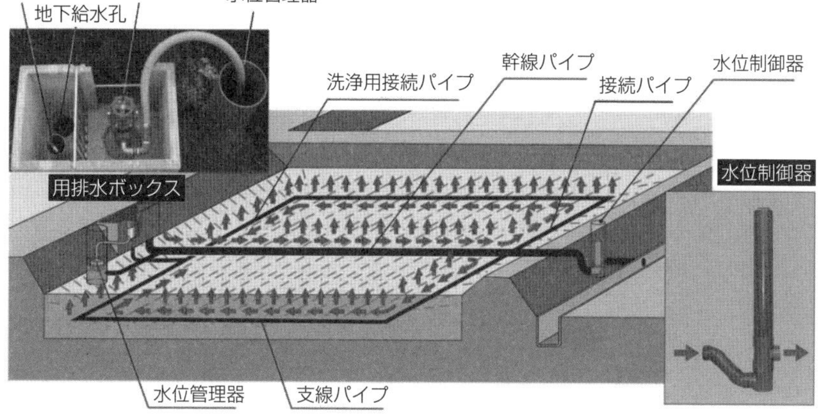

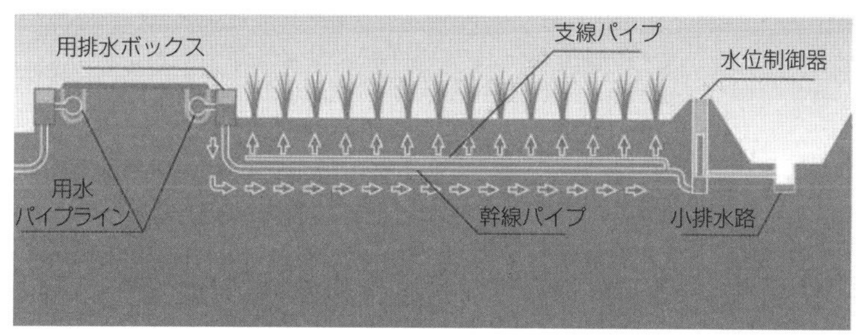

図 5.7 地下水位の制御を目的とした地下灌漑方式
上段： 模式図，下段： 断面図.

表 5.1 暗渠システムによる地下水位制御のための地下灌漑の導入効果

水稲作時	①地下水位の一定維持で，適度な土壌水分保持と無代かき移植や乾田直播が可能となる.
	②中干し期の落水時に田面下 20 cm 程度に水位を維持し水田全体を均一に乾燥化できる.
	③中干し後に田面下 10 cm 程度の水位維持により，田面に水がなくとも根への酸素供給と生育に必要な水の供給が可能となる.
	④一定の湛水深を維持でき，水管理の省力が可能となる.
畑作時	①湿害と干ばつを回避でき，作物の高位安定生産が図られる.
	②密な弾丸暗渠施工による高い排水性により，適期の農作業が可能となる.
	③モミガラなどの有機質の暗渠疎水材が常時浸水し，腐食が進み難く耐用年数が長くなる.
	④畝間灌漑によって生じる病害が回避できる.

なお，代かきや降雨後などに耕起や均平作業を行うと難透水層が形成され，機能が低下する懸念があるため注意が必要である．また，上記方式を導入した場合の効果をまとめると表5.1のようになる．

2)　有機質暗渠疎水材による炭素貯留技術

わが国では，農業分野における地球温暖化緩和策として，農地土壌への炭素貯留技術が検討されている．その1つの方法として，暗渠や土層改良などの農地整備を活用する農地下層における炭素貯留技術が注目されている．そこで，全国における各有機質疎水材の炭素残存率を明らかにして，暗渠や土層改良による全国の炭素貯留量が評価されている（北川他，2014）．

土中に埋設された有機質疎水材は，深く埋設すると炭素残存率が高く，下層ほど分解が抑制され炭素貯留機能が高まることがわかっている．北海道・茨城・沖縄で各種疎水材の15年後の炭素残存率が，資材埋設深の平均地温と一致する平均気温に基づき全国評価されている．その結果，各資材の15年後の炭素残存率はモミガラ<バーク堆肥<木材チップ<木炭となっている．とくにモミガラは，15年後に本州で炭素残存率が10%以下となる．バーク堆肥と木材チップも，本州で炭素残存率が20%以下と低い．一方，木炭は長期に炭素が残存する．農地下層における有機質疎水材の炭素残存率は，疎水材の種類と南北の差が大きい．

次いで，農地整備による全国の炭素貯留ポテンシャルが評価され，日本での暗渠の整備において各有機質疎水材を導入した場合の炭素貯留量を，暗渠整備面積（例として2002年）・資材による埋設炭素量・15年後の炭素残存率（畑で最も分解しやすい条件）の積で算定すると，モミガラが4000 CO_2 t，木材チップが22万 CO_2 t，木炭が127万 CO_2 t となっている（図5.8）．

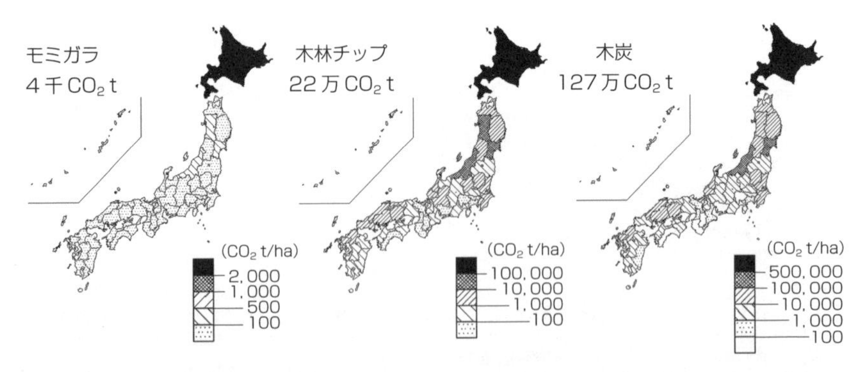

図5.8　各有機質疎水材で暗渠整備した場合の炭素貯留量の評価例（2002年整備面積）
各地域の炭素貯留量は，暗渠の耐用年数の目安である15年後の各資材の炭素残存率と2002年の都道府県ごとの暗渠整備面積に基づき算定した．CO_2 t は二酸化炭素排出量の換算単位．

これらの技術は，カーボン・オフセット制度への登録や，日本国インベントリーにおける炭素貯留量の原単位や気候変動緩和策としての活動量の断定に活用できる．また，暗渠排水の整備計画における疎水材の選択や，有機質資材を埋設するカッティングソイラなどの土層改良の導入推進に利用可能である．

3) 無資材・迅速な穿孔暗渠機「カットドレーン」による暗渠施工

排水不良地における畑作物の生産性向上には，圃場の排水改良が不可欠である．農業生産現場からは，資材を用いる暗渠と同様の排水機能を持ち，迅速に安く農家自身が行える排水，改良技術が求められている．そこで，農家自身が資材を使わず迅速に施工できる暗渠と補助暗渠の両方で利用が可能な，新たな穿孔暗渠機が実用化されている（北川他，2010；北海道土地改良設計技術協会，2004）．

開発された穿孔暗渠機「カットドレーン」は，農家のトラクタに装着し，トラクタの牽引力で土中の 40～70 cm の任意の深さに資材を使わずに連続した通水空洞を成形することができる．施工方法は図 5.9 に示すように，(1) 土を四角形のブロックに切断，(2) 土の四角ブロックを持ち上げ，下に四角形の隙間を作る，(3) その隙間の横の土を別の四角形ブロックを切り出し隙間の中に寄せることで，溝下横側に，空洞上面にかく乱のない崩落しにくい四角形の通水空洞を成形する（図 5.9）．

カットドレーンは施工深を 70 cm まで深くできることから，畦を越えて施工機を排水路内に下ろし，法面に空洞を貫き，簡易な暗渠として利用できる．また，施工機

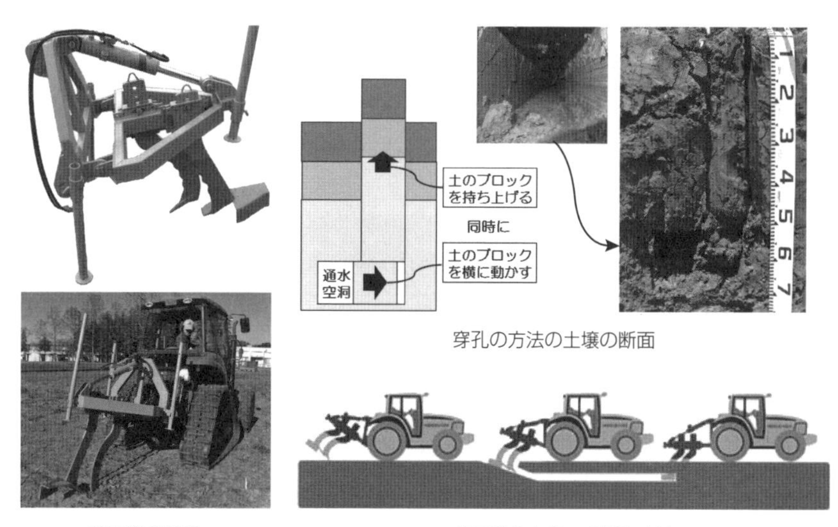

図 5.9 カットドレーンの構造と施工方法

を圃場面から挿入し既設暗渠に対する補助暗渠としても利用できる．さらに，カットドレーンは60PS（馬力）超のフルクローラートラクタや70PS超のホイールトラクタに対応できる．施工速度は2～4 km/hが望ましく，心土破砕と同速度で，既存のトレンチャー穿孔暗渠機やモミガラ心土破砕機より速いことも明らかにされている．

カットドレーンの性能として，施工圃場からの排水が，暗渠機能の目安であるピーク排水量5 mm/h以上を確保でき，降雨後の高い地下水位を迅速に低下させ，簡易な暗渠として十分な排水機能がある．湿害に弱い畑作物に対しては，普通の暗渠と同等の収量維持効果が見込める上，施工2年後も粘性土や高有機質土で通水空洞が維持されている．この技術は，とくに重粘土や泥炭土などでの適用性が高い．使用上の留意点は，砂50%以上では使用できず，穿孔の間隔は2～5 mを標準とし，おもに転換畑，畑，草地で使用するなどが挙げられる．水田では既設暗渠の補助暗渠として使用する．

5.3 地区・広域排水

a. 降水と流出の関係

一般に降水量（rainfall）は観測しやすく，また長期間の蓄積データを入手しやすい．これに対し河川や水路の流量（discharge）の長期連続観測は容易でなく，また流域内の土地利用の変化や河道の改修などがあると，過去の流量データを現在の流出量と同列には扱えない．そのため，集水域の降水量を流域流出量に変換する手法，すなわち流出解析（runoff analysis）が長年にわたり研究されてきた．

1) 洪水時の降雨量

雨量計で観測される雨量は地点雨量と呼ばれ，これに対し対象地区全体に降った平均雨量を面積雨量と呼ぶ．面積雨量は地点雨量から推定するもので，地区内に多数の地点雨量が得られれば，それらの単純平均を面積雨量と見なす．標高により地点雨量が異なる場合には，標高別面積による重み付き平均値を採用する．なお，等雨量線図が利用できれば推定精度は良くなる．その他の方法として，ティーセン（Thiessen）法，クリッギング（Kriging）法などがあり，後者は雨量計の最適配置に関する情報も提供できる利点を有している（増本他，1993）．

単位時間（通常は1時間）当たりの雨量を降雨強度といい，mm/hの単位が採用されている．また，一雨について各時刻の降雨強度を描いたグラフをハイエトグラフ（hyetograph）と呼んでいる．ハイエトグラフを用い，継続するt時間の雨量の中で（どの時刻からのt時間を選ぶかにより雨量は変化するため）最大値を採ったとき，これを最大t時間雨量という．その値をtで割ると最大t時間平均降雨強度Iが得られる．このIはtの関数であり，tが大きくなるにつれ減少する．この関係式を降雨強度式と呼び，3定数型の降雨強度一般式がある．

$$I=\frac{a}{t^c+b} \tag{5.3}$$

ここで，t は降雨継続時間（一般には min 単位），a, b, c はそれぞれの地域で決まる係数であり，降雨規模によっても値が異なる．いくつかの経験式のうちではタルボット（Talbot）式（上式において $c=1$ とおいた式）やシャーマン（Sherman）式（同 $b=0$）が多く用いられる．それらはいずれも単峰型の降雨波形であるが，複峰型降雨波形を考えた角屋他（1993）の方法や，さまざまな長短期降雨特性を考慮して内部波形を模擬発生させた皆川他（2014）の工夫もある．

2)　流出成分と有効雨量

流出量は水路や河川の流量として観測され，その時間的変化を示す図をハイドログラフ（hydrograph）と呼ぶ．ハイドログラフを分析することで，流出成分を表面流出（surface runoff），中間流出（subsurface runoff），地下水流出（groundwater runoff）に区分できるが，大まかには直接流出量（direct runoff）と基底流出量（base flow）に分けてもよい．

横軸に時間を普通目盛り，縦軸に流量を対数目盛りとしたハイドログラフを描くと，降雨終了後の減水部分を2本か3本の折れ線で近似でき，低減の早い部分を直接流出成分，遅い部分を基底流出成分として分離することができる．たとえば，図5.10で示す基底（地下水）流出量低減部直線を降雨終了時刻まで逆挿し，これを立ち上がり点と結ぶ方法（図中 A-E-B 線）などで直接流出量を求める．

降水量のうち，直接流出成分になった部分を有効雨量（effective rainfall）と呼ぶ．直接流出量の合計を流域面積当たり水深に換算すると，有効雨量が得られる．一般的には，直接流出量 Q_d(m^3/s)，読み取り時間間隔 Δt(h)，流域面積 A(km^2) とすると，有効雨量 R_e(mm) は次式から求められる．

$$R_e=3.6\frac{\Delta t\sum Q_d}{A} \tag{5.4}$$

一雨の全雨量 R(mm) に対する有効雨量の割合は流出率 f (%)，有効雨量にならない雨量成分は保留量 F(mm) または無効雨量といわれる．

$$f=\frac{R_e}{R}\times 100,\quad F=R-R_e \tag{5.5}$$

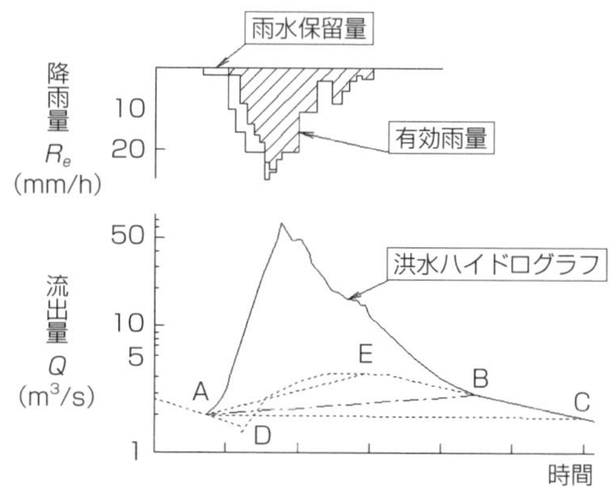

図5.10　流出成分の分離法

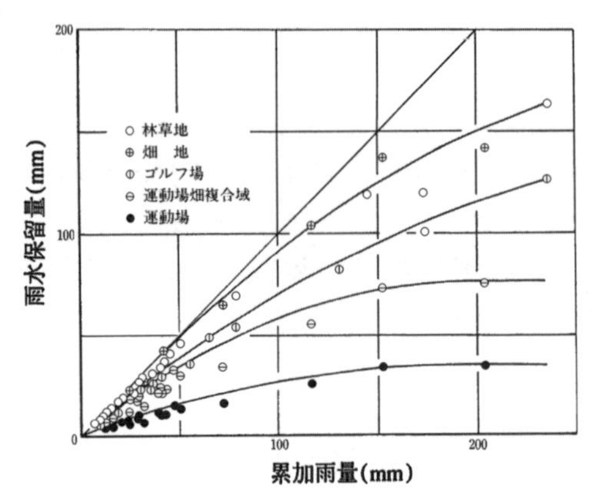

図 5.11 地目別雨水保留量曲線
杉山・田中(1987)

横軸に一雨の連続雨量 R, 縦軸に保留量 F を描き, いくつかの洪水データによって累加雨量と保留量の関係(雨水保留量曲線)を描くことができる. 図 5.11 は地目による保留量曲線の違いを示す例である. この雨水保留量曲線を用いて, Δt 時間(通常は1時間)ごとの有効降雨強度を求めることができる.

3) 流出モデル

傾斜地などの非氾濫域において降雨量から流出量へ変換するモデルとして, 洪水流出解析によく利用されるものでは, 合理式, 単位図法, 貯留法(貯留関数法, タンクモデル), 雨水流法などがある.

①合理式

流域内の土地利用がほぼ一様で, 洪水流出期間中の最大流量だけを知りたい場合には, 次の合理式(rational formula)が有用である.

$$Q_p = \frac{1}{3.6} r_e A \qquad (5.6)$$

$$r_e = f_p r$$

ここで, Q_P はピーク流量(m^3/s), A は流域面積(km^2), r_e は洪水到達時間 t_p(min)内の流域平均有効降雨強度(mm/h), r は洪水到達時間内の降雨強度(mm/h), f_p はピーク流出係数(表 5.2 参照)である.

洪水到達時間とは, 流域の最遠点に発生した雨水が流量観測点まで伝播するのに要する時間であり, 対象流域において十分な観測を行い, それらから推定するのが原則である. 観測値のない流域では, 洪水到達時間は平均有効降雨強度 r_e の関数であることから, 角屋・福島公式による標準的な推定式を用いることができる.

$$t_p = CA^{0.22} r_e^{-0.35} \qquad (5.7)$$

表 5.2 土地利用係数およびピーク流出係数

地表条件	土地利用係数 C	ピーク流出係数 f_p
山林	250~350	
放牧地	140~200	0.4~0.6
ゴルフ場	120~150	0.45~0.6
造成宅地・造成農地	80~120	
運動場	70~90	0.8~0.9
市街地	60~80	0.8~1.0

角屋他(1993)

ここで，Cは土地利用係数であり，地表条件別の概数は表5.2中に示されている．

一方，平均降雨強度rは(5.3)式中のIのように，平均時間t（ここでは洪水到達時間t_p）によって変化する．そのため，洪水到達時間式と平均降雨強度式の両方を同時に満足するrおよびt_pを採用する必要がある．図5.12はその求め方の一例である．

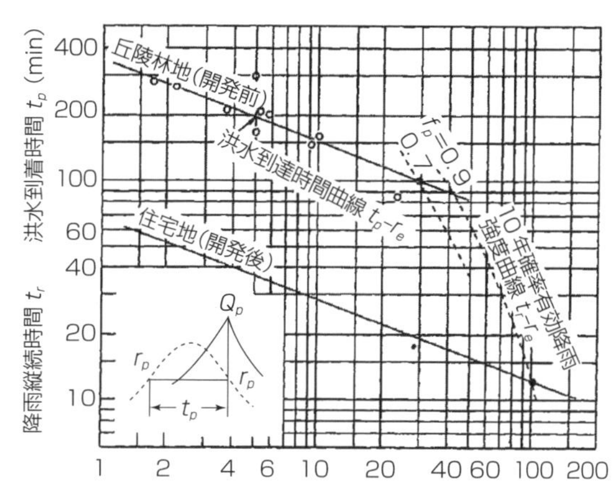

図5.12 洪水到達時間曲線t_p-r_eと確率降雨強度曲線t_r-r_eの関係図

ピーク流量によって排水路断面などを決定することができるが，流域内の湛水量や貯留量を考慮する場合には，ピーク流量だけでなく洪水流出ハイドログラフ全体が必要である．このため，以下のような方法が利用される．

②ハイドログラフ算出のための流出解析法

流出ハイドログラフを計算する流出解析法としては，貯留法に属する貯留関数法やタンクモデル，雨水流法であるキネマティック表面流出モデルなどが提案され，解析目的に合うように改良工夫されているが，次のような得失がある．貯留関数法はモデル定数が3個と少なくてよく，タンクモデルは同定すべきモデル定数が多いため長期間の流出観測資料が必要である．これらのモデルは取扱いが比較的簡単であるが，いずれも集中型モデルで流域末端の流量しか得られず，流出現象の物理性を考慮したモデルではないため,流域の土地利用条件が変化した場合には継続適用できない．一方，表面流出モデルは準物理モデルであるため，土地利用変化の解析もでき，きわめて有用である．

表面流出モデルとは，流域をいくつかの支流域に分割し，おのおのの支流域を河道とそれに付随する斜面よりなる流域モデルを作り，斜面では有効降雨の供給を受け，河道では斜面からの流出水の供給を受けながら雨水がマニング（Manning）型の抵抗則に従って流下していくとして，次式で雨水流を追跡する方法である．

$$\text{斜面流：}\quad h=kq^p,\quad \frac{\partial h}{\partial t}+\frac{\partial q}{\partial x}=r_e \tag{5.8}$$

$$\text{河道流：}\quad W=KQ^P,\quad \frac{\partial W}{\partial t}+\frac{\partial Q}{\partial x}=q_I \tag{5.9}$$

ここで，t は時間，x は距離，h は斜面流の水深，q は斜面単位幅流量，W は河道流水断面積，Q は流量，q_l は河道単位長流入量，k, p は斜面流定数で $k=(N/\sqrt{s})^p$，$p=0.6$，N は斜面の等価粗度，s は斜面勾配，K, P は河道流係数で，S は河道勾配，n は河道の粗度係数である．実際の雨水流の追跡計算は，特性曲線法や差分法などを利用する．なお，表面流出モデルは，地形勾配が 1/1,000 以上の山地，都市域，畑地，傾斜地水田域などに適用できる．

さらに上記のモデルは，雨水流法を除いて多くが集中型モデルであるが，最近は流域をメッシュに分割して，雨水流出過程を詳細に追跡する分布型流出モデルの利用も行われてきている（たとえば Masumoto et al.（2009）；吉田他（2013））．

b. 排水計画の立案

1） 排水不良の原因と対策

地区排水計画の立案にあたっては，まず図 5.13 に示すように，受益地だけでなく背後地も含めた内部流域（集水域）の特定が必要になる．また，計画立案の前に排水不良原因を確認しておかねばならない．その原因には次のようなものが挙げられるが，多くの場合は複合要因によるものである．排水改良はその原因除去を図るものであるが，一部の改良は他にも影響することから，排水システム全体に配慮しなければならない．そして，局部的な改良で済む場合を除けば，地区の下流側から改良を図っていくことが原則である．

①圃場の原因によるもの：　圃場面の勾配不良，落水口など排水路への出口の断面不足や管理不良．

②地区内の条件によるもの：　排水系統の未整備，排水路の通水能力不足，排水口（樋門，ポンプなど）能力不足，地域の開発や地目転換による流出量の増加，地盤沈下．

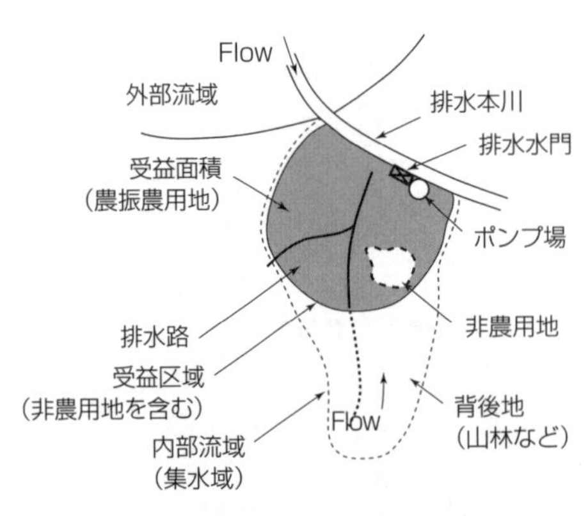

図 5.13　排水事業の計画範囲の概念図

③地区外の条件によるもの：　外水位の高い状態が長時間継続，河川流域の開発に伴う外水位上昇あるいは外水位ピーク時刻の早期化．

④管理方法などの条件によるもの：　不合理な水利慣行，排水路の維持管理不良，施設の老朽化と能力低下，不適切操作．

⑤その他の社会的条件など：　直接的な不良原因ではないが，排水改良の必要性が顕在化する場合とし

て，宅地化などによる低位部の無湛水化要求，地域内資産価値の上昇による整備水準の向上などがある．

2) 洪水時排水と常時排水

排水計画においては，洪水時と常時を区別して策定する．洪水時の排水計画では，内部流域からの流出量は計画基準降雨に対して適切な流出解析法を用いて計算する．洪水ハイドログラフを求め，排水口の排出量および湛水を考慮した排水解析を行い，内水位の推移を計算する．そして，この内水位が計画基準内水位を超過するか否かを検討して，排水改良の効果を判断する．計画基準降雨，計画基準内水位および外水位は，いずれも排水施設の規模に対して大きな影響を及ぼす非常に重要な因子である．洪水時排水においては，とくに計画基準内水位の決め方が，排水事業の所要経費と排水改良によって得られる便益（湛水被害軽減額）の値を決める重要なポイントとなる．

一方，常時排水では，常時の排水路の水位（常時排水位）や流量は季節によって変動するが，排水計画では受益区域内の地下水位を最も低く保ちたい時期を考えて，計画基準値内水位を選定する．計画初期や資料が少ない場合には，灌漑期 0.1～0.4 $m^3 s^{-1} km^{-2}$，非灌漑期 0.05～0.1 $m^3 s^{-1} km^{-2}$ の範囲で，適当と思われる値を選定してもよい．

3) 排水方式

排水にあたっては，可能な限り自然排水（gravitational drainage）を採用することが原則である．機械排水（pumping drainage）方式は，施設建設費と維持管理費の合計額では高価となること，排水能力がポンプ容量に限定され，排水量に余裕が生じないこと，保守点検や故障対策なども考慮しなければならないことなどの欠点がある．他方，外水条件に左右されることなくほぼ一定の排水量を確保できることが長所であり，低平地では機械排水が不可欠となる場合が多い．機械排水を採用しなければならない地区にあっても，外水位が低い時間帯だけでも自然排水を行うこと，あるいは地

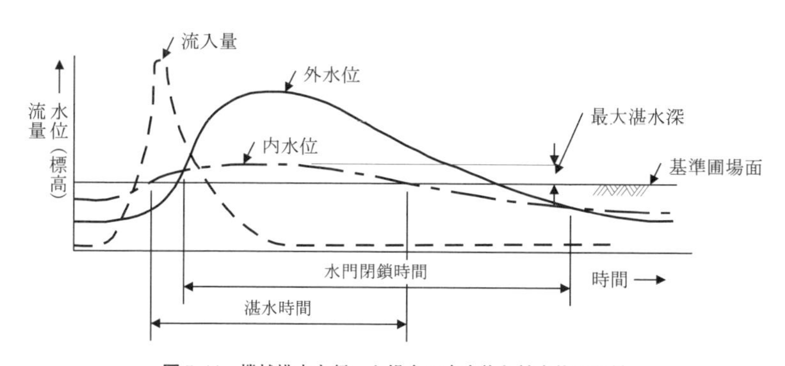

図 5.14 機械排水を行った場合の内水位と外水位の関係

区の高位部だけでも自然排水ができるような排水システムとするなど，自然排水優先原則を生かす方策が必要である．

内水位と外水位の関係は，排水の条件によって様々な状況となる．もし，最大湛水深が許容湛水深を超過する場合や，最大湛水時間が許容湛水時間を超過する場合には，自然排水方式のみでは不可能と判断され，機械排水方式を検討する．機械排水を行った場合の内水位と外水位の関係は図5.14のようになる．

4） 計画基準雨量と湛水解析

毎年の最大日雨量 R の発生確率は対数正規分布で近似できる場合が多い．この場合には $y=\log R$ と置換し，y に関する正規分布式に基づき超過確率の計算を行う．たとえば10年確率雨量を求めたいときには，標準正規分布における超過確率 $W=0.1$ のときの雨量が相当し，これを1/10超過確率雨量とも呼ぶ．W の逆数を再現期間（return period）といい，1/10超過確率雨量の再現期間は10年である．

農用地を対象とした排水計画の場合，大規模な河川改修のように既往最大または50～100年に1回程度の降雨をとることは費用対効果の面から得策ではなく，多くの場合20年に1～3回程度の降雨規模が経済的に最適となることが多い．計画基準降雨は，10年に1回程度の出水規模に対応するものを一応の目標とし，短時間降雨強度を対象とする場合と連続降雨を対象とする場合がある．機械排水を行う低平地における排水計画では1～3日雨量について確率計算を行って確率雨量を定めた後，適当な単位時間ごとに雨量を配分する方法がとられる．

地区の排水口での連続式は（5.10）式で表される．

$$Q-q=A\frac{dH}{dt} \tag{5.10}$$

ここで，Q は計画基準雨量をもとに流出解析によって求まるハイドログラフの流量（m^3/s），q は排水口からの排水量（m^3/s），A は湛水面積（m^2），H は内水位（m），t は時間（s）である．

湛水面積（inundation area）は内水位（地盤標高以上では湛水位と同じ）の関数で表されるので，地形図によって任意の内水位以下の面積を別途に求めておく．排水量は内外水位差 H-h（h：外水位）と排水施設容量によって決まる．自然排水では排水樋門を通過する流量が排水量であり，水理学の公式に従って求められ，内外水位差に大きく影響される．機械排水では，内外水位差によって排水量は若干変化するものの，一定のポンプ排水量であると仮定しても結果的に大差ない．

流出量 Q のハイドログラフ，地形に関する標高別の湛水面積 A を定め，外水位 h の時系列として実測値または計画値を与え，適当な内水位の初期値を用いることで，（5.10）式を差分法などによって解けば，時々刻々の内水位が求められる．

排水計画では，自然排水を優先して選択し，計画基準降雨時の湛水解析結果が許容湛水を満足しない場合に機械排水方式を導入する．ポンプ排水量は内外水位差と無関係に一定とおけば，許容湛水を満足するポンプ容量を比較的簡単に試算できる．

なお，水田では穂ばらみ期に被害を受けやすく，この時期に葉面が水没しないことを目標に通常30 cmを許容湛水深とし，30 cmを超える場合でも24時間以内であれば，被害は軽微であると見なして許容している．

また，一般に低平地河川の流れは場所的，時間的に変化する非定常流れであり，不定流式あるいは不等流式をもとにした解析法としては，不定流モデル，低平地タンクモデルがある．これらの解析法は，水田–支線，幹線排水路–排水施設からなる排水系統，組織の各諸元をそのままモデル化し，初期条件および背後地からの流出量と排水施設条件を境界条件にして数値計算を行う．現況だけでなく排水改良条件を入れて計算すれば改良後の流況の再現が可能となることから，上述の課題に応える湛水解析のための数値シミュレーション手法として広く使われている．

c.　広域排水のシステム解析

低平地では，堤防などで囲まれた地区ごとに排水路で流出水を集めて水門や排水機で地区外へ排除する（地区排水もしくはブロック排水）．また，排水路，サイホン，遊水池（潮溜まり），水門，排水機などの施設系全体を排水システムと呼ぶ．これに対して，背後地からの流出水と地区の機械排水を河口水門や排水機で排水本川や海へ排水している場合（図5.13参照），排水路，河口水門，河口排水機場などは地域の基幹排水施設で，広域排水施設という．また，基幹排水施設系と各地区内の排水施設系全体を，排水システムと区別して広域排水システムと呼ぶ．

排水路（drainage canal）は，末端部に地形に沿って設置される小排水路（farm drain），それらが合流する支線排水路（lateral canal），これらを集めて排水口まで導く幹線排水路（main canal）に区別される．また，地区外から地区内に流入する地表水を上流部で集水する承水路（catch canal），流路の途中から直接地区外へ導く放水路（flood way）などがある．さらに，排水ポンプの種類には，大別して渦巻きポンプ，斜流ポンプ，軸流ポンプがある．

排水計画は適切な排水システムを構築する第一歩で，地区排水ごとに目標（排除の水準）を設定し，地形や土地利用状況を考慮して末端圃場から排水口までの排水系統，施設の構成と規模を決定する．また，地域全体の排水を考慮する必要があるため，地区排水計画においても広域排水システムの一部として検討する方向にある．

排水施設の計画は，排水系統を構成する幹線排水路，支線排水路，小排水路の機能目的に応じて，排水施設のそれぞれが効果的に役割を分担し，かつそれらが総合的に機能するように配置を検討するとともに，総工事費や維持管理費などの経済性の確保，地域住民の意向および排水本川の治水計画などとの整合性なども総合的に検討することが必要である．

そのためには，まず受益区域の排水解析を行って実現可能な排水施設の組合せを複数案検討し，それらの比較検討によって排水施設の最適施設配置計画を選定することが大切である．排水施設の配置には以下の方式がある．

①集中排水方式：　排水系統の最下流に排水施設を集中設置し，計画排水量を排水する方式．

②分散排水方式：　排水系統内に排水施設を分散設置し，それぞれが互いに関連して計画排水量を排水する方式．

低平水田地帯ではさまざまな土地利用変化が見られるが，対処すべき排水施設の規模配置は経験的に決められ，指針は明らかになっていない．それを解決する目的で，施設投資の経済的側面から稼働施設とポンプ施設の規模・機能分担を決定するための，動的計画（dynamic programming：DP）法を用いた簡易的な施設配置決定手法が提案されている（増本・佐藤，1995）．最適な規模配置問題では排水施設（たとえば排水機，河道，遊水池，放水路，余水吐，暗渠など）間のさまざまな組合せが考えられる．その場合，検討すべき計画案の数は膨大なものとなることから，DP法によって有効かつ最適な計画案を，効率的に選び出すことが有効となる．

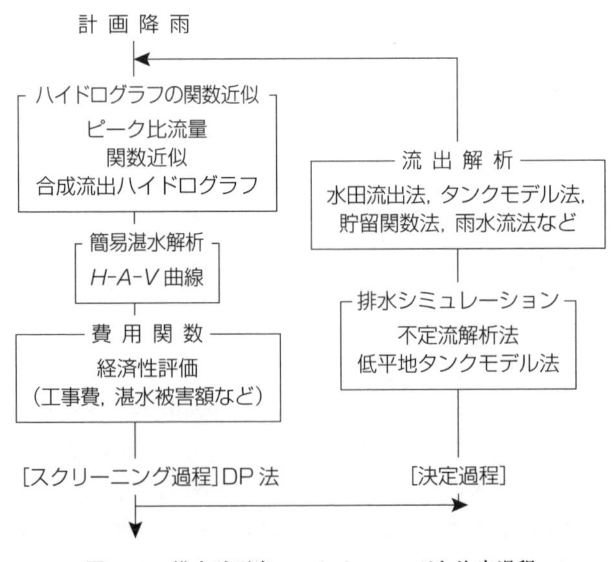

図5.15　排水計画案のスクリーニングと決定過程

そこでの定式化による流域の分割においては，河道（排水路を含む）をいくつかの河道施設として分割し，そこに湛水域（水田）や非氾濫域が接続しているものとして，DP 手法を適用するために多段階に順序付けする．この河道分割には，支川排水路などでお互いに独立している小流域を同一の段階（ステージ）に位置付ける排水線の考え方を導入している．また，提示された簡易法は実際の排水地区に適用され，数理モデルによる排水シミュレーションと組み合わせることにより（図 5.15），有用な情報が提供されることがわかっている．すなわち，その簡易法は詳細な解析の前段階の処理法として，計画のスクリーニング（絞り込み）段階での検討に有用である．なお，湛水被害額の算定には米の減収曲線など（皆川他，2016）を利用する．

d. 地区・広域排水の課題

1) 土地利用変化

水田はダムと同様に洪水調節機能を持つ．しかし，圃場整備に伴う水管理の変化，田畑輪換など汎用農地化のための排水促進，畑地への転換，中山間地での耕作放棄などは，洪水調節能力を減少させることがある．また，宅地や公共施設用地などへの農地転用，あるいはゴルフ場建設などの地目変化は洪水流出を早める．一般に，地形，地質，土性，植被，管理状態などが複合する実際の流域では，流出機構の定量的な比較は難しい．都市化による洪水流出への影響についてはいくつかの知見が得られているが，さらなる研究も必要である．

有効雨量に関しては，林草地，畑地，水田に比べ，市街地は舗装面の増加によって雨水保留量が大きく減少する．また，ピーク流量については，市街地，運動場などのピーク流出係数の値が概して大きい．さらに，土地開発によって流出は速くなり，洪水流出量が短期集中型へ変化すれば，既存の基幹排水施設では対応できない場合が生じる．市街化地区では透水性舗装の導入などによって，洪水流出の部分的抑制が講じられつつある．

2) 超過洪水と排水ならびに洪水貯留

農地排水の基本的な計画単位排水量は 1 km^2 当たり 1～3 m^3/s（時間雨量に換算すれば 4～11 mm/h である）程度であり，東北日本や低平地ではこれよりも小さく，西南日本や傾斜地では大きい傾向がある．しかし，計画排水量を超える流出量に対して無策であってはならない．湛水が広範に及ぶ場合の流出解析として，下流側の水理条件を導入した非定常流解析も試みられており，降雨規模と湛水・浸水被害との関係をシミュレーションによって知ることができる．将来的には，確率浸水被害地図に類する資料の公開が期待される．

また，水田の持つ洪水防止機能の評価とともに，超過洪水に対する流域規模の洪水管理のなかでの水田の役割も検討されている．低平地において機械排水を行う水田流域では，排水先の河川計画が100年確率規模の洪水を対象としているのに対して，最大排水量を通常10年確率の規模（最近は20～30年の例も見られる）に想定している．そこでは，10年規模の排水能力を超える流入量を流域外に排水することができないため，排水路や水田では水が強制的に貯められることになる．すなわち，農業用排水路や水田を含む農地は排水河川に対して洪水貯留機能を有し，結果として河川下流の洪水危険度の減少に役立つことになる．たとえば利根川支流の小貝川における都市に対する水田の持つ洪水防止容量の算定例では，10年確率を超えて100年規模までの水田貯留量を積極的に利用しようという試みもある．また，都市河川の目標を200年確率規模とすれば，さらに大きな水田の貯水容量（10～200年規模）を利用することになる（増本，2010）．河川での超過洪水は，河道の通水能力を超える流出量については，堤防上の越水や破堤により，流域の低地部に貯留される．そこでの土地利用としては，河道沿線に沿って水田が広がっていることが多い．実際に，古来より水害の多い地帯の例として，1986年の小貝川氾濫時には水田に氾濫水が貯留されたため，水田部における最大の浸水深が3～5 mになったにもかかわらず，中心市街地は浸水を免れた．こういったことから，水田は超過洪水時の積極的な流域管理の鍵になりうると考えられる．

3) 気候変動と順応型洪水対策

気候変動に対する排水分野での影響評価が開始された当初は，農業とは切り離された河川流量の変化などに焦点が絞られていた．しかし最近では，農業水利用や農業用施設との関わりを持った河川流量の評価が行われるようになってきた．しかも，IPCC（2012）の特別報告書などで指摘されたような，将来の極端現象（豪雨，渇水）の増大やそれらの両極端現象の変化幅の拡大に焦点を絞った研究もでてきている．ただし影響評価においては，これまでの多くの検討に加え，多数のGCM（全球大気循環モデル）を利用した詳細な評価や不確実性の検討，極端現象と農地排水の関係や影響などに関しても，さらに注目していく必要がある．

また，上記のように排水分野への影響が詳細に明らかになってくれば，今後はさまざまな計画基準，設計基準の改定も必要になってくる．たとえば，水利施設計画などに用いる雨量波形の与え方としては，短時間波形への集中化や豪雨の増大などを考慮した内部波形の変化も考慮したものに変えていく必要性も考えられる．

さらに，次段階の展開としては気候変動の影響に対処するための適応策の検討があるが，その検討速度を早めていく必要がある．圃場排水や地区・広域排水分野で取り組むべき課題は何かといえば，それは分野として古くから取り組んできた水管理，排水，災害などの研究課題であり，基本レベルから研究をスタートする必要はない．

以上示したように，灌漑排水と気候変動適応の相互関係の中で，これまでの研究では，気候変動から灌漑排水やそこでの適応策に対する流れの検討まではきているが，その逆の方向，すなわち適応の可否や程度をも考慮した灌漑や排水のあり方の検討にはまだ進んでいない．とくに，広域排水の分野で必要となるのは，気候変動の影響を加味した順応型洪水対策の検討となると考えられる．　**[増本隆夫]**

文　献

IPCC：Managing the Risks of Extreme Events and Disasters to Advance Climate Change Adaptation (SREX). A Special Report of Intergovernmental Panel on Climate Change (Field, C. B. et al. (eds.)), Cambridge University Press, Cambridge, UK and New York, USA (2012)

Masumoto, T. et al.：Development of a distributed water circulation model for assessing human interaction in agricultural water use, In *From Headwaters to the Ocean: Hydrological Changes and Watershed Management* (M. Taniguchi, et al. (eds.)), pp. 195-201, Taylor and Francis (2009)

荻野芳彦・村島和男：汎用化水田の暗渠排水の計画と設計・農土誌，**59**(9)，37-42 (1991)

荻野芳彦・村島和男：平坦地における小排水路の暗渠化のための圃場排水施設設計，農土誌，**63**(10)，13-18 (1995)

角屋　睦他：複峰型豪雨波形の一表現法，農土論集，**164**，115-123 (1993)

北川　巌他：高生産性農地の段階的整備を実現する低コスト排水改良技術，農業農村工学会誌，**78**(11)，7-10 (2010)

北川　巌他：暗渠整備による炭素貯留技術の温暖化緩和ポテンシャル，農業農村工学会誌，**82**(8)，19-22 (2014)

杉山博信・田中宏宣：土地利用形態と出水特性－牧草地・ゴルフ場・運動場の場合－，農土論集，**130**，51-9 (1987)

農林水産省農村振興局：土地改良事業計画設計基準及び運用・解説　計画「排水」，農業土木学会 (2006)

農林水産省農村振興局：土地改良事業計画設計基準及び連用・解説　計画「排水」，付録「技術書」，農業土木学会 (2006)

農林水産省農村振興局：土地改良事業計画設計基準及び運用・解説　計画「ほ場整備（畑）」，農業土木学会 (2007)

農林水産省農村振興局：土地改良施設管理基準－排水機場編－，「基準書」，「技術書」，農業農村工学会 (2008)

農林水産省農村振興局：土地改良事業計画設計基準及び運用・解説　計画「ほ場整備（水田）」，農業農村工学会 (2013)

北海道土地改良設計技術協会：農地排水－その理論と実践，海外かんがい排水技術図書　和

訳資料（2004）
増本隆夫他：Kriging 理論による雨量計の最適配置法に関する研究，農業土木学会論文集，**165**，111-119（1993）
増本隆夫：広域水田地帯の洪水防止機能の評価と将来の流域水管理への利活用（I）（II），水利科学，**315**，23-38，**316**，66-77（2010）
増本隆夫・佐藤　寛：DP 法に基づく排水施設の親横配置計画法，農土論集，**176**，133-144（1995）
皆川裕樹他：長短期降雨特性を備えた豪雨の内部波形の模擬発生法，農業農村工学会論文集，**291**，15-24（2014）
皆川裕樹他：洪水時の流域管理に向けた水田域の水稲被害推定手法，農業農村工学会論文集，**303**，I_271-I_279（2016）
村島和男・荻野芳彦：汎用化水田の暗渠排水の機能とその維持管理，農土誌，**60**(1)，13-18（1992）
吉田武郎他：中山間水田が主体の小流域における短期流出過程のモデル化，農業農村工学会論文集，**284**，31-40（2013）
若杉晃介・藤森新作：水田の高度利用を可能とする地下水位制御システム FOEAS，農業農村工学会誌，**77**(9)，7-10（2009）

第6章 農業水利システム

農地における作物生産に必要な水の量と灌漑の方式が定まると，水資源の確保から圃場での灌水までの水の供給のシステムの計画が必要となる．水の確保に必要となる施設（水源施設）と，確保した水の取り入れに必要な施設（取水施設）や搬送・配分に必要な施設(送配水施設)，または余剰の水を流下させるのに必要な施設(排水施設)，さらにはそれらを有効的に機能させるための施設（管理制御施設）を整備することが求められる．既に施設が存在するところでは，その機能や構造を診断し，その改善や更新の必要性を検討することになる．本章では，この施設系とそれを操作管理する体制を「農業水利システム」として，その基本を解説する．なお，水源の基本については2章で，農地からの排水については5章で別途記述されているので，ここではそれらには触れない．また，近年，日本で導入が注目されるようになった水路系における発電について，ここで説明を加える．

6.1 水 利 施 設

a. 農業水利施設の基本構成

農業水利システム（以下，水利システム）を構成する灌漑と排水のための施設（水利施設）は，基本的には対象とする地域における水の存在や移動を，時間的・空間的に調整するものである．この人為的な調整は，計画対象とする地域の地形・地質，気象・水文などの自然条件と，社会・経済的な条件の影響を受けるため，施設の計画に際しては，さまざまで相互に関係する条件の下で，必要な機能・構造を有する複数の案から，より適した施設系を選択することが求められる．

施設系は，農地における用水需要を満たすことが基本となるが，望ましい施設系の前提の下で，需要を制御・調整することが必要となることもある．

最も一般的である河川を水源とする水利施設の基本構成を示すと図6.1のようになる．すなわち，施設系は，a）水源施設（貯水施設），b）取水施設，c）送配水施設（送水施設および配水施設），d）排水施設で構成され，さらに，それらを統御するe）水管理制御施設から構成される．施設計画では，それらの位置，形式，主要な諸元を，施設の機能性と安全性，用水利用上の合理性，建設と維持管理における経済性を考慮

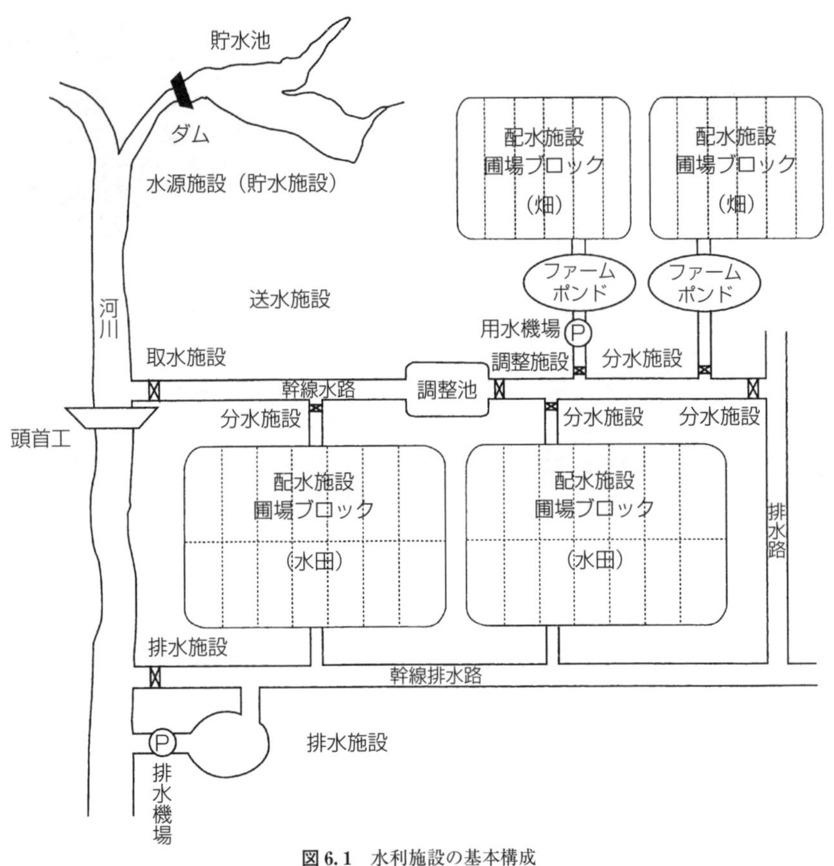

図 6. 1　水利施設の基本構成
黒田（2000）

して定めることになる．また，周辺の自然環境や生活環境に配慮することも求められる．以下，それぞれについて基本を示すが，それぞれの施設の構造物としての計画と設計の方法は，本書の範囲を超えるので触れない．

b.　水源施設

1)　水源施設の基本

水源施設は，用水の需要量とその時間変化を基礎に，利用可能な，また新規に開発可能な水資源量を考慮して計画される．表流水（河川）を水源とする場合は想定した河川の流況が，地下水を水源とする場合は想定する帯水層からの持続的な揚水の可能量が，水源施設の基本を規定することになる．地下水の場合，地下に貯留する水源施設（地下ダムなど）を建設することはまれであり，通常は，自然の湧水に依存するか，帯水層から取水する揚水機を設けることになる．

施設計画で想定する計画の用水量は，日本の場合は，通常は10年に1回程度生じる干ばつ年に相当する計画基準年の，水源地点，あるいは取水を想定する地点での粗用水量から定める．この粗用水量は，通常は5日や10日を単位として算定され，計画基準年の河川の利用可能量（想定される河川流量と，他の利用目的のために必要な量で規定される）で賄うことができなければ，ダム建設などによる河道での貯水を計画することになる．

2) 水源施設計画

水源施設として主要な河川水を貯水する貯水施設の計画は，用水計画，水源計画，管理運営計画や，施設の設計とも密接に関わり，その内容は水利システム全体の建設や維持管理費や周辺の環境にも大きく影響するので，効率的に，またとくに慎重に進めることになる．貯水施設の計画は，水源計画とも関わるもので，その策定の一般的な手順をまとめると，図6.2のようになる．

この中で，とくに重要なのは貯水容量の算定で，河川流量とその利用可能水量を特定したうえで，水源地点での粗用水量を河川流量によって充足できるかどうかの時系列的変化からなされる．あわせて，その容量を有する貯水施設の位置や形式が決定される．このとき，貯水からの蒸発や浸透による損失の量（貯水損失量）と，貯水池から取水地点までの流下過程で浸透等によって損失される水量（河道損失量）を考慮す

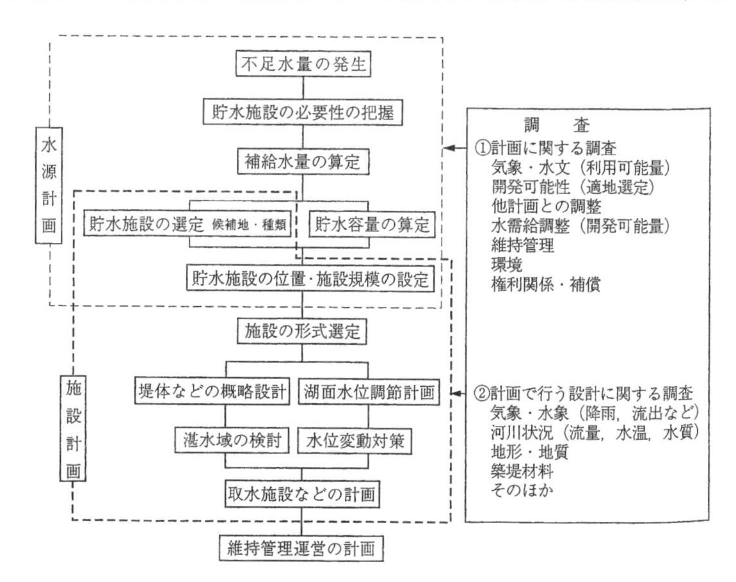

図6.2 貯水施設の計画策定手順
農業農村工学会（2010）

る必要がある.

c. 取水施設

取水施設（diversion works）は，用水計画で算定された用水量を，水源である河川や地下水から，安定して持続的に送水施設に取り入れる施設である．基本的に，計画する最大用水量が取水でき，送水施設の通水容量を超えないよう制御できることが求められる．また，最大取水量を実現できる水位の確保と，送水施設における必要な水頭を確保できることも要件となる．

取水施設は，その構造・機能から，1）頭首工（head works），2）揚水機，3）地下水工に整理できる．いずれも，必要な水量や水頭の確保とともに，通常は，用水の需要地の近くに位置することが適当であり，必要な水質の確保や，洪水などへのリスクが小さいことも求められる．地下水工としては，鑿井や集水渠が代表的なもので，取水に伴う地盤沈下や海水などの塩水の地下水への浸入がないことが求められる．

通常，河川から取水する頭首工が取水施設の代表である．頭首工は，河川を横切る形で建設される取水堰と取水口からなるのが標準である．取水堰には土砂吐と魚道が，取水口には取入水門，土砂吐，洪水吐，沈砂池が，付帯施設として設けられる．

頭首工は，堰の形態から，固定堰と可動堰に分類できる．固定堰は，河床に固定させて設ける堰で，河川水はその上部を越流して流れることになる．可動堰は，河床部に固定させない部分に置いたゲートなどで河川水位，すなわち取入れの水位を調節できる．固定堰はコンクリート構造が基本であるが，可動堰は，可動部の構造・形態や材料にさまざまなものがある．近年では，上下方向に動くゲートを持つものの他に，起伏するゲートを持つもの（起伏堰，転倒堰）も増えている．この起伏堰のゲートは，チューブ状のゴムや樹脂製の袋に水や空気などを充填して起こし，排出して倒伏させることで，ゲートの高さと取水位を調整する構造となっている．

取水口は，河川地形や流路構造（澪筋など）を考慮し，取水堰の構造と合わせて，位置と構造が決定される．通常は，取水口近くの堰に土砂吐が設けられ，取水方式として，ゲートを設けての越流型とオリフィス型がある．

頭首工は，計画基準年の期別最大用水量を取水できる能力（容量）を有するように計画・設計され，最大需要発生時期以外でも必要水量の変化に応じて取水量を調整できる構造・機能を持たせることが必要である．また，塵芥（じんかい）や土砂の流入によって取水や取水後の送配水に影響が生じないようにする．さらに，堰は河川に設けられる大きな構造物であるから，河川の生態系や環境の保全を含めて河川管理に大きな影響をもたらすことが多く，それへの配慮が求められ，厳しい規則や制限の適用を受ける．

取水施設としての揚水機の設置は，その運転に要する電力や燃料等のエネルギーに対する費用や，経常的な保守点検などに要する費用，機器の更新に必要となる相対的に高い償却費などの経済性を考慮して，その導入の適否をはじめ，規模や位置などを判断する．

揚水機の設置位置は，安定した取水を実現できることが重要であるが，灌漑受益地に標高差がある場合は，取水した一部を，別の揚水機でより高い受益地に揚水することで，全体としての必要エネルギーを削減することも必要である．また，必要な取水量が時間的に変動する場合，同規模・同形式の揚水機を複数台導入して，細かな流量調節とエネルギーの節減を図る．

d. 送配水施設

用水を取水地点から水を必要とする圃場まで搬送する施設が送配水施設であり，取水地点から受益地まで送る施設を送水施設，灌漑地域内で用水を各圃場まで配る施設を配水施設と区分するのが基本である．これらは，それぞれの基本目標，求められる条件や機能，操作管理の主体などが異なり，それに応じた計画が必要となる．

送配水施設の計画では，圃場での用水需要（水量と水頭）を充たすべく，取水地点から水を搬送し，適宜配分することを目的とする．計画の基本として，1）地域の自然条件（とくに地形と地質），2）水源の条件（水量，水位，水質・水温など），3）圃場の用水需要特性（用水量，必要水頭，灌漑方式など），そして4）管理体制（管理組織構成や機能，操作管理方法など）を考慮することになる．

送配水施設の基本は水路であるが，それだけではなく，分水施設や管理制御施設も送配水施設に含まれる．

送配水施設は，圃場における水需要の充足が基本にあり，圃場に近い施設系の下流下位の範囲の必要水量･必要水頭を基礎に，より上流側における必要条件を積み上げ，統合していく計画とするのが普通である．その手順は，一般的には次のようになる．

1）用水計画を基礎に，配分単位への分水地点における必要な水量と水頭の算定
2）水路路線の選定
3）施設系統概要の策定（送水方式，水路形式，余水吐・放水吐など）
4）必要諸元（水路容量）の算定（計画通水量，水位落差配分，施設規模など）
5）総合水理解析（施設系としての機能や全体としての動作連携の確認）
6）維持管理計画の策定（操作管理方式，管理運用方法，管理組織機能・形態）

送配水は，地形が比較的一様で，適当な傾斜を有する地区であれば，重力で水路の水を流下させる自然流下方式が採られる．地形が不整一で起伏がある場合や，圃場で位置エネルギーを有効に活用したい場合は，自然圧方式が採られる．取水地点が受益圃場に比べて標高がさほど大きくない場合は，揚水機で送配水を行った方が効果的で

ある．この場合，用水を一旦高所に揚水して貯留し，それを地形・重力を利用して送配水する配水槽方式と，揚水機で直接送配水する揚水機直送方式がある．

水路の形式は，自然流下方式では開水路（open channel）を用いることができるが，その他は，管水路（pipe）の導入となる．管水路には，1）オープンタイプ（開放式，管路の要所に頂部が大気に開放されたスタンドを置く低圧管路），2）セミクローズドタイプ（半閉塞式，オープンタイプでスタンドにバルブ類を設けて下流のバルブを開くときのみ上流から水が流れる，無効な放流を削減する低圧管路），3）クローズドタイプ（閉塞式，管路が末端まで連続した閉管路で構成された高圧管路）がある．

水路の形式の種別（工種）としては，開水路・管水路の他に，トンネル，暗渠，逆サイフォン，落差工，急流工などがある．これらを水路の路線に適当に配することが求められる．水路の路線は，最短距離であることを基本とするが，水量やその変動を考慮し，より上位の水路（幹線水路）は，等高線に沿った配置とするのが標準である．高地や低地を路線が迂回する必要から長くなって多くの費用がかかる場合は，トンネルや逆サイフォンを設けて路線長を短くすることを考える．急な勾配があれば，落差工を設けて減勢を図る．この他，路線となる用地の取得が必要となる場合は，費用と路線選択を慎重に見定める．

水路系に設けられる分水施設（分水工）の配置と形式・機能は，水路系全体の水挙動と，操作管理の体制や方式とも密接に関わる．制御方式も，現地操作以外に，自動制御，遠隔制御など，近年の情報処理技術を活用した方式の導入を検討する．

送配水施設には，水路の流量を調整するための調整施設が設けられる．例えば，下流において分水が非計画的に停止されたり，水路で何か突発的な事故が生じたり，また急激に雨水が流入するような事態が生じたりすることがあるが，その場合は，水路の流量を取水地点ではなく送配水過程で減少させたりゼロにすることが必要となる．そのために，送配水施設には，余水吐や放水工などの調整施設を設けて，水路の水を排水路や河川に放出させる．また，下流の計画用水量に応じて送配水路の容量（断面）を減少させる場合は，この考えに沿って，断面減少地点に余水吐や放水工を設ける必要がある．

調整施設には，貯水機能を持つものもある．圃場群や配水ブロックなど，送配水系統のより下流域の需要水量の変動に応じて，より上位の水路の流量，ひいては水路の容量（断面）を変動させることにすると，上流側の水路は下流の最大水量に規定されて大きくなり，建設費用が増大することになる．また，最大期以外では，大きな容量を持つ水路で，より少量の水量を変動させながら調整することになり，制御は煩雑で非効率的となる．このため，比較的短時間の水需要の変動をより上位の水路の流量に影響させないようにし，その容量を抑えるために，変動を吸収するための貯留機能を

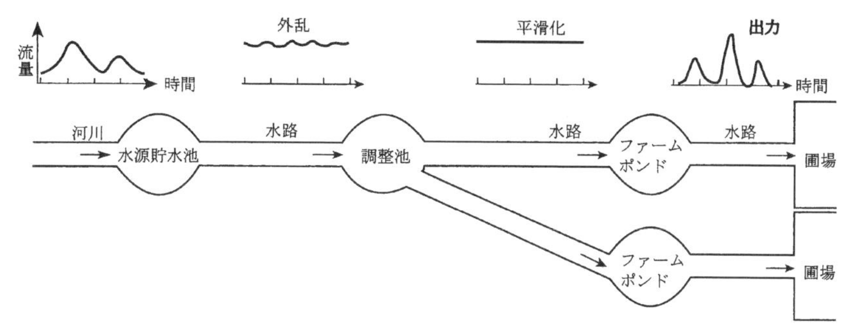

図 6.3　調整池の役割～水路流入量・流出量の変化
黒田（2000）

持つ調整池（regulating reservoir）を設けることがある．調整池は，より下流部の需要水量の変動に対応した送配水を実現し，より上流部の配水の過程などで生じた過大の送水を受け入れ，無効な送水を減少させる．この意味で，送配水の弾力性と，水需要の自由度を高めるものである（図 6.3 参照）．

調整池には，1 日から数日規模の調整を図る一般的な調整池の他に，1 日程度の需給調整を図るファームポンド，数十分程度の揚水機の運転や施設操作の変更に伴う過度現象の調整を目的とする配水槽が含められる．これらの調整池は，送水路の中間部や，配水路との接合部，配水システム中などに設けられる．

さらに，調整施設として，水位制御のために水路中に設けられるチェックゲートなども含められる．

e.　管理制御施設

水源施設から，調整施設を含む送配水施設までの，施設系全体を，効率よく機能させて，効果を安定的にもたらすには，それらを総合的に操作運用するシステムが必要である．それが管理システムであるが，ここでは，そこで用いられる施設を管理制御施設として解説する．

この施設の基本は，取水から送配水を担う施設の操作運用を安定的・効率的に行うとともに，施設に土砂や塵芥が流入して機能不全とならないようにすることであり，各施設の維持保全に必要な構造物や，状況を監視する装置なども含まれる．主なものを挙げると以下のものとなる．1）管理用道路・建物，2）流量・水位の監視装置，3）施設の監視・制御装置，4）施設保護と周辺等安全のための施設，5）除塵・土砂除去施設，6）管理情報の収集処理・記録発信のためのシステム，などである．

中心に置かれる取水から送配水を担う施設の操作運用を安定的·効率的に行うには，

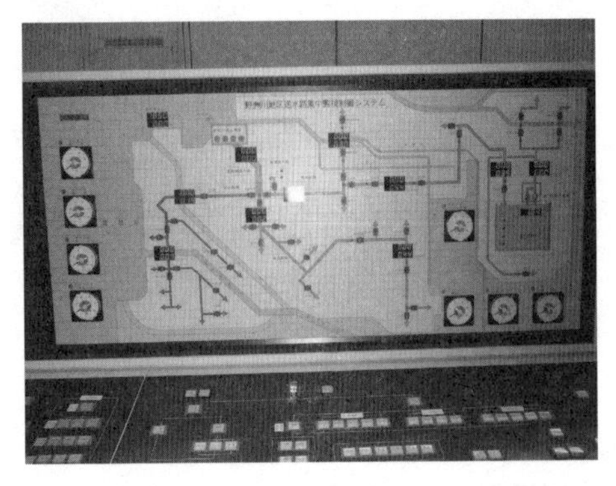

図 6.4　水管理制御システム監視操作パネル（渡邉紹裕撮影）

必要な情報の検出・観測と収集がまず必要となる．さらに，それを処理分析して制御に活用できる情報としたうえで，対象となる施設に伝達して具体的操作に反映させることになる．

農業水利システムが対象とする範囲は，水源から圃場まで広く，さまざまな施設が配置されている．したがって，空間的に広がっている多様な情報を収集し，システム全体として活用して，各施設が全体との調和の下で機能することが管理制御システムの基本的な役割である．とくに，規模が大きなシステムにおいては，情報通信技術を駆使したソフトウェアを含むシステムが構築され，通常は，「中央管理所」といった全体を統御する拠点が設けられ，図 6.4 に例を示すような監視操作パネルが設置される．

水管理制御施設の計画・設計に際しては，各施設系の機能・形態や諸元を前提とすることは言うまでもないが，それぞれの施設の管理責任者（所有者など），現地の操作実務者，維持管理の作業従事者，受益者以外の利害関係者などの状況を把握する必要がある．

また，近年では，管理に利用可能な情報が増え，入手も容易になってきている．さまざまな機関が観測して整理・発信する衛星による画像情報，気象情報，河川水位・流量や土壌水分情報，作物生育情報，水質や野生生物生息情報などの環境情報など，その対象や範囲，精度は急速に拡大している．また，受益地の農業者や住民が，自ら取得した関連情報を，インターネット上に提供するなどの，これまでにはない内容や方法・方向の提供情報の利用も可能となってきている．これら情報通信技術の展開も活用した水管理制御装置の計画・運用が必要となっている．

6.2　反　復　利　用

a.　反復利用の基本

農地に灌水した用水のうち，蒸発散や地中深部に浸透する水量以外は，隣接する排水路や近傍の河川に流出することになる．これを還元水（return flow）と呼ぶ．還元水は，表流水であり，より下流の地域などの水源となり，繰り返し用水として利用することがある．これを反復利用（reuse of irrigation water）という．水田灌漑では，とくに日本のように蒸発散量に比べて多くの水量を灌水するところでは，還元水量は多くなり，反復利用の機会は増え，実際に行われることが多い．

反復の空間的な範囲は，ある圃場の排水や浸透水を，隣接圃場で取水するといったレベルから，河川の上下流でのレベルで行われるものまで，さまざまである．この利用の内容や程度は，灌漑用水量を含め農業水利システムのあり方や計画に大きな影響を及ぼす．それによって水源からの必要な取水量がどの程度削減できるのか，水源の利用可能量の制限から，反復利用をどのように組織的に計画に組み込むかが課題となる．この意味で，用水量計画，とくに日本では水田灌漑における計画用水量算定のポイントとなるが，農業水利システムにおける意味という点で，ここで概要を整理する．

なお，日本の場合，還元水が河川に流入した場合は，水源の河川の流量としてとらえることになり，上記の反復利用という位置づけとはならない．

また，反復利用は，水量の観点からだけではなく，水質の点から，組織的に調整し

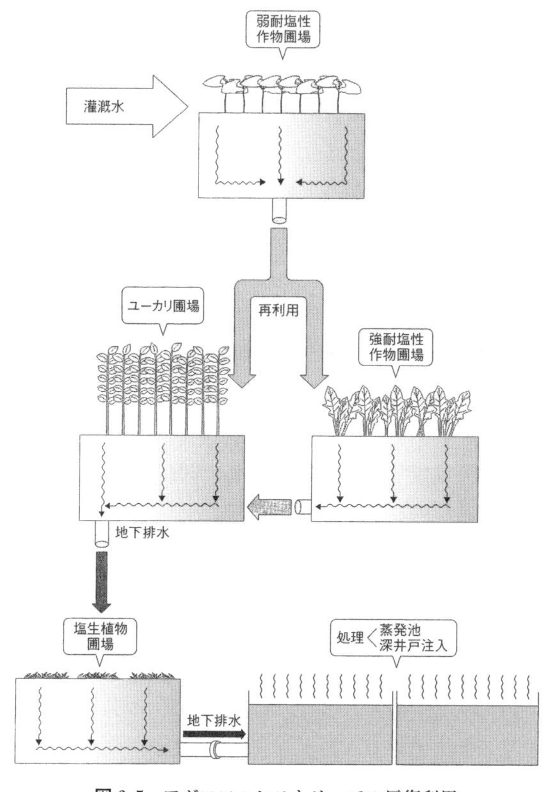

図 6.5　アグロフォレストリーでの反復利用
渡邉他（2009）

て導入されることもある．例えば，米国カリフォルニアなどのように，塩分を含む水を灌漑に用いる場合，圃場からの排水量は灌水量より少なくなるが，塩分濃度が高くなり，同じ作物での反復利用はできなくなる．そのため，図6.5で示したような「アグロフォレストリー」(agro-forestry）システムを導入して，高塩分濃度の灌水で生育可能な作物などに灌水して利用する．そこからの排水は，さらに水量は減少し，塩分濃度は上昇する．そこで，この排水は，さらに高塩分濃度の灌水で生育可能な作物などに灌水して利用する．こうした,カスケード型の塩分含有用水の反復利用もある．

b.　反復利用と広域用水量

反復利用が行われる場合，それを計画用水量の算定に際してどのように取り込むかが課題となる．反復利用を含むような広い範囲での用水量を「広域用水量」という．したがって，広域用水量は，簡単には以下のように示される．

広域用水量 ＝ 粗用水量 － 反復利用水量 － 地区内補助水源(利用可能水量)

反復利用水量は，反復利用が可能な水量のうちで，取水堰や揚水機などの取水施設などによって実際に利用できる水量をいう．反復利用が見込まれる場合，用水量は，各圃場や配分単位での必要な水量の総和よりも，反復利用分だけ少なくなることがポイントで，反復利用の構造を理解したうえで，それが用水の必要水量（水源からの取水量）にどのように影響しているかが重要である．

反復利用水量の算定は簡単ではないが，日本の水田灌漑の普通期（水管理安定期）の算定方法として，CB法（critical block method）が提案されて（岡本，1973)，土地改良事業計画基準などにも採用されている．また，反復利用を評価したり，それを含めて用水量を算定する方法として，線形計画を利用した方法（三野，1983）や，詳細な水文モデルを利用した方法（丸山ら，1979）が提案されている．

CB法は，反復利用が行われている地域における普通期の計画最大純用水量を算定する方法である（佐藤ら，1985;農業農村工学会，2010)．計画の対象とする水田地区を，内部で反復が行われないとみなせる単位ブロックに分割し，単位ブロックの必要取水量，還元水量，反復利用量の関係から，それらは4種類に分類することができ，その性格から，取水地点における普通期計画最大純用水量を合理的に求めるというものである．詳細は省略するが，水田地域において，反復利用を考慮して，送配水システム全体を考慮した上で，基準となるポイントを検出し，そこで満たすべき水量を効率的に算定するものである．他の方法も，基本的には，システム中の限界的なポイントを，システマティックに求めようとするものである．

図 6.6　琵琶湖岸水田灌漑地区における循環灌漑
奥側を右方から左方・琵琶湖へ流出する排水路から取水し，ゲートとパイプを利用して手前の灌漑用の送水揚水機の吸水槽へ導水して，循環灌漑を行う（渡邉紹裕撮影）.

c. 循 環 灌 漑

反復利用のうちで，一つの配水ブロックからの還元水を，揚水機などを使って流出元のブロックに戻して，再度反復的に用水として利用することを，循環灌漑（cyclic irrigation）という.

循環灌漑は，利用可能な水量が不足する地域や地区での，用水利用効率の向上のために導入される．低平地などで，圃場に面した小水路（クリーク）から取水し，余剰水や浸透水をその水路に流出させて，用水として再利用するクリーク灌漑も多くは循環灌漑に位置づけられる.

循環利用によって，ブロックから外に流出する水量が減少するが，それに伴って還元水に含まれているさまざまな汚濁・汚染負荷（圃場で施用されて流出される肥料成分や化学薬品など）のブロック外への流出が抑制されるという効果もある．下流の河川や湖沼などの水体の富栄養化や化学薬品汚染を抑制する働きである．場合によっては，この流出を抑制する制約から循環灌漑を導入することを要請されることもある.

滋賀県では，琵琶湖岸の水田地帯を中心に，琵琶湖の富栄養化抑制や農薬汚染を抑制するために，循環灌漑が積極的に導入されている．琵琶湖水を揚水し，パイプラインなどで水田に送配水する地区で，水田からの排水を，灌漑取水の揚水機の吸水槽に導水し，琵琶湖から取水された水にブレンドして，再び水田に送配水する方式である（図 6.6）．灌漑取水用の揚水機の稼働時での循環灌漑であり，排水負荷が集中的に琵琶湖に流出する豪雨時には適応されず，その効果は限定的ともいえるが，実施可能な条件での意欲的な取組みと考えられ，琵琶湖の再生保全にも貢献する方向で運用されるシステムといえる.　　　　　　　　　　　　　　　　　　　　［渡邉紹裕］

6.3 小 水 力 発 電

水力発電とは，水の位置エネルギーを水車によって機械的エネルギーに変換し，さらにこの機械的エネルギーを発電機によって電気エネルギーに変えることで電力を生み出す方式のことをいう．水力発電は，発電時に CO_2 を排出しないこと，再生可能なエネルギーであること，太陽光や風力などの自然エネルギーの中で比較的安定した

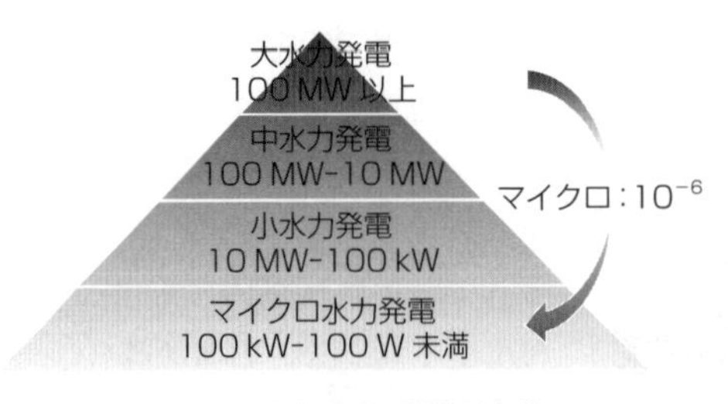

図 6.7 水力発電の規模別名称

電力供給が行えることなどメリットも多い.

水力発電のうち，比較的発電規模の小さいものを小水力発電という．これは厳密に定義された名称ではないが，一般的には発電規模に応じて図 6.7 のように分類される．水力発電は国内外を問わず，大水力，中水力発電の導入実績は豊富であるが，小水力，マイクロ水力発電の開発は十分ではない．しかし，適地が少なく新規開発の難しい大水力や中水力発電に対し，身近な農業用水路で発電可能な小水力，マイクロ水力発電の導入に対する期待は大きい．たとえば，東南アジアの農村地域では，今でも無電化村が多数存在している．また，電化率が高い地域でも電力供給が不安定であったり，電線網整備などの多額な建設費用に伴う電気料金の高騰のため電力利用率が低いという問題がある．このような現状に対し，小水力発電やマイクロ水力発電は，地域で必要とされる電力を確保するための１つのツールとして有効である．また，日本においても農業用水の持つ水力ポテンシャルは豊富であり，地域分散型エネルギーシステムの一環として新たな利活用が望まれている.

なお，農業用水を利用して発電する場合，図 6.7 の小水力発電，マイクロ水力発電が主流となることから，ここではこれらの水力発電に焦点を当て，その特徴を紹介する.

a. 農業用水を利用した小水力発電

農村地域には水力をはじめ，太陽光や風力などの再生可能エネルギーが大量に賦存している．とくに水田地帯では農業用水路が広く張り巡らされており，小規模ながらも水力エネルギーが多数存在することから，小水力発電やマイクロ水力発電の可能性は大きい.

1) 小水力発電の現状と役割

日本では，これまで農業用水を利用した小水力発電は，土地改良施設における管理の適正化と維持管理費用負担の軽減を目的として事業が展開されてきた．平成 26 年 10 月現在，農業農村整備事業などによる小水力発電所は全国 37 地区で運用されている．37 地区の合計出力は 2.6 万 kW，年間発電量は 1 億 2,000 万 kWh であり，これは約 34,900 世帯の年間消費電力量に相当する（農林水産省農村振興局農村整備部，2014）.

小水力発電によって得られた電力のうち，余剰電力（土地改良施設の操作などのために自家消費として使用した残りの電力）は電気事業者へ売電（系統連系）し，売電収益を土地改良区が管理する施設の諸経費に充てる方法がとられている．従来，土地改良事業における売電収益の取扱いは，発電施設の運転経費および発電施設との共用部分の水路・取水堰などの維持管理費に限られていた．しかし，平成23年10月より売電収益の充当範囲が拡大され，土地改良区が管理する土地改良施設全体の維持管理費にも利用できるようになった（農林水産省農村振興局整備部水資源課，2011）．これを契機に小水力発電事業の計画は増えつつあり，平成26年10月現在，全国で72地区が新たに計画・建設中である（農林水産省農村振興局農村整備部，2014）．

また，売電価格の上昇も小水力発電事業を推進する追い風になっている．平成24年7月から固定買取価格制度（feed-in tariff：FIT）がスタートした（経済産業省資源エネルギー庁，2014）．調達価格（税抜き）は，発電出力200 kW以上1,000 kW未満の小水力発電で29円/kWh（既設導水路活用の場合は21円/kWh），発電出力200 kW未満の小水力発電またはマイクロ水力発電で34円/kWh（既設導水路活用の場合は25円/kWh）であり，いずれも調達期間は20年である．固定買取価格制度が発足する以前の調達価格が10円前後であったことを考えると，売電収益に増収が見込めることから，これまで小水力発電の適地がありながらも経済面で断念せざるをえなかった事業が採算ベースに乗ってくるケースも増えてきた．

2) 需給バランスを考慮したマイクロ水力発電

水力発電の出力は以下の式で求められる．

$$P = gQH\eta \tag{6.1}$$

$$= \frac{2\pi nT}{60 \times 1000}\eta_1 \tag{6.2}$$

$$= \sqrt{3}EI\cos\phi \tag{6.3}$$

ここで，Pは発電出力（kW），gは重力加速度（9.8 m/s^2），Qは流量（m^3/s），Hは有効落差（m），ηは総合効率（包蔵水力に対して実際に発電する出力の割合），nは水車シャフトの回転数（rpm），Tは水車シャフトのトルク（N・m），η_1は発電機効率（機械エネルギーから電気エネルギーへの変換割合），Eは発電機の端子電圧（kV），Iは負荷電流（A），$\cos\phi$は力率である．

（6.1）式から，発電出力は流量と有効落差で決まることがわかる．gQHは水の持つエネルギーであり，発電ポテンシャルを意味することから包蔵水力と呼ばれている．実際の発電出力は，水の持つエネルギーがすべて電力に変換されるわけではないので，総合効率を乗じて求められる．総合効率は，小水力発電の場合は70〜80%，マイクロ水力発電の場合は50%程度である．なお，水車の構造も流量と有効落差で決まるため，発電出力が同じでも流量と有効落差の関係から適切な水車を選定することが重要である．

(6.2) 式は水車による機械エネルギーと発電出力の関係を表している．水車と発電機を接続する際，重要なのは回転数 n であり，水車の回転数が遅い場合には発電機の定格回転数に合うよう増速機を取り付ける工夫も必要である．

(6.3) 式は，3相交流で発電した場合の発電出力である．小水力発電やマイクロ水力発電は，一般的に3相交流で発電する．直流で発電する太陽光発電と異なり，この3相交流は送電ロスが少ないという特徴を持っている．

電力システムは，需要と供給のバランスで成り立っている．発電システムの方式は大別して，系統連系，自家消費，電力協調方式の3つに分けられる．系統連系とは，発電した電力を電気事業者から受電する電力と接続する技術であり，いわゆる売電するための方式である．自家消費とは，発電した電力を売電せず直接需要設備に供給する方式である．電力協調方式とは，自家消費で足りない電力分を電気事業者からの受電によって賄う方法である．小水力発電では先述のとおり系統連系が主流であるが，マイクロ水力発電の場合は自家消費あるいは電力協調方式が望ましい．系統連系は電力をそのまま系統につなげられることから，需給バランスが保たれたまま発電が可能であるが，安定的かつ良質な発電が求められるため，とくに配電盤のところでコストが高くついてしまう．したがって，発電規模がより小さいマイクロ水力発電では比較的コストのかからない自家消費の方が有利となる．自家消費の場合は，発電の利用用途を明確にしておく必要がある．それは需要パターンに応じて発電システムが決まる

表 6.1 マイクロ水力発電の利用用途例

数 kW レベル	10 kW 以上レベル
◎家電製品への供給，充電	◎系統連系
◎防犯監視通信電源	◎街灯（LED）
◎有害動物防御電気柵	◎水利施設監視通信用電源
○小型電動車両への充電	○電動車両への充電
○小型植物工場への電力源	□貯蔵庫
□灌漑用ポンプアップ，動力利用	□脱穀機
□水質浄化（エアレーション，塩素注入）	□精米機
	□補助電源（工場，公共施設）
	□災害用非常用電源
	□給水施設のポンプアップ
	□バイオエネルギーへの活用

◎： すでに実証済み
○： 実証試験，可能性調査段階
□： 今後期待される利用用途

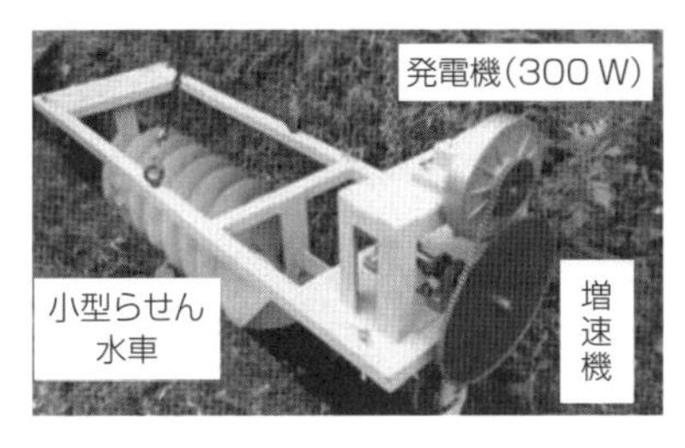

図 6.8 開水路へ投げ込み式で設置できる小型水車発電機

からである．マイクロ水力発電の利用用途先となりうる例を表 6.1 に示す．

電力の供給元となるマイクロ水力発電機は製品化されているものが少ないが，近年では低流量かつ低落差の条件でも稼動し可搬性に優れた製品も開発されつつある（図 6.8）．発電出力は数十 W〜数 kW 程度であるが，3 相交流電気を直流に変換し，繰返しの充放電が可能なディープサイクルバッテリーを発電システムに組み込めば，需給バランスをコントロールしながら運用できるものと思われる．マイクロ水力発電は規模こそ小さいものの地域分散型電源として活用でき，電気を買うことから作ることへと意識転換を図ることができる点でも意義があるといえる．

b. 発電計画の立案

小水力発電施設の設置までの手順を図 6.9 に示す．手順は，概略設計，基本設計，実施設計の 3 段階である．概略設計では，地域の合意形成と基礎調査が行われる．基本設計では，設置に関わる法令の事前協議が行われる．実施設計では，協議の結果，

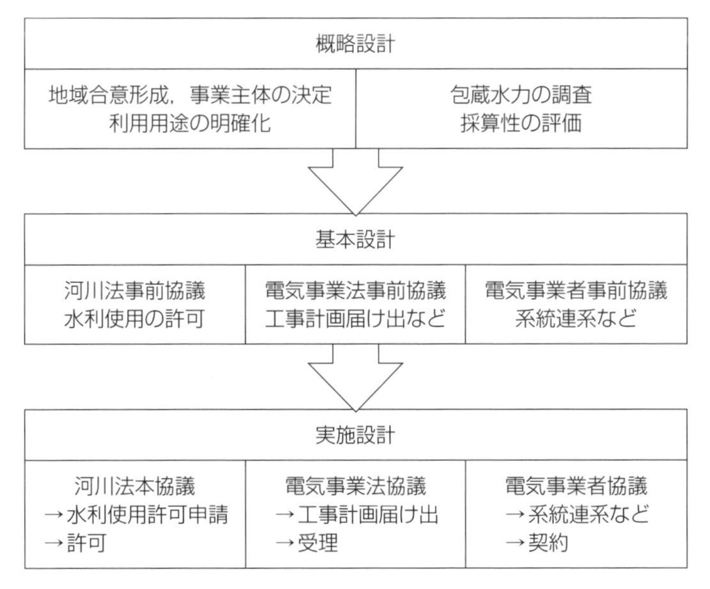

図 6.9 小水力発電施設の設置までのおもな手順

関係機関に書類を申請し許可や契約を完了させ，その後建設工事に入ることになる．ここでは概略設計，基本設計に焦点を当て解説する．

1)　概略設計

概略設計においては，まずはじめに地域で用水管理者を含めた合意形成が必要である．農業用水を利用した小水力発電やマイクロ水力発電は，水量を消費しないが水流のエネルギーは消費する．したがって，設置に当たっては用水路の通水機能を阻害しないよう留意しなければならない．また，事業主体の決定では発電施設の維持管理を誰が担うのかといった観点も必要である．包蔵水力の調査は，発電適地を選定する際に役立てられる．農業用水路を利用したマイクロ水力発電の場合，用水路の通水機能を阻害しない条件を考えると，落差工や急流工が発電適地の候補として挙げられる．図6.10は，石川県手取川七ヶ用水地区の落差工を対象に包蔵水力を調べた結果である．落差工は地区内で620箇所あり，合計の包蔵水力は灌漑期で約15,000 kW，非灌漑期で約6,600 kWであった．現実にはこれらすべての箇所で発電できるわけではないが，このような分布図があれば周辺の需要設備との関係を精査し，適切な発電候補地を検討することが可能になる．

発電事業の成否は，最終的には採算がとれるかどうかに懸かっている．採算性を検討する際には，建設単価（＝建設費／最大発電出力）の大小だけで判断するのではなく，

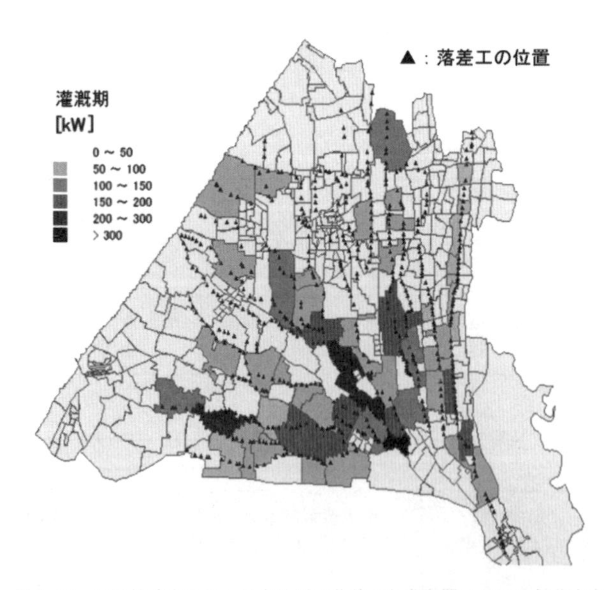

図6.10　石川県手取川七ヶ用水地区の落差工と灌漑期における包蔵水力
（協力：　石川県七ヶ用水土地改良区）

年間発生発電量や維持管理費などの諸経費も踏まえたキャッシュフローによる分析が必要である．キャッシュフローでは発電原価や投資回収年数を計算することができ，発電原価が売電収益あるいは買電従属料金を下回る場合，そして投資回収年数が水車発電機の減価償却年数22年を下回る場合が成否の判断基準となる．

農業用水を利用した小水力あるいはマイクロ水力発電では，流量の変動に加え，ゴミの流下も発電出力や稼働率に影響を与える．近年ではゴミに強いメンテナンスフリーのマイクロ水力発電機も開発されている（図6.11）．ゴミ対策を講ずることは，年間発生電力量を増やし，維持管理費を節約することにつながることから採算性を高める上で重要である．

図6.11 落差工を利用したメンテナンスフリーのマイクロ水力発電機
（富山県土地改良事業団体連合会）

2) 基本設計

発電出力規模にかかわらず，水力発電を行うためには各種法令に基づく協議，許可，申請などの手続きが必要になる．発電計画地点によって関係する法令はさまざまであるが，河川法と電気事業法はどの地点においても共通する事項である．近年，この河川法と電気事業法が従前に比べ簡素化・円滑化の方向に動き出しつつある．

河川法第23条の水利権では，平成25年12月より従属発電（すでに水利使用の許可を受けて取水している農業用水やダムなどからの放流水を利用した発電）について，許可制から登録制へと変更となり，諸手続きが簡素化され水利権取得までの時間も短縮されるようになった（国土交通省水管理・国土保全局，2013）．

電気事業法では平成23年3月より，発電出力が20 kW未満かつ最大使用水量が1 m^3/s未満の水力発電設備は，一般用電気工作物として取り扱うこととなった（経済産業省原子力・安全保安院中国四国産業保安監視部，2012）．従前は発電出力が10 kW未満を一般用電気工作物としていたので，変更後は発電規模の範囲が広がっている．一般用電気工作物としての取り扱いがなされれば，保安規定，電気主任技術者選任，ダム水路主任技術者選任，工事計画届などの手続きが不要になるので，マイ

クロレベルの水力発電がより導入しやすい条件になった. [瀧本裕士]

6.4 用水管理組織

a. 用水管理組織の基本

灌漑事業などによって建設された施設は，それが適切に操作運用され，維持管理されてはじめて機能が継続的に発揮されることになる．この操作運用や維持管理に当たる組織が水利システムにおける管理組織である．管理組織は，施設を適切に利用するとともに，多量の用水を利用することに鑑み，水源河川やその流域の水資源の管理，灌漑地域を含む周辺地域の環境保全などにも，責任を有することになる．

管理組織が担うのは，水利施設の具体的な操作（operation）と，その目的であり結果として現れる水位や水量などの制御（control），施設の機能の点検や保守（maintenance），そして用水の地域全体における状況の調整とそれを担う組織の運営を含めた管理（management）である．これらをまとめて「管理」ということも多く，その目標は以下のように整理できる．

1）施設機能の発現と維持継承

2）用水の安定的確保と需要に応じた取水

3）公平で効率的な用水供給

4）渇水時などにおける関係組織・団体との協議・調整

5）施設の点検保守と安全性の確保

6）施設運用に要するエネルギー・費用の削減

7）施設と組織の運用に要する費用や施設建設費負担金の徴収

8）関係地域の環境への配慮

これらについて，具体的な目標が設定され，組織が運営されることになる．

管理組織の構成と実際の活動は，施設の規模や構成に加えて，地域や流域の自然条件，農業生産や受益農家の経営などの経済的条件，歴史文化を含む社会的条件によって，さまざまである．一般的には，大規模で影響範囲の広い水利施設は，国や地域の行政機関が管理することが多く，圃場レベルの施設は農家やその協同組合などの自主的グループが担うことが多い．その中間レベルの施設は，国や行政機関の末端組織か農家受益者グループの連合的な組織のどちらかが担うことになり，その条件は，国や地域によってさまざまである．

また，施設の建設は，大型の近代的なものは国や行政機関などが建設し，管理も建設主体が担うことが多い．このため，世界的には，とくに開発途上国では受益する農家がその費用を負担することは限られる．農家にその経済的な能力がないことも背景にある．建設後の維持管理も，同様の理由で，基本的に，国や行政機関が担い，受益者の負担を求めない，求められないところも多い．施設の所有者（権利者）の位置づけも関わるが，この主体と費用の負担のあり方が，管理組織の構造・形態の基本を規定する．いずれにせよ，水利施設は，取水した用水を灌水する圃場まで分配することを基本とするため，基幹から末端までのレベルで，階層性を有する構造となるのが一般的であり，管理組織もこれに応じて重層的なものとなるのが普通である．

b. 受益者の管理参加

現在，世界的に灌漑管理においては，一般には，次のようなことが基本的な問題であると認識されている．すなわち，1）灌漑システムの整備や補修の不良，2）送配水の状態の監視や制御の欠如，3）不十分な施設の維持管理，4）不公平な用水配分，5）節水に対する意欲や導因の欠如，6）排水の不良である．第2次世界大戦後に，開発途上国を中心にして進められた灌漑開発や灌漑改良において，施設は，既述のように，国や地域の行政機関によって建設・維持管理がなされ，これらの問題を解決や改善するには，受益農家の管理への参加が必要であるとされている．

この認識の下，世界的に「参加型灌漑管理」（PIM, Participatory Irrigation Management）が進められてきた．これは，灌漑の全ての局面・過程に農家などの灌漑用水利用者が参加することであり，それを拡大させようという運動である．全ての局面・過程とは，新規の灌漑事業や施設整備事業の計画や設計，建設，費用負担，施設の維持管理と監視，システムの評価などである．

従来，開発途上国では利用者の立場からの有効な施設の建設や運用管理が行われず，利用者が責任ある活用を行わない原因となって，さまざまな問題が生じているとの認識によって，PIMの拡大が進められているのである．多くの開発途上国で，灌漑に関わる政府の財政負担の大きさとその維持の困難さが問題となってきたことや，国際的な援助機関が支援して建設整備された大規模な灌漑システムが十分機能していないという認識が拡がったこともこの背景にある．現在までに，世界銀行など国際的な援助機関の指導・協力を得て，メキシコ，トルコ，フィリピン，エジプト，中国など多くの国で，それぞれの事情に応じたPIMが進められている．図6.12は，エジプト

図6.12 参加型灌漑管理組織が管理する揚水機（エジプト）

のPIM事業で設置された揚水機で，農家水利組合が操作管理を行っている．とくに，農家を中心とする受益者から構成される水管理団体を設立・組織化し，法的にも明確に位置づけて責任と権限を規定して，施設や維持管理作業の移管が進められている．実際には，農家に，水利施設を共同で所有・管理するという意識を浸透させることの難しさもあって，日頃から顔を合わせる農家が共同するレベルの参加は進んできたが，より上位の水路系などについて，参加型の管理やそれに基づく組織を構成することは，十分進んでいるとは言いがたい．

日本の場合は，水田灌漑を中心に，灌漑システムの建設整備が農家の参加を得て歴史的に進み，集落レベルの組合と用水路系レベルの組合が重層的な構造を有して，自主的・自治的に運用されてきた経緯がある．この組織形態や機能は，小規模農家が中心の灌漑農業を営む国で参考になると注目されている．とくに，用水路系レベルの組織である土地改良区（Land Improvement District）の特徴ある機能・形態，集落レベルの歴史的自治的な組合や国や都道府県の機関との関係・役割分担が評価されている（渡邉，2003）．

c. 日本の土地改良事業制度における用水管理

日本における灌漑施設の管理は，ほとんどが用水供給を受ける農家が構成する土地改良区という組織が担っている．国や都道府県が建設したり改修した規模の大きな施設は，建設・改修した行政組織が所有するものとなるが，その管理は，利用する土地改良区に委託されるのが通常である．建設や改修の事業が，それを管轄する土地改良法の定めにより，土地改良区など受益する農家からの申請に基づいて実施されることが，その根幹にある．

なお，建設される施設のうち，規模がとくに大きく，その影響範囲が広く，操作管理に特別の技術や配慮が必要な場合は，基幹的な部分は国や都道府県が直接管理を行う．その場合でも，基幹的な施設以外は，土地改良区が管理を行い，複数の土地改良区からなる土地改良区連合が形成されて管理を担うこともある．

土地改良区が管理を担当する施設系においては，その中の基幹的な施設系は，土地改良区が直接に操作運用や維持管理を行うが，その末端に位置する集落等の範囲における施設管理は，水利組合や用水組合などというその範囲の農家が自主的・自治的に構成する組織が行うことが多い．制度的には，土地改良区の組合員は個々の農家であり，その組合員全体で所有する施設の管理を行うことが基本であるが，実際は，基幹的な施設の管理は土地改良区の専門的技術者が行い，末端組織は自主的な組織が担うことになっている．ただし，土地改良区の運営には，組合員農家の代表（総代）を通して参画し，用水管理についての計画や日常的な意向，情報の交換は，組織的になさ

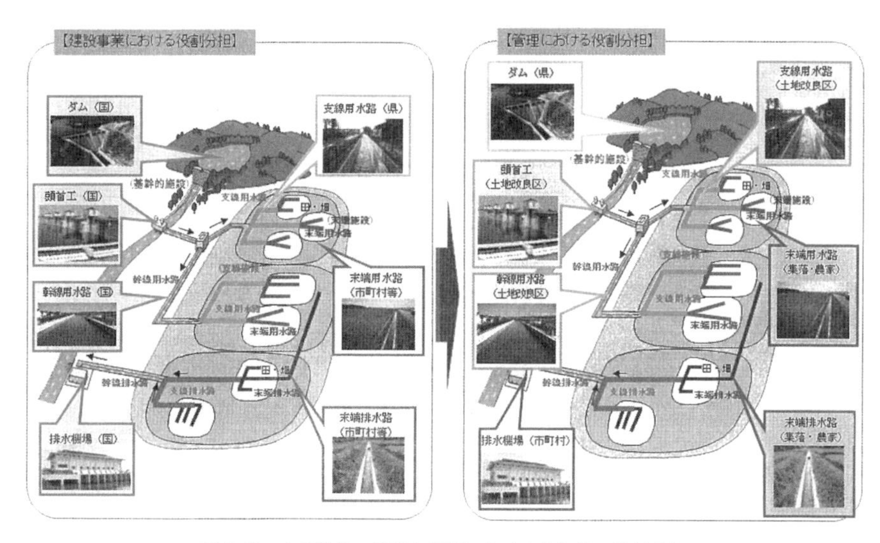

図 6.13 水利施設の建設と管理における各組織の役割分担
農林水産省（2013）

れていることが多い．これらの水利施設の建設と管理における各組織の役割分担を，施設レベルごとに整理すると図 6.13 のようになる．

なお，土地改良区は，「水土里ネット（みどりネット）」という愛称を持ち，地域の土地・水の管理全般を担う団体への展開方向を明確にしている．

この土地改良区という管理組織の考え方や構成は，各農業集落にほぼ均質で，共同作業を担う意欲と経験が蓄積された農家が存在することを前提としたものであると理解される．しかし，近年の日本では，農家人口の減少や農家の高齢化，後継者の不足，不在地主や土地持ち非農家の増加，耕作放棄地の拡大などの農村の人的構成の変化が進み，また，兼業化の深化，受委託耕作の増加，農地を集積した大規模農家の増加，法人など新たな経営体の増加など，農業形態の変化も激しいものがある．さらに，農村の都市化や混住化が進み，農村に住む人の 90% は「農家」（経営耕地面積 15a 以上か農産物販売額 15 万円以上の世帯）ではないという事態となっている．政府は，この状況に対して農業農村の振興・活性化に向けてのさまざまな施策を検討・実施しているが，状況は継続して変化するものと予想される．土地改良の制度についてもそのあり方の議論が提起されている（農林水産省，2015）．

農業水利システムの管理や組織運営においては，こうした動向を把握し，土地改良区や集落レベルの水利組合などの組織等の役割分担を見直しながら，安定して効率的な用排水管理が継続できるよう検討を重ねていく必要がある．　　　　**[渡邉紹裕]**

文 献

岡本雅美：水田農業用水計画需要量の推定法，水利科学，**17**(2)，54-65 (1973)

黒田正治編著：農業水利システムの管理，農業土木機械化協会 (2000)

経済産業省原子力・安全保安院：中国四国産業保安監視部水力発電における保安規定について(2014年11月17日閲覧)，http://www.chugoku.meti.go.jp/event/energy/120904_5.pdf (2012)

経済産業省資源エネルギー庁：再生可能エネルギーの固定価格買取制度ガイドブック，http://www.enecho.meti.go.jp/category/saving_and_new/saiene/data/kaitori/kaitori_jigyousha2013.pdf(2014年12月22日閲覧)(2014)

国土交通省水管理・国土保全局：小水力発電設置のための手引きVer. 2，http://www.mlit.go.jp/river/riyou/syosuiryoku/syousuiryoku_tebiki2.pdf(2014年11月17日閲覧)(2013)

佐藤政良・岡本雅美：CB法におけるブロック判定の理論的検討，農業土木学会論文集，**118**，17-22 (1985)

農業農村工学会：改訂七版農業農村工学ハンドブック (2010)

農林水産省：農業水利について (2013)

農林水産省：食料・農業・農村基本計画関係資料 (2015)

農林水産省農村振興局整備部水資源課：土地改良事業における小水力発電の取扱いについて，http://www.maff.go.jp/j/press/nousin/mizu/111025.html(2014年11月17日閲覧)(2011)

農林水産省農村振興局農村整備部：小水力発電の整備状況，http://www.maff.go.jp/j/nousin/mizu/shousuiryoku/pdf/sho_suiryoku_seibi_jokyo. pdf(2014年12月20日閲覧) (2014)

丸山利輔他：複合タンクモデルによる広域水収支解析1～4，農業土木学会誌，**47**(2～4, 7) (1979)

三野徹・丸山利輔：用水系統の再編成と広域用水量の決定について，農業土木学会論文集，**108**，9-17 (1983)

渡邉紹裕：農業の水，地域の水．嘉田由紀子編「水をめぐる人と自然日本と世界の現場から」，有斐閣，pp. 231-264 (2003)

渡邉紹裕・佐藤洋一郎：塩の文明誌　人と環境をめぐる5000年，日本放送出版会 (2009)

第7章
農業水利システムの多面的機能

7.1　多面的機能の概要

農業の第一の目的は食料の安定的な供給を中心とする農産物の生産であるが，それ以外にもさまざまな役割を果たしていることも認識されており，それは多面的機能（multiple functions, multifunctionality）と呼ばれている．日本学術会議（2001）の答申では表7.1に示すように，農業の多面的機能を①持続的食料供給が国民に与える将来に対する安心，②農業的土地利用が物質循環系を補完することによる環境への貢献，③生産・生活空間の一体性と地域社会の形成・維持，の3つに分類している．

表7.1　農業の多面的機能

1.　持続的食料供給が国民に与える将来に対する安心
2.　農業的土地利用が物質循環系を補完することによる環境への貢献 (1)農業による物質循環系の形成 [1]水循環の制御による地域社会への貢献 洪水防止，土砂崩壊防止，土壌侵食（流出）防止，河川流況の安定，地下水涵養 [2]環境への負荷の除去・緩和 水質浄化，有機性廃棄物分解，大気調節（大気浄化・気候緩和など），資源の過剰な集積・収奪防止 (2)二次的（人工）自然の形成・維持 [1]新たな生態系としての生物多様性の保全など 生物生態系保全・遺伝資源保全，野生動物保護 [2]土地空間の保全 優良農地の動態保全・みどり空間の提供，日本の原風景の保全・人工的自然景観の形成
3.　生産・生活空間の一体性と地域社会の形成・維持 (1)地域社会・文化の形成・維持 [1]地域社会の振興 [2]伝統文化の保存 (2)都市的緊張の緩和 [1]人間性の回復（うち保健休養・やすらぎ） [2]体験学習と教育

（日本学術会議，2001）

多面的機能の議論は，農業の国際化において，農業が環境・経済・地域社会に及ぼす影響を根本から見直す中で注目されてきたが，農業保護に対する根拠として扱われる側面があった．つまり，わが国のような食料輸入国にとっては，自国の農業生産が成り立たなくなると同時に多面的機能が失われることになるため，この機能を守るためにも農業保護政策が必要とする考えであるのに対して，食料輸出国側は，農業生産と多面的機能を切り離した政策が可能という立場にあり，わが国のように多面的機能に対する認識が必ずしも高くはない．国際的には，多面的機能を①環境，②社会，③経済への影響に分類する場合が多く，わが国の捉え方よりは範囲が広い．とくに開発途上国においては，持続的農業と地域開発が密接な関係にあり，経済発展による貧困解消，平等性，ジェンダーなどの問題の解消も多面的機能に含まれると見られている．以上のように，多面的機能の捉え方は国や地域によって大きく異なるが，存在そのものは共通して認識されている．

わが国においては，農業の多面的機能による利益は国民全体が享受しているという考え方の下，同機能の維持・発揮の取組みに対して直接支払い制度による支援がなされている．したがって，多面的機能は農業への公的支援の理由として便宜的に語られることもあるが，農業生産活動と同時に多面的機能をより発揮させるような取組みが環境や地域社会の持続的な維持のために重要であることは事実である．1999年に制定された食料･農業･農村基本法においても基本理念として,「食料の安定供給の確保」,「農業の持続的な発展」,「農村の振興」とともに「多面的機能の発揮」が明記されており，「国土の保全，水源のかん養，自然環境の保全，良好な景観の形成，文化の伝承等農村で農業生産活動が行われることにより生ずる食料その他の農産物の供給の機能以外の多面にわたる機能については，国民生活及び国民経済の安定に果たす役割にかんがみ，将来にわたって，適切かつ十分に発揮されなければならない」と規定されている．

多面的機能は農業・農村全般において発現されるものであるが，本章では，とくに農業水利システムあるいは農地が有する多面的機能として，流況の安定化，地下水涵養，気候緩和，土壌保全，景観形成，地域用水に着目して述べる．地域用水については表7.1の分類には含まれていないが，農業用水利用に内在する機能として取り上げた．

7.2　流況の安定化

流域からの流出量が降雨時に流路の通水能力を超えると，氾濫するなどして洪水被害が発生する．一方，無降雨日が連続すると，流出量が利水の要求を充足せず渇水被害が生じる．したがって，単純には流出量の変動が小さく，流況（flow regime）が安定している方が洪水や渇水の防止･緩和には望ましい．流域内の農地やため池といった農業水利施設は，それらが有する洪水調節機能と渇水緩和機能によって流況を安定化させることができる．

a. 洪水調節

1) 洪水調節の状況

大きな降雨がある場合に農業水利システムが水を一時的に貯留することにより，下流域への洪水被害が軽減される．この洪水調節（flood control）（洪水防止，洪水緩和ともいう）機能を発揮する農業水利システムとしては，農地（水田，畑地），ため池，ダム，水路が挙げられる．ただし，水路についてはこれを含めた水田域の一部として扱われる場合が多い．

志村（1982）は，他に先駆けてわが国の水田と畑地の貯水容量をマクロに評価した．水田の貯水容量を許容湛水深と畦畔高から81億 m^3 と算定し，畑地の貯水容量を pF 2.5 以下の空気間隙から14億 m^3 と見積もっている．国土保全上望まれる貯水容量（650億 m^3）に対して，水田と畑地の寄与率をそれぞれ13%，2%と試算している．森林が68%，ダムが17%の寄与率であることを考えると，農地の洪水調節機能を無視することはできない．

低平地水田域では都市化が進展しているが，標高の低い水田や地区内の排水路が洪水を貯留するバッファーとしての機能を果たし，都市部の洪水被害を緩和している（増本，1998）．たとえば，カンボジアのメコン地域の水田200万 ha のうち60万 ha は洪水による氾濫域に存在しており，水田が都市部の洪水被害の緩和と乾期で使用するための灌漑水の貯留の2つの役割を果たしている．すなわち，洪水調節機能をうまく利用した水資源管理が行われている．

水田域における洪水調節機能を強化させる取組みとして，「田んぼダム」を挙げることができる．これは，各水田圃場の排水口に排水管より小さな穴の空いた調整板を設置するもので，意図的に水田内に雨水を貯留することによって，排水河川のピーク流量が低下することが実証されている（吉川他，2009）．

水田域では圃場湛水のみによって貯留するのではなく，とくに中山間地においては，地下水帯も含めて貯留機能を発揮させている場合がある（大西他，2004）．また，畑地流域においては，辻他（2012）が，降雨強度が表層の浸透能を超えない場合に，洪水調節機能が灌漑期水田よりも大きくなることを示している．

一方，灌漑用に利用されるため池においては，とくに灌漑期末期にあたる9月に貯水率が下がるため，この空き容量と洪水吐天端から上方に一時的に上昇する水位までの貯留効果によって，雨水およびため池集水域からの流出水を貯留することができる（中西他，2002）．また，洪水調整容量を持たない農業用ダムにおいても，ため池と同様のメカニズムによって，洪水流入の前にあらかじめ貯水池水位が低下していれば中小洪水に対して大きな洪水低減効果が認められる（中西他，1999）．

2) 洪水調節機能の評価

①ピークカットとピーク発生時間の遅れ

洪水調節機能の効果指標は，いかに下流域へのピーク流量を減じるかである．ピーク流量の軽減をピークカットといい，農地のピークカットの場合，農地以外の土地利用（たとえば都市域）のときのピーク流量との比較で評価することができる．ため池の場合は，ため池へのピーク流入量に対するピークカット量の比rで評価することができる．

$$r=\frac{Q_{pu}-Q_{pd}}{Q_{pu}} \tag{7.1}$$

ここで，Q_{pu}はため池へのピーク流入量（m^3/s），Q_{pd}はため池からのピーク流出量（m^3/s）であり，分子がピークカット量にあたる．

また，洪水調節機能が大きいとピークカット量が増加すると同時に，ピーク流量の発生が遅延する．このピーク遅れ時間によっても，洪水調節機能の評価が可能である．ため池によるピークカットとピーク発生時間の遅れの例を図7.1に示す．

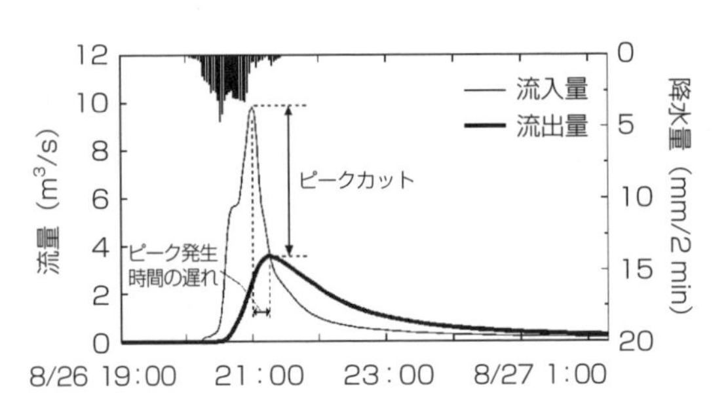

図7.1 ため池のピークカットとピーク発生時間の遅れ（大阪府傍示池の例，2003年）

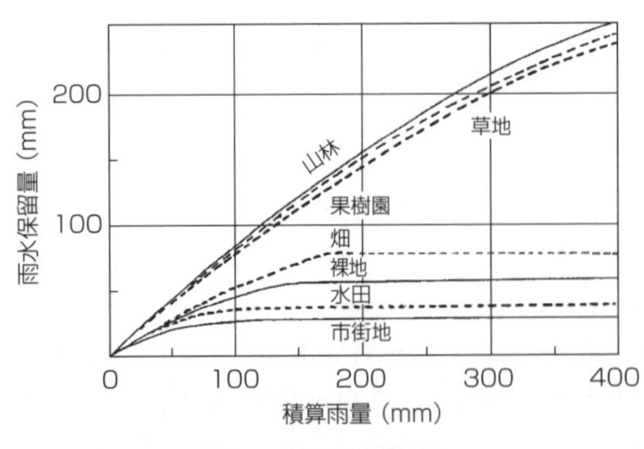

図7.2 雨水保留量曲線

Masumoto（2006）

②ピーク流出係数

ピーク流出係数f_p（角屋・福島，1976）の算定からも，洪水調節機能を評価できる．

$$f_p=\frac{R_e}{R}=\frac{3.6\times Q_p/A}{R} \tag{7.2}$$

ここで，Rは洪水到達時間内の平均降雨強度（mm/h），R_eは同時間内の有効降雨強度（mm/h），Q_pはピーク流量（m^3/s），Aは流域面積（km^2）である．洪水調節機能が大きいとピーク流出係数は小さくなる．

③雨水保留量曲線

積算雨量と雨水保留量（総降雨量から総有効雨量を差し引いた量）の関係を表す曲線を雨水保留量曲線という．雨水保留量曲線の例を図 7.2 に示す．土地利用によって雨水保留量は異なっており，これはおのおのの貯留能力の違いを反映している．

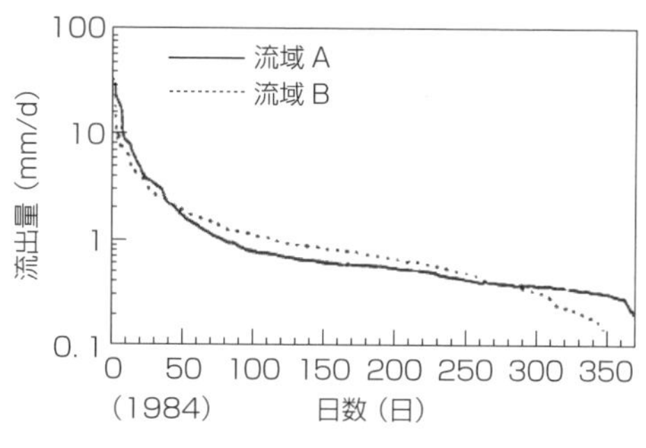

図 7.3 造成農地流域（流域 A）と山地流域（流域 B）の流況曲線

瀧本他（1994）

b. 渇水緩和

1) 渇水緩和の状況

長期の無降雨時において流出量を増加させる現象を渇水緩和（drought mitigation）といい，農地整備によってこの機能が発現される場合がある．たとえば，奈良県内の隣接する造成農地流域と山林流域の 1984 年の流出量観測から流況曲線を描くと（図 7.3），高水時（約 2.0 mm/d 以上）には造成農地流域の流出高が大きく，平水時（約 0.5～2.0 mm/d）には山林流域の流出高が大きくなるが，渇水時（約 0.3 mm/d 以下）になると再び造成農地流域の流出高が大きくなる傾向が見られる（瀧本他，1994）．造成農地流域での渇水時流量が山林流域よりも多くなる要因は，蒸発散量が山林流域よりも低下することによる．とくに，夏期において山林流域では蒸発散量が増加し，地下水流出量が低下する．

2) 渇水緩和機能の評価

①利水貯留量

降雨，蒸発散の日単位時系列データをそれぞれ $\{R\}$，$\{ET\}$ とする．その差である $\{R\text{-}ET\}$ は水収支の供給時系列であり，連続した τ 日間の最小値は，水資源供給が最も厳しい同期間の供給可能量 $S_{R\text{-}ET}(\tau)$ となる．これは，1 年間を最大期間として，

$$S_{R\text{-}ET}(\tau) = \min_{n=1}^{365-\tau+1} \left\{ \sum_{i=n}^{n+\tau-1} (R_i - ET_i) \right\} \tag{7.3}$$

と表すことができ，気象条件から見た供給持続曲線（water supply duration curve）といえる．

一方，日流出量時系列 $\{Q\}$ から見た場合の供給持続曲線 $S_Q(\tau)$ も同様に整理できる．両供給持続曲線の概念を図 7.4 に示す．S_Q 曲線の原点での接線勾配 Q_R は当該年の最小自流量を表すことになり，その年を通じて安定的に利水可能なポテンシャル量を示すことになる．この量は，土地利用などを含む流域の構造特性や気象条件に大きく左右される．

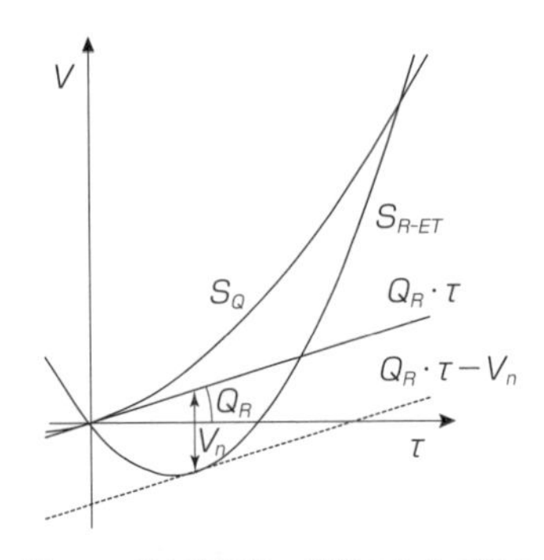

図 7.4　利水貯留量の評価のための概念
堀野他（2001）

$S_{R\text{-}ET}$ 曲線は図 7.4 からわかるように，τ が小さいときに負となる．気象条件から見ると供給量が負であるにもかかわらず，最小自流量だけは安定して利水可能であるのは，流域に貯留量が存在するからである．Q_R の持続に最低限必要な流域の貯留量は，図 7.4 で示すように $Q_R \cdot \tau$ が $S_{R\text{-}ET}(\tau)$ を下回らないための貯留量 V_n と考えることができる．これは安定的な水利用の視点から評価された自然貯留量であり，便宜的に利水貯留量（water use storage depth）と呼ばれる．

仮に $S_{R\text{-}ET}$ が同じであれば，V_n が大きいほど大きな Q_R を供給できる．同様に，V_n が大きいほど，より $S_{R\text{-}ET}$ が大きく負に低下するような気象条件であっても Q_R を確保できる．したがって，V_n が大きいほど，流域は気象的水資源供給時系列 $\{R\text{-}ET\}$ の乏しい状態を解消し，いくらかの Q_R を生み出す機能が大きいと考えられ，その意味で渇水緩和に寄与していると判断することができる．

京都府内の同一流域において，造成前の山林流域と造成後の農地流域での水文観測結果より得られた利水貯留量の例を図 7.5 に示す．造成前（1986 年）の山林流域では 1.06 mm/d の自流量を保障するために 94 mm の貯留が機能しているのに対し，造成後（1991 年）の農地流域では 0.76 mm/d の自流量の保障に 68 mm の貯留機能が発揮されていることがわかる．

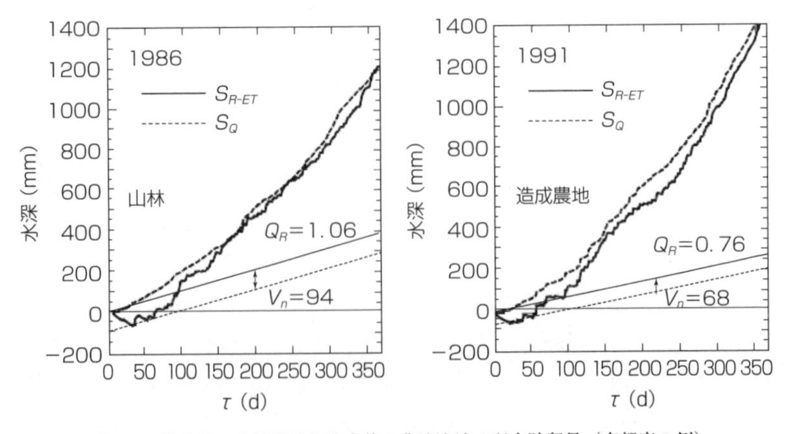

図 7.5　造成前の山地流域と造成後の農地流域の利水貯留量（京都府の例）
堀野他（2001）

②総合貯留量

流域に降雨流出の緩衝機能が全くないとすれば，降雨時系列がそのまま流量の時系列となり，流況の安定にはほど遠い状態となる．実際には，流域からの流出量は通常途切れることはなく，また降雨が直ちにすべて集中流出することもない．供給量である$\{R\text{-}ET\}$を一旦適当な器に受け，これを実際の$\{Q\}$に変換するのに必要な貯留量を考えることができる．これは渇水の底上げから洪水の緩和までのすべてを含む量であり，総合貯留量（total storage depth）と呼ばれる．

流域水収支より，貯留量変化ΔSは，

$$\Delta S = R - ET - Q \tag{7.4}$$

で表される．適当な初期貯留量から出発して，各日のΔS分を増減させたグラフを描いたとき，総合貯留量は流域貯留量の最大値と最小値の差として評価できる．流域は少なくともこの差以上の貯留容量を有し，当該年においては結果的に最大でこの差分だけ貯留量を変化させることによって，時系列$\{R\text{-}ET\}$を時系列$\{Q\}$に変換していると考えることができる．

7.3 地 下 水 涵 養

降水や灌漑水のうち，蒸発散，地表排水，表層土壌内貯留に寄与しなかった水は，降下浸透水として下方に移動し，最終的に地下水に達する．降下浸透水が地下水に達することを涵養という．とくに水田においては，灌漑期に比較的大きな断続的降下浸透が生じ，古くから水田に地下水涵養（groundwater recharge）の機能があることが認められていた（可知，1945）．また，水田だけではなく，農業水路（藤縄，1981）や堰（三野・長堀，1987）にも涵養機能があるが，ここではおもに水田に着目する．

多面的機能としての地下水涵養機能は，地下水が利用されることによって発揮されるものであり，その価値は地下水利用状況に依存するが，地域の地下水環境を維持し，その変化を緩和させる，地域の水循環構造の中での重要な因子である．したがって，地下水利用がない場合でも，たとえば，地下水環境によって湿地生態系が形成されている場合，その涵養源として農地の寄与があれば，その農地は生態系保全を発揮するための地下水涵養機能を有しているといえるであろう．また，先に示した洪水調節機能を発揮させるメカニズムとして，とくに農地の場合には降水の土壌中への浸透が大きな役割を果たしており，地下水涵養と洪水調節は，降水，浸透，流出といった水文現象に対する着目の対象が単に異なるだけという捉え方もできる．このように，各機能は独立したものではなく，相互に関連し合っている．

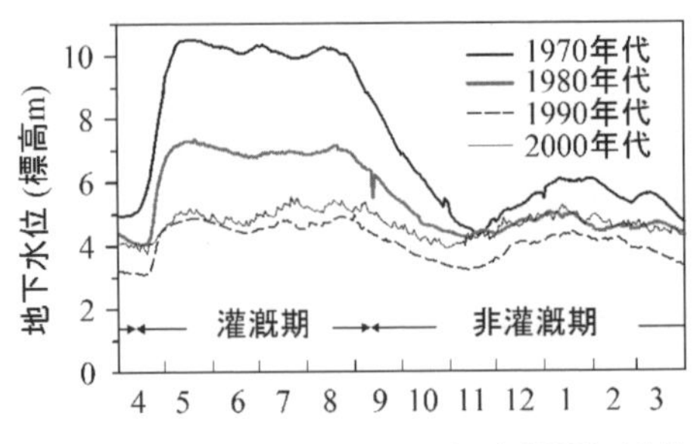

図7.6　石川県手取川扇状地における年代別地下水位変化
岩崎他（2013）

a.　水田の地下水涵養の状況

水田での降下浸透量は，減水深から蒸発散量や排水路浸出水を差し引くことによって推定でき，原則的にはこれが地下水涵養量となる．水田からの地下水涵養量は，土性や土壌構造，中干しによる亀裂の発生状況などの違いによって異なるが，水田が主体の扇状地での地下水涵養量として，石川県手取川扇状地では中干し前7.4 mm/d，中干し後12.9 mm/d，灌漑期平均10.7 mm/d（丸山他，2012），滋賀県愛知川扇状地では，上流部で8.4 mm/d，下流部で6.4 mm/d（堀野他，1989）という推定例がある．

図7.6は手取川扇状地の扇央部に位置する観測井での地下水位を年代別平均値の季節変化で表したものであるが，代かき・田植え期に水田に投入される灌漑水によって4月下旬から5月にかけて地下水位が上昇し，灌漑期はほぼ一定に保持され，落水される9月以降にゆっくりと低減している．すなわち，地下水位が水田灌漑の影響を強く受けていることを明確に示唆している．このような地下水位変化の傾向は水田地帯で見られる典型的なものである．非灌漑期になると，水田を通して降雨や融雪水の浸透による涵養が生じる．

この図から，1970年代から1990年代にかけて，灌漑期初期の地下水位上昇量は大きく低下していることがわかる．これは観測井周辺の水田面積が減少していることが大きく影響している．手取川扇状地全体の水田面積割合は，1970年代から1990年代にかけて都市化の進展によって約70%から60%にまで減少しているが，日本全体においても水田面積は徐々に減少しており，地域の地下水涵養量の低下が懸念される．また，わが国では，米の減反政策による水田の畑利用が行われているが，畑利用される転作田（crop-rotated paddy filed）では湛水が実施されないために，これによって水田地帯の地下水涵養量が低下しているともいわれている．

b.　水循環構造の一部としての地下水涵養

地域の典型的な水循環構造の概略は以下のとおりである．上流域の山林からの流出水が河川を形成し，河川水位が地下水位よりも高い場所では，河川水が河床から浸透して地下水を涵養する．逆に河口付近など河川水位が地下水位よりも低くなる場合には，地下水から河川に水が流入する．さらに，河川などから取水された用水が農地に投入される．山林や農地からの浸透水によって涵養された地下水は下流へと流動し，その過程で揚水されて，生活用水，工業用水，農業用水などに利用される．一部の地下水はやがて海や湖，大河川などに流出する．こうした水循環系の中で，涵養源として農地とくに水田の存在は重要である．手取川扇状地の例では，灌漑期において手取川からの地下水への正味の流入量は1.0 mm/d，水田からの涵養量は2.7 mm/dと推測されている（岩崎他，2013）．

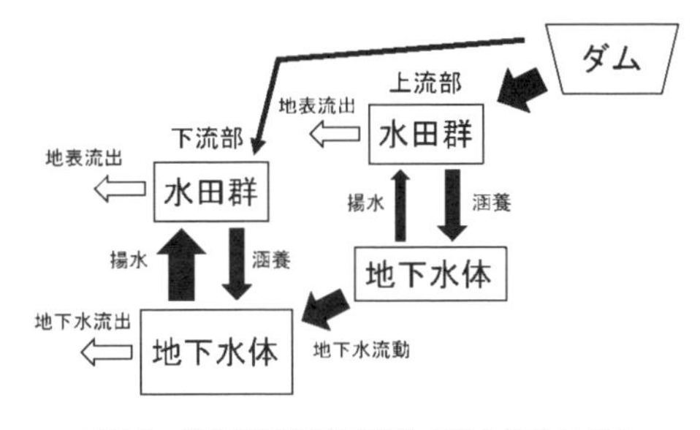

図 7.7 滋賀県愛知川扇状地の利水概念モデル 堀野他（1989）

既述のように，地下水位は水田からの涵養量に大きく影響されるが，同様に，人間が利用するための揚水量（groundwater use）にも大きく依存する．過剰な揚水は地下水位の低下によって持続的な地下水利用を妨げるだけでなく，それに起因する地盤沈下や湿地環境の荒廃などを引き起こすため，涵養源を保全しつつ，揚水量を適正に管理することが大切である．

また，水田の水利用形態として，地域の水循環構造における水田からの地下水涵養がうまく活かされている場合がある．たとえば，堀野他（1989）は愛知川扇状地における利水モデルを図7.7のように概念化した．扇状地の上流部ではおもにダムの水を利用して灌漑が行われており，この水が水田から地下水涵養されて下流への地下水流動となり，下流部の地下水体に補給される．下流部の水田においては，ダムからの給水では不足する場合があること，また下流部の圃場では用水の到達に時間を要し急な水需要変動に対応困難なことから，圃場に近い井戸から揚水を行うことが多くなる．つまり，下流部の水田にとっては，地下水体が用水の「中間貯留施設」となっており，その補給源として上流部の水田からの地下涵養が重要な役割を果たしている．

c. 地下水水質への影響

農地では肥料や農薬が使用されるために，浸透水の水質はこれらの影響を受ける．とくに，畑地においては土壌が酸化状態であるために，与えられた窒素肥料は硝酸態窒素（nitrate nitrogen）にまで酸化されて，かつ脱窒の影響を受けにくいために，硝酸イオン（陰イオン）の形態で土壌水中に溶存し，地下水に達しやすい．たとえば，カリフォルニアの農業地帯では，水道水の水質基準を大きく超える100 mg/L程度の硝酸態窒素が地下水から検出されるところがある．水田においては，湛水状態が保たれていることによって，還元状態の土壌層が形成され，その層における脱窒作用によってガス態に変化するため，わが国では硝酸態窒素や亜硝酸態窒素は地下に残留しにくいが，水道水源の井戸において基準値を超過する地点も散見される．農地は涵養源として重要であるが，地下水の汚染源とならないような適正な肥料・農薬の管理が不可欠である．

また，肥料や農薬成分だけではなく，農地では肥料の投入による土壌の酸性化によって土壌からカルシウム，マグネシウム，ストロンチウムなどが溶出し，地下水中のこれらの濃度が上昇する傾向にある．硝酸態窒素やこれらの物質について，地下水中の濃度の広域的な空間分布を観測することによって，農地からの涵養が地下水にどれだけ影響しているのかを見積もることができる．さらに，安定同位体比（stable isotope ratio）の分析技術向上に伴い，酸素，水素，ストロンチウム，窒素などの安定同位体比を用いることによる地下水の涵養源の特定や寄与割合，流動経路の推定が試みられている．

d. 地下水涵養の強化

農地の地下水涵養機能を持続するためには，長期的には農地とくに水田面積の減少を抑制することが肝要であるが，現状で実施可能な対策として，まずは水田からの畦畔浸透量を抑制するための丁寧な畦塗り（levee coating）や無効な地表排水量を抑制するための適切な落水口管理が重要である．また，湛水面積を増加させるために，転作作物として飼料イネを選択したり，非灌漑期（とくに冬期）での湛水を実施したり，休耕田を湛水させたりすることも有効である．例として，水道水源のすべてを地下水で賄っている熊本市では，その涵養源として上流に位置する白川中流域の水田地域の地下水涵養機能を強化するために，市が地下水利用者からの基金をベースにして転作田を一定期間借り上げ，農家の水利権を利用して転作田に湛水してもらうという転作水田水張り事業が行われている（嶋田，2013）．こうした制度づくりやこの取組みを調整する組織づくりも非常に大切である．

7.4 気 候 緩 和

農地やため池などの水体の表面付近の気温は，アスファルトで覆われた都市域の気温と比較すると低い．よって，都市域内に農地やため池が存在する場合，この気温低下が周辺の都市域の気温にも影響を及ぼし，低下させる効果が認められている．いわゆるクールスポットによるヒートアイランド現象（urban heat island）の緩和であり，気候緩和（climate mitigation）機能の代表的な例である．わが国での都市化の多くは，平野部の水田地域をスプロール状に開発する形で進められてきたため，水田が市街地内に点在していたり，隣接していたりする．また，農業用水源であるため池や水路が市街地内に残存している例も少なくない（竹下他，2006）．都市域の農地と農業水利施設のあり方を考える上で，気候緩和機能は考慮すべき重要な因子である．

a. 地表面付近の気温低下の要因

地表面付近の気温は，地表面での熱収支と表面温度に影響を受けて決まる．熱収支式は以下の式で表される．

$$R_n = LE + H + G \tag{7.5}$$

ここで，R_n は純放射量（W/m^2），L は蒸発潜熱（J/kg），E は蒸発散量（$kg\,s^{-1}\,m^{-2}$），H は顕熱フラックス（W/m^2），G は地中熱フラックス（W/m^2）で，LE は潜熱フラックスとなる．農地やため池においては，アスファルト舗装面よりも蒸発（散）量が多いために，潜熱フラックスが大きくなる．これらの表面付近温度が低くなる一因は，蒸発散による潜熱消費である．とくに灌漑期の湛水水田では潜熱への分配が非常に卓越しており，たとえば 8 月の日中の熱分配率は純放射量 100 に対し，潜熱 111.5，顕熱 −14.8，地中熱フラックス 3.1 のように，純放射量を超えるエネルギーが潜熱に分配される例も報告されている（大上他，1994）．この例では，アスファルト舗装面温度が 50℃近くにまで達するのに対して，湛水水田の最高表面温度は 28℃程度であることが示されている．

また，アスファルトの比熱は 0.92 $J\,g^{-1}\,K^{-1}$ であるのに対して乾燥土壌の比熱は 0.8 $J\,g^{-1}\,K^{-1}$ 程度であるが，水の比熱が 4.2 $J\,g^{-1}\,K^{-1}$ であることから土壌水分量の増加とともに土壌の比熱は上昇し，アスファルトよりも大きくなるため，地表面温度の上昇が抑制される効果がある．夕方になると太陽放射の減少に伴い放射冷却（radiative cooling）が始まるが，市街地では放射された熱赤外線が周囲の建造物によって反射，吸収されたり，塵やほこりに再反射されたりして，熱が上空に消散しにくい．これに対し，農地が広がっている場合には，地表面からの放射が遮られないため気温が低下しやすい．

b. ヒートアイランド現象とクールスポット

気候緩和は地表面付近の気温低下だけではなく，土地利用状況や地域風（regional wind）によっても影響を受ける．たとえば大阪府南部の泉南地域の沿岸部は都市化，工業化が進んでいるが，南東の丘陵部には農地が広がっている．沿岸部と丘陵地の間の平野部は宅地化が進む一方で，農地やため池も多く残されており，地目の混在が著しい．この地域の 8 月の気温分布を，土地利用区分とともに図 7.8 に示す．日中は地域内の気温較差は小さいが，これは沿岸部の市街地で発達した熱源が海風（sea

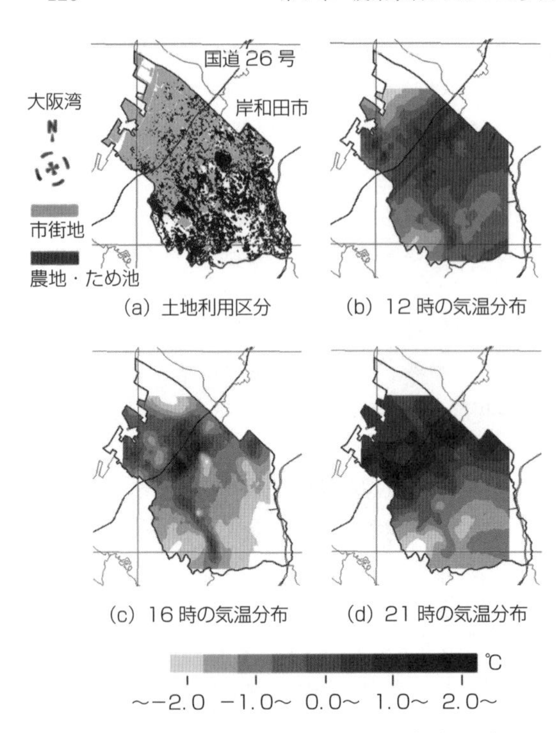

図 7.8　岸和田市域の土地利用区分と気温分布（2003年8月19日，移動観測時間帯の平均値（(b) 31.5℃，(c) 33.5℃，(d) 27.5℃）を0.0℃として表示）
竹下他（2006）

breeze）によって流されて，沿岸部より内陸の区域に点在する農地やため池を通過し，さらに南東側の農地が多い丘陵部の低温域の空気と混じり合うためであり，農地やため池が市街地で発生した熱を緩衝していることになる．一方，夜間になると沿岸部で高温となり，丘陵部で低温となる．これは放射冷却が生じた上に，陸風（land breeze）の風速が弱く，気温拡散への影響が小さいことによる．また，16時の気温分布では市街地内にスポット的に低温域が確認できるが，これは都市農地の影響で，とくに水田において灌漑が行われているときに形成されるクールスポットと考えられる．

これまでの積極的な都市化（urbanization）によって農地，ため池が消失し，結果としてヒートアイランド現象を招いているが，今後は都市農地の気候緩和という付加価値を認識し，好適な地域環境に資するスペースとしてこれらを保全することも必要であろう．なおこのとき，効率的な気候緩和の発現のためには地域特有の風を考慮することが重要である．

c.　洪水緩和機能との関連

気候緩和機能は全く独立してその効果を発揮しているのではなく，たとえば洪水緩和機能とも関連性がある．洪水緩和は前節で述べたようにピーク流量の低減で代表されるが，ため池に限定すれば池の空き容量と出水の規模に依存する．しかし，流域をため池の空き容量はその池を水源とする農地の規模や営農を含む形態に大きく依存し，流域をため池と農地から構成されると考えた場合，土壌の空き容量も洪水緩和に関わる大きな因子となる．この土壌の空き容量を大きく左右する因子が蒸発散となり，これは同時に気候緩和に影響を与えることになる．このように，蒸発散は2つの機能の共通の因子となっている．

7.5 土 壌 保 全

裸地に比べて，農地では作物による被覆や農地造成による傾斜の緩慢化，畦畔の設置などの影響で，土壌の損失や地形の崩壊が抑制される．このような機能を土壌保全（soil conservation）機能と呼ぶことができる．一方，後述するように，不適切な管理が土壌侵食を助長したり，過剰な灌漑が塩類集積を引き起こしたりすることもあり，農地であるがゆえに土壌が劣化することがある．以下に示すような土壌保全機能を発揮させるためには，土壌管理を適切かつ積極的に行わなければならない．

a. 土壌侵食防止

土壌侵食（soil erosion）は降雨や風によって土壌が流出，飛散する現象で，降雨による場合を水食（water erosion），風による場合を風食（wind erosion）という（谷山，1999）．農地において土壌侵食が生じると作物生産性の高い表土が損失し，生産性の低い農地となって土壌劣化（soil degradation）が生じることとなる．一方，侵食された土壌が水系に流入することによって，土壌粒子の吸着物質による汚濁が生じたり，底質として堆積して生態系に悪影響を及ぼしたりすることもある．

農地は作物によって被覆されているために，裸地に比べて土壌侵食量は少なく，とくに灌漑期の水田は土壌面が均平で湛水されているため，土壌侵食量はきわめて少ない．しかし畑地の場合，とくに雨滴侵食によって水中に分散しやすい土壌状態や，傾斜が急な圃場内などで明瞭な水みちが形成されるリル侵食（rill erosion），リルの集合であるガリ侵食（gully erosion）が生じるような状況では，土壌侵食防止対策が必要となる．対策例としては，地表面のマルチングによる雨滴侵食の軽減，有機物施用による耐水性団粒の形成と透水性の向上，等高線栽培，不耕起栽培（谷山，1999）や，圃場からの土壌流出を防ぐ植栽（グリーンベルト）の配置（坂田他，2010），心土破砕などの土層改良による地下浸透の促進，植生保護工や石積工による法面補強（深田，2008），などの圃場を中心とした管理が挙げられる．また，圃場から流出した土砂が下流の水体に到達することを抑制するために，排水路に計画的に土砂溜や沈砂池を配置するなどの対策が重要である．

水田においても，代かき後の田植え時に濁水を落水させると，土壌損失と下流域への懸濁物質負荷量の増大を引き起こす．そのため，たとえば琵琶湖周辺の水田地域では，浅水状態で代かきをして落水しない管理（浅水代かき）が推奨されている．

b. 土砂崩壊抑制

傾斜地では，とくに豪雨に伴って斜面崩壊（slope failure）が生じやすい．すべり面が表層である場合を表層崩壊（shallow slide），深層の基岩にまで達する場合を深層崩壊（deep-seated landslide）という．崩壊は，降水以外にも地震や雪崩によって生じることがある．中山間地に展開されている棚状の農地は，このような土砂崩壊を抑制する機能を有する．棚状の水田は棚田（terraced paddy field）と呼ばれ，継続的な生産活動によって畦畔が補修され，土砂崩壊防止に大きく寄与している（石田，1999）．中山間地での耕作放棄の抑制，農業活動の維持は，国土の保全のために不可欠である．

c. 塩類集積防止

乾燥地では，ある期間に蒸発散位が降水量を大きく上回るために，土壌中の支配的な水分移動は上向きとなる．こうした状況下において，下層土壌の母材に可溶性の塩類が含まれている農地に多量の灌漑水が導入されると，灌漑水中の塩類濃度が低くても塩類が地表面付近まで移動し，蒸発によって濃縮・析出することで塩類集積（soil salinization）が生じる．また，逆に塩類が少ない母材であっても，灌漑水中の塩類濃度が高ければ同様に塩類集積が生じる．とくに，乾燥地では水資源が限られるため，排水が農業用水として利用される場合が多く，灌漑水の塩類濃度が高くなる．また，過剰な施肥も塩類の供給源となるほか，海や塩湖に近い場所では塩水の飛沫が土壌表面に供給され，塩類集積が助長される場合がある（井上・遠藤，2008）．

過剰な灌漑によって地下水位が地表近くにまで達し，過湿状態になることをウォーターロギング（waterlogging）といい，塩類集積が生じやすくなる．これを予防するためには，灌漑方法として適用効率が高いドリップ灌漑やスプリンクラー灌漑を採用することが望まれる．適用効率が低い水盤灌漑，ボーダー灌漑，コンターディッチ灌漑，畝間灌漑は深部浸透が多く，ウォーターロギングを引き起こしやすい（北村，2008）．塩類集積を防止するには，地下水位を上昇させないような灌漑方法を選択し，灌漑水量を決定しなければならない．同時に，暗渠・明渠による排水改良と浚渫などの適切な排水路管理も重要となる．乾燥地における水稲稲作は周辺の地下水位を上昇させ，塩類集積を引き起こすこともある（安西他，2013）．地下水位の動態には注意を払わなければならない．

塩類集積土壌の改善にはリーチング（leaching）が効果的である．これは根群域の集積塩類を洗脱することであり，蒸発散量を考慮して最小限のリーチング水量を見積もらなければならない（山本・藤巻，2008）．さらに，リーチングされた排水は排水路系統を通じて速やかに排出されるようにしなければならない．ただし，圃場の微地形によってリーチングの効果には違いが見られ，標高の高い地点がリーチングされにくく，乾燥しやすいことから土壌の電気伝導度が高くなる傾向が報告されている（久米他，2004；西村他，2012）．効率的なリーチングには，圃場の均平化が有効である．一方，リーチングは，地下水や排水および排出先の水体の塩類濃度の上昇を引き起こすことがあり，これに対する留意が必要である．

沿岸部での地下水への塩水侵入（saltwater intrusion）も，塩類集積の要因の1つとして挙げられる．わが国においても，沿岸部で塩害が生じている場所では除塩対策が実施されている．対策としては，石灰系土壌改良資材を農地に投入することによって，ナトリウムイオンを土壌粒子から離脱させ，真水を湛水させて洗い流す方法があり，洗い流しを促進するために，耕作土の耕起，反転・切り返し，砕土，さらに暗渠などの排水対策も併せて行われる（農林水産省，2011）．2011年3月に発生した平成23年東北地方太平洋沖地震に伴う津波によって沿岸部の農地は塩害を被り，各地で除塩対策が実施された．また，地球規模の気候変動による海水面の上昇によって地下水への塩水侵入の影響の拡大が懸念されている．

ところで，温室を利用した施設栽培においては降雨が遮断され，施肥が過剰に行われると，わが国においても塩類集積が問題になる場合がある．このような場合は，ソルガムやトウモロコシなどの耐塩性のイネ科植物をクリーニングクロップ（cleaning crop）として栽培して塩類を植物に吸収させたり，排水性が良好な場合は多量の灌水によってリーチングしたり，有機物投入によって塩類の土壌吸着量を高めたりする対策がとられる．

以上のように，多面的機能が農業生産以外の正の機能であるとすれば，塩類集積は農業を行うことによって引き起こされうる，環境にとっての負の機能となる．塩類集積だけではなく，肥料や農薬の使用に伴う水質汚染や温室効果ガス（メタン，亜酸化窒素）の放出も，農業の負の機能として挙げられる．こうした負の機能を極力抑える管理を継続的に行うことが，多面的機能（正の機能）の価値を高めることにつながる．

7.6 景 観 形 成

わが国の農村においては，水田などの農地の他に，二次林である雑木林，鎮守の森，屋敷林，生け垣，用水路，ため池，畦や土手・堤といった多様な環境が有機的に連携し，多様な生態系が形成されている．同時に，歳月を経て周囲の環境と調和した農業水利施設や農地は良好な景観形成の一端を担ってきた（農林水産省，2004）．こうした地域は「里地里山」と呼ばれており，その環境の保全と回復が重要と考えられている．2001年の土地改良法の改正による整備事業時の環境調和への配慮には，農村地域の二次的自然（secondary nature）や景観（landscape）への配慮も含まれている．

施設・植栽など
住宅, 共同施設, 取水堰, 公園,
排水機場, 街路樹, 花壇　など

土地利用
農地, 採草地, 果樹園, ため池, 林地,
集落・街並み, 水路, 生活道路　など

自然・地形
気候, 平地, 台地, 段丘, 山, 森林,
河川, 湖沼, 自然植生, 谷地　など

歴史・文化, アイデンティティ

図 7.9　農村景観の構成要素
LSAG 中央委員会（2008）を改変.

また 2004 年には景観法が制定され，農村地域においては，景観農業振興地域整備計画の策定によって美しい農山漁村づくりが支援されるようになった.

a.　農村景観

農村景観（rural landscape）の構成要素を図 7.9 に示す．自然・地形の上に土地利用の要素，さらにその上に施設や植栽的な要素があり，これらすべてに関連する要素として，歴史・文化，アイデンティティがある．景観において重要な点は，単に見た目に美しいことではなく，農業生産活動が健全に行われ，さらに関連する農業水利施設の維持管理や里地里山の保全管理が継続的かつ適切に実施されていることである．つまり，農村景観は単なる自然景観（natural landscape）ではなく「文化的景観（cultural landscape）」といえる.

農林水産省は 1991 年にすでに，景観を通じた農村地域の活性化を目的として，「美しい日本のむら景観百選」を選定している．また中山間地域の重要な景観の構成要素に棚田があるが，棚田に対しても 1999 年に，営農の取組みが健全で，維持管理が適切に行われ，オーナー制度や特別栽培米の導入などの地域活性化に取組んでいることを基準に「日本の棚田百選」を認証している．さらに，文化庁は文化的景観を「地域における人々の生活又は生業及び当該地域の風土により形成された景観地で我が国民の生活又は生業の理解のため欠くことのできないもの」と定義し，重要文化的景観を選定して，その保全・継承に努めている．この中には一関本寺の農村景観（岩手県），姨捨の棚田（長野県），蘭島および三田・清水の農山村景観（和歌山県）など数多くの農村景観が含まれ，農地や農業水利施設が重要な要素として認識されている.

b.　景観配慮の留意点

景観配慮を行う際にはまず，小学校区，地区程度の範囲における既存の情報（景観農業振興地域整備計画，田園環境整備マスタープラン，古地図，郷土史など）と現地調査に基づいて，図 7.9 に示す構成要素ごとに地域の特徴的な景観を整理し，現状風景を改めて見直すことが重要である．そして，これらの情報に基づいて，景観づくりのテーマと具体的な景観配慮の手段を行政だけではなく，地域住民とともに調査・議論していくことが，整備後の継続的な維持管理につながる（LSAG 中央委員会,

表 7.2 景観配慮の 4 原則

除去・遮へい	景観の質を低下させる要素（景観阻害要因）を取り除くこと
修景・美化	景観阻害を軽減または美化要素を付加し，景観のレベルを上げること
保全	調和のとれた状態を保全し，管理すること
創造	新たな要素を付加することで，新しい景観秩序を創り出すこと

LSAG 中央委員会（2008）

2008）.

景観配慮の具体的手段は，表 7.2 に示すように除去・遮へい，修景・美化，保全，創造に分類できる．水路やため池における具体的な整備の例としては，石積み護岸，置き石・浮き石，土水路，河畔木植栽，木柵などが挙げられるが（農林水産省，2004），これらは生物多様性（biodiversity）への配慮との関連性も高い．すなわち，生物多様性への配慮がより美しい景観の創出になるともいえる．

一方，景観や生物多様性などに配慮した整備を行うことは，そうでない場合と比較して工事費や維持管理費が増加したり，維持管理労力が増大したりする場合が多い．またたとえば，環境配慮型水路においては漏水量や粗度係数が増大することもあり（堀野他，2008），本来の農業水利施設としての機能が低下するため，水路断面の拡張などの対策やその費用が発生することも考えられる．地域住民や施設管理者がこうしたマイナス面を十分理解した上での整備を進めることが，継続的な美しい景観の維持にとって必要不可欠である．

7.7 地 域 用 水

農業用水（agricultural water）はいわゆる灌漑用水としての役割だけではなく，防火，洗浄，親水，景観保持，生態系保全など地域住民の生活や環境に密着した地域の水としての役割も果たしている．都市化の進行によりこうした機能の喪失が危惧される中で，現在もなお生活空間に（農業用）水路を有している地域を鑑み，地元住民と用水との関わりを改めて認識することは意義深い．現在わが国では，2001 年の土地改良法改正に伴い，農業農村整備事業の展開時にこうした地域用水機能の発揮・増進を考慮する事例が増えている．

a. 農業用水と地域用水

米を中心とした作物栽培が主たる産業の 1 つであり，広範囲に水田が広がっていた時代には，多くの地域で大小さまざまな用水路（あるいは用排兼用水路）が居住域を通り，水が流れていた．この農業用水は第一義的にはもちろん圃場への灌漑用水であるが，住まいの近くを流れることから，人はとくに意識することもなく個人の生活や地域の活動にも利用していた．近年，水管理の行政的区割りから農業用水，工業用水，生活用水などの分類がなされ，各用途に限定された「用水」としての意味が過剰に強調されてきたように思われる．しかし，農業用水は農業によって利用されるだけの単一用途の水ではなく，先述のように古来慣れ親しんできた近場にある水としての役割も担っている．実際に今でも，農村域では「用（排）水路」を（小さな）「カワ」と認識している人が多く，たとえば水路清掃・維持管理をカワ浚え，カワ掘りなどと呼んでいる．ここで表7.3に，農業用水と地域用水としての機能分類に関するおよその現状認識を示しておく．

現在では，こうした農業用水の有する一見付加価値的な機能を地域用水（regional water）として再認識し，より積極的にその意味を評価されるようになった．地域用水の定義は未だ公式に明確化されているわけではないが，たとえば農業土木学会（現・農業農村工学会）の新湖北地区地域用水委員会（1999）では「(地域用水は,）農業用水のうちで，地域における生活や生産を保障したり環境を保全したりする機能を有する用水をいい，灌漑用水と一体となって農業用水を構成する」としている．またこの認識のもとに，地域用水は原則農業用水に内在するものとして理解されることが多いが，必ずしもそうであるとは限らず，ある種の地域用水は灌漑用水と独立した性格を持つとする方が合理的な場合もある（水谷，2002）．ただし，今のところ農業用水とは独立に地域用水としての水量が確保されているわけではなく，灌漑用水としての水が圃場に到達するまでに果たしている役割を，視点を変えて呼称している点に注意する必要がある．一般に，水利権上「農業用水」という用途は河川管理者から認められているが，その名目はあくまで「灌漑」,「水路維持」などであり，一方で「地域用水」という用途はこれまでのところ許可の対象とはならず，用途が明確なより具体的な目的名称が手続き上要求される．なお，表7.3中の地域活動用水機能に分類される小水

表7.3 農業用水と地域用水の分類

<table>
<tr><td rowspan="4">農業用水
（広義）</td><td>農業用水
（狭義）</td><td>灌漑用水</td><td>水田灌漑，畑地灌漑，営農（栽培管理，各種防除），施設管理，など</td></tr>
<tr><td rowspan="3">地域用水</td><td>地域活動用水</td><td>生活雑用（家庭雑用水），防火・消火，消流雪，養魚，小水力発電，など</td></tr>
<tr><td>親水系用水</td><td>親水，レクリエーション，景観保全，水遊び，公園，文化継承（伝統行事），など</td></tr>
<tr><td>環境保全系用水</td><td>生態系保全，水質保全（汚濁の希釈），地下水涵養，砂塵抑制，など</td></tr>
</table>

力発電は，従来ない比較的新しい機能であり，小規模ながら分散的なエネルギー供給が可能な点で期待されている（6.3 参照）.

b. 住民の地域用水認識とその評価

地域用水としての水利用はさまざまであるが，その利用目的に応じて必要な水量や水質は変わってくる．そこでまず，農業用水の地域用水的機能を住民がいかに認識し利用しているかについて触れることにする.

圃場や用排水路システムが整備されている地域ごとに，それぞれの自然や歴史・文化などの特性が異なる．そのため普遍的な地域用水機能を整理することは難しいが，一例として，滋賀県湖北地域での調査結果（野口他，2001）による住民の地域用水利用実態を図 7.10 に紹介する（図 7.11 も参照）．この結果によると，現在もよく用いられている地域用水機能としては，雪捨て場や農機具の洗浄，生活雑排水の流し場など，水質とは直接には関係しない項目が上位を占めている．一方，魚とり，水遊び，なべ・食器類の洗浄，野菜類の洗浄など，人が直接水に触れる，あるいは体内に水を取り込む可能性の高い用途は，以前に比べ大きく減少してきている．すなわち，「接触型」（石田，2002）の利用は主として衛生的な理由から減少し，いわゆる中水道的な利用へと変化している.

こういった傾向は，他の多くの地域でも同様であると考えられる．地域用水利用が一部減少してきている要因として一般に多くの住民が指摘するのは，カワの水の汚濁，

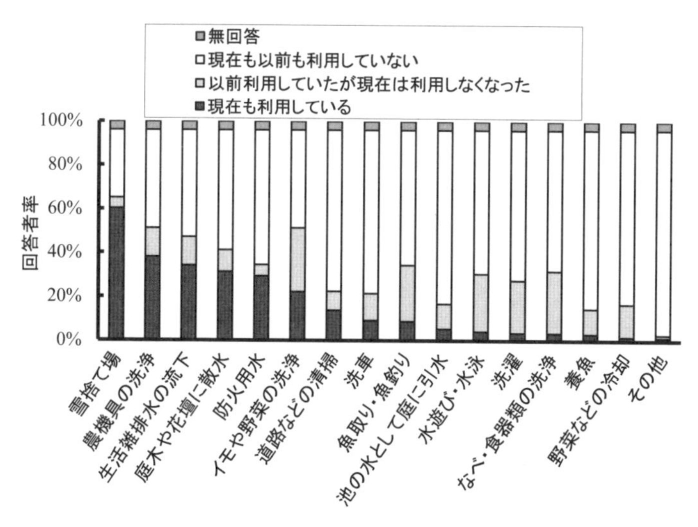

図 7.10 地域用水機能の利用実態

図7.11　水遊びを兼ねた履き物洗い

上水道の普及，水量の減少であり，これらが相まって，野菜や食器の洗浄といった上水道的利用の形態が失われつつある．

このように，都市化の進行や社会情勢の変化などにより，流速，水深，清涼さが往時に比べ不適切な状態に変わったと感じる人が多く，地域用水としての利用が消失していくことが懸念される．人々は原体験として馴染んできた地域用水に対し本質的には価値を見出しているが，その管理状態が悪化すれば文字通り「くさいものには蓋」のようにカワが暗渠化されてしまう恐れもある．

では，地域用水の価値を人々は具体的にどの程度のものと感じているのであろうか．誰が用水の管理に対し手間や費用の負担をしていくのかを考える上でも，こうした評価は参考となる．最も汎用的な評価の物差しは，経済的な定量化であろう．近年では，市場で取引されないような環境サービスなどを経済評価するCVM（contingent valuation method：仮想評価法）により，アンケート調査を活用して地域用水の効用を捉える事例がいくつか見られている．地域用水の機能低下を回避するための維持管理負担を狙いとして，同種のアンケートや分析法を用い，1年間1世帯当たりのWTP（willingness to pay：支払い意志額）を求めた例を表7.4に示す．この中では，都市域の金沢で，街中を流れる地域用水の評価が最も小さい．地域の非農家率が高くなるとWTP平均値が低くなる傾向にあるとの報告（小谷他，2007）もあり，個人の属性が地域用水に対する想いに反映されている可能性は高い．ただし，全体としていずれの地域でも，各評価額は小さくはなく，地域用水機能が広く認識されていることがうかがえる．一方で，その本質が灌漑にあることを忘れてはいけない．

表7.4　地域用水に対する経済評価の比較（Turnbull法，WTP下限推定値）

地　域（対象用水）	CVM評価値（円／世帯／年）	有効回収数（票）
湖北	3,793	713
長浜	3,773	208
七ヶ用水	3,802	691
野洲川用水	3,115	1,700
金沢	2,567	540

湖北・長浜（野口他，2001），七ヶ用水（氏平他，2002），野洲川用水（小谷他，2007），金沢（瀧本他，2003）より整理．

c. 機能発揮のための整備と管理

多様な地域用水機能の発現のためには，用水そのものの量や質だけでなく，送配水施設の構造・材質，およびこれに付随する施設などハード的な要素や管理・運用なども軽視できない．ここでは，これらについて簡単に触れることにする．

1) 施設整備

たとえば各種洗浄に用水を利用する場合，水面へのアプローチが容易な階段などを備えた洗い場を整備することが望ましい．とくに，高齢化が進む地域ではその配慮が求められる．また防火用水として利用するためには，水路脇に防火水槽を併設したり，水路途中に一定の深みや堰を設けたりする必要がある．世界遺産で知られる白川郷合掌造地区では農業用水路に防火水槽を連結し，さらに放水銃を配備しており，その放水訓練は地域の風物詩にもなっている．小水力発電には，もちろん専用のタービンを含め小型の発電システムを併設しなければならない．

生態系，とくに魚介類の保全を考えると，水路自体の構造も重要となる．従来の送水効率を最優先したコンクリート三面張り水路ではなく，石積み，魚巣ブロック，栗石敷きなどさまざまな工夫が凝らされた水路が導入されてきている．ただしこうした整備には，末端圃場での取水柔軟性の低下や，潰れ地の増加，経費の増加などの問題もあり，地域用水としての効用とのバランスを図ることが求められる．

2) 管理主体の問題

地域用水はこれまで示した他の多面的機能と比べ，広範囲に影響する“公”益性の側面より，むしろ限られた地域ごとの住民が享受する身近な水としての“共”益性を有し，さらには個人個人のささやかな“私”益の集合体的な性格をも有する点に特徴がある．したがって，その維持管理・水管理においては，農家だけではなく住民全体の関わる組織・機関や個人個人が担うことが望ましい．しかしながら，これまでの慣習や管理の慣れ（習熟度）を考えると，実質的に土地改良区や水利組合（water user association）が主体となることには一定の合理性があるだろう．とくに，灌漑期は灌漑用水としての本質が優先され，作物生産に役立つ用水管理が農家組織によって行われることは自然である．一方，非灌漑期・冬期には，たとえば土地改良区が送配水管理を行うにしても，地域の声を反映せざるをえなくなる．こうした実働や費用負担については，今のところ地域ごとにルールが定められている．いずれにせよ，効用が住民全体に享受されることから，環境配慮型整備による地域用水機能の強化が図られる場合には，灌漑用水整備以上の経費増大分には公的な補助が妥当であろうし，管理・運用についても住民や市町村などの関与が求められる．

具体的事例として，野口他（2001）は先のCVM評価から，かつて農業者が多かった地域では農家，非農家間でWTPに差がないことを示している．この結果のもたらす意味は興味深い．現在，用水路の管理は農家の組織である土地改良区に基本的に委ねられている．しかし，非農家も農業用水の地域用水としての価値を農家と等しく認めており，用水システムを地域の共有財産として共同して保全・管理しようとする潜在的な可能性を有しているとも考えられる．真の共有財産としての持続的な地域用水利用を目指すには，用水の質的・量的な問題への対処だけでなく，住民の自発的な協力体制や行政との連携も望まれる．　　**[中村公人・堀野治彦]**

文　献

LSAG 中央委員会監修：農村における景観配慮の実務マニュアルー景観に配慮した整備のための 10 のステップー，農林水産省，農業環境整備センター（2008）

Masumoto, T.：An index for evaluating the flood-prevention function of paddies, Paddy and Water Environment, **4**, 205-210 (2006)

安西俊彦他：カザフスタン・イリ川下流灌漑地区における地下水位変動特性とその要因に関する研究，農業農村工学会論文集，**283**，51-56 (2013)

石田憲治：農林地の持つ土砂崩壊防止機能，農業および園芸，**74**(5)，546-552 (1999)

石田憲治：農業用水の多面的役割と多目的利用，農土誌，**70**(9)，7-10 (2002)

井上光弘・遠藤常嘉：4-1　農地の塩類集積（4．乾燥地の塩類集積とその対策），「乾燥地の土地劣化とその対策」(山本太平編)，pp. 158-170 所収，古今書院（2008）

岩﨑有美他：定常地下水流動解析に基づく手取川扇状地における灌漑期の地下水位に影響を与える要因の評価，水文・水資源学会誌，**26**(2)，99-113(2013)

氏平あゆち他：手取川七ヶ用水地区における住民の地域用水評価，農土誌，**70**(9)，27-30 (2002)

大上博基他：水田の温度環境緩和機能，農土誌，**62**(10)，955-960（1994）

大西健夫他：傾斜地水田群における貯留特性の事例的評価，農土論集，**230**，53-59 (2004)

可知貫一：地下水強化と農業水利，p. 250，地人書館（1945）

小谷廣通他：野洲川用水の多面的機能に対する CVM 評価，農業農村工学会論文集，**252**，111-117 (2007)

角屋　睦・福島　晟：中小河川の洪水到達時間，京大防災研年報，19-B-2，143-152 (1976)

北村義信:4-4　ウォーターロギングの予防と制御法（4．乾燥地の塩類集積とその対策），「乾燥地の土地劣化とその対策」(山本太平編)，pp. 206-226 所収，古今書院（2008）

久米　崇他:排水不良農地における不均一塩分分布の形成要因，農土論集，**234**，19-26 (2004)

坂田　賢他：沖縄県における農地保全を目的としたベチバ（*Vetiveria zizanioides*）の適用事例，畑地農業，**621**，10-17 (2010)

嶋田　純：広域地下水流動の実態を踏まえた熊本地域における地下水の持続的利用を目指した新たな取り組みー地下水資源量維持のための揚水許可制の導入ー，地下水学会誌，**55**(2)，157-164(2013)

志村博康：水田・畑の治水機能評価ー国土に必要な治水容量の農地・ダム・森林による分担ー，農土誌，**50**(1)，25-29 (1982)

新湖北地区地域用水検討委員会：平成 10 年度新湖北農業水利事業新湖北地区地域用水機能増進調査検討業務委託報告書，農業土木学会（1999）

瀧本裕士他：山林は渇水緩和に役立つか－奈良県五條吉野地区を事例として，農土論集，**170**，75-81（1994）

瀧本裕士他：地域用水機能の CVM による経済評価－金沢市内を流れる農業用水に対する住民意識の分析事例－，農土論集，**226**，35-42（2003）

竹下伸一他：都市農地がヒートアイランドにもたらす影響，環境技術，**35**(7)，502-506（2006）

谷山一郎：農林地の持つ土壌侵食防止機能，農業および園芸，**74**(4)，446-451（1999）

辻　英樹他：台地畑流域における洪水緩和機能の測定と評価，農業農村工学会論文集，**281**，17-25（2012）

中西憲雄他：農業用ダムが発揮する洪水低減機能の解明－大迫ダムの洪水時放流事例とその分析から－，農土論集，**202**，103-109（1999）

中西憲雄他：ため池の雨水貯留可能量の評価－香川県及び大阪府のため池の空き容量と水田の雨水貯留可能量との比較から－，農土論集，**217**，101-107（2002）

西村　拓他：中国黒龍江省ソンネン平原の浅層地下水地域における塩類集積，農業農村工学会論文集，**279**，35-44（2012）

日本学術会議：地球環境・人間生活にかかわる農業及び森林の多面的な機能の評価について（答申），http://www.scj.go.jp/ja/info/kohyo/pdf/shimon-18-1.pdf/（2016 年 8 月閲覧参照）（2001）

農林水産省監修：環境との調和に配慮した事業実施のための調査計画・設計の手引き　1－基本的な考え方・水路整備－，農業土木学会（2004）

農林水産省：農地の除塩マニュアル，http://www.maff.go.jp/j/press/nousin/sekkei/pdf/110624-01.pdf（2015 年 3 月閲覧），農村振興局（2011）

野口寧代他：集落特性および個人属性・特性別にみた地域用水に対する意識，農土論集，**216**，17-24（2001）

深田三夫：3-4　防止対策（3. 水食のメカニズムとその対策），「乾燥地の土地劣化とその対策」（山本太平編），pp. 135-152 所収，古今書院（2008）

藤縄克之：地下水涵養源としての農業用水の役割－数理モデルによる那須野原の地下水解析－，農業土木試験場報告，**21**，127-141（1981）

堀野治彦他：農業用水利用における地下水の役割に関する実証的研究－愛知川扇状地における地下水利用に関する研究(I)－，農土論集，**144**，9-16（1989）

堀野治彦他：流況の安定化に寄与する流域貯留量評価，農土論集，**211**，59-66（2001）

堀野治彦他：環境配慮型用水路の魚介類生息および通水機能への影響評価，農業農村工学会論文集，**254**，77-83（2008）

増本隆夫：水田の貯留機能評価と水資源の流域管理にみるパラダイム・シフト，水文・水資源学会誌，**11**(7)，711-722（1998）

丸山利輔他：手取川扇状地における水収支分析，水文・水資源学会誌，**25**(1)，20-29（2012）

水谷正一：灌漑用水に対する独立性からみた地域用水の特性，農土誌，**70**(9)，11-16（2002）

三野　徹・長堀金造：吉井堰周辺の地下水収支構造(I)－現況地下水位変動の分析－，農業土

木学会論文集, **127**, 27-33(1987)
山本太平・藤巻晴行：4-3 塩類集積対策（4. 乾燥地の塩類集積とその対策),「乾燥地の土地劣化とその対策」(山本太平編), pp. 189-205 所収, 古今書院（2008)
吉川夏樹他：田んぼダム実施流域における洪水緩和機能の評価, 農業農村工学会論文集, **261**, 41-48 (2009)

農村を流れる農業用水は，心地よい水音や清澄な外観とともに，農村独特の美しい田園風景を形作ってきた．しかし，水はその周辺の物質を容易に溶かし込む性質があるほか，さまざまな人間活動の影響を受けており，その質についても評価する必要がある．

以下は農業用排水の水質について，その評価方法とそれに関連した事項について述べる．

8.1　水 質 の 基 礎

a.　農業用水の水質基準

農業用水の水質基準を表8.1に示す．この基準は水田用水を対象としたもので，農林水産省公害研究会が水稲栽培に被害を与えない限界濃度を検討し，学識経験者の意見なども取り入れて定めたものである．法的な拘束力はないが，水稲の正常な生育のために望ましい農業用水の水質とされている．

このほか水質に関する基準としては，環境基本法第16条により定められている，公共用水域の水質汚濁に係る「人の健康の保護に関する環境基準（健康項目）」と「生活環境の保全に関する環境基準（生活環境項目）」，上水道を対象とした「水道水の水質基準」，それに事業場から公共用水域に排出される水を対象とした「一律排水基準」などがある．このうち，生活環境項目については，利用目的の適応性に応じ水域をいくつかの類型に分けて基準が設定してあり，農業用水などの利用を想定した河川のD類型では，BOD（biochemical oxygen demand：生物化学的酸素要求量）が8 mg/L以下，湖沼のB類型ではCOD（chemical oxygen demand：化学的酸素要求量）

表8.1　農業用水水質基準（水稲用）

項　　目	基　準　値
pH（水素イオン濃度）	6.0～7.5
COD（化学的酸素要求量）	6 mg/L以下
SS（無機浮遊物質）	100 mg/L以下
DO（溶存酸素）	5 mg/L以上
T-N（全窒素）	1 mg/L以下
EC（電気伝導度）	0.3 mS/cm以下
As（砒素）	0.05 mg/L以下
Zn（亜鉛）	0.5 mg/L以下
Cu（銅）	0.02 mg/L以下

（農林省公害研究会，1968年）

が5 mg/L以下などとなっており，必ずしも表8.1と同じではない．これらの基準の具体的な数値や相互の関連性については，関係する省庁の提供する情報（ウェブサイトなど）や関連書籍（日本水環境学会，2009；公害防止の技術と法規編集委員会，2014）などを参照されたい．

本節では，表8.1に示す水質項目とそれに関連する水質項目について，その意味する基本的な事項を述べる．なお，現在のところ，畑地の灌漑水のための統一された水質基準はないが，水質項目によっては適宜，畑地灌漑としての用途も考慮する．

b.　水質の基本的理解

1）　pH

pHは酸性かアルカリ性かを表す基本的な水質指標であり，次式のように水中に電離した水素イオン（H^+）のモル濃度の逆数の対数として表される．

$$pH = -\log[H^+] \tag{8.1}$$

後述する電気伝導度（EC）や溶存酸素（DO）と同様，測定電極を水に浸すだけで容易に計測することができる．

汚濁のない状態の水のpHは中性（pH＝7）ではなく，弱酸性を示す．これは，空気中の二酸化炭素が水に溶け込むと，

$$H_2O + CO_2 \longrightarrow H^+ + HCO_3^- \tag{8.2}$$

と反応してH^+を放出し，pHが5.6で平衡となることによる．このことから，いわゆる「酸性雨」は，人為的な汚染を議論する上でpHが5.6よりも低いものを対象としている．

農業用水としての利用の中では，夏季の日中に貯水池の水のpHを測定すると，9～12くらいの数値を示すことがある．これは藻類の炭酸同化作用のため，二酸化炭素が吸収され，水中の炭酸が少なくなることによるものである．同様の現象は，夏季の水田における湛水でもしばしば観察されるが，湛水された水田では，土壌の緩衝作用により土壌水のpHが中性付近に保たれるため，水稲栽培において問題となることは少ない．

一方，雨天時の河川や水路の水のpHは，基準の下限値6.0を下回ることもある．これは，雨天時に土壌中に浸透し，その後に河川や水路に流れ出た水がやや酸性を示すこと，また降水自体が大気中の窒素酸化物（NO_x）や硫黄酸化物（SO_x）などの影響を受けて酸性化が進んでいること（表8.2）によるものである．しかし，これらも水稲栽培上で問題となることは少ない．

問題となるのは，工場や事業場，あるいは温泉や鉱山，それに酸性硫酸塩土壌などから流れ出る酸性物質による水のpH低下である．こうした酸性物質は，直接作物

表 8.2 わが国の降水の pH 測定値

測定地点	2010	2011	2012	2013	2014	平均値
利尻	4.75	4.67	4.70	4.69	4.76	4.71
札幌	4.86	4.76	4.69	4.65	4.73	4.74
竜飛岬	4.68	4.61	4.72	4.71	4.72	4.69
佐渡関岬	4.70	4.66	4.75	4.70	4.72	4.70
新潟港	4.68	4.60	4.62	4.65	4.67	4.64
越前岬	4.59	4.63	4.57	4.60	4.64	4.60
赤城	4.82	4.84	4.74	4.85	4.85	4.82
東京	4.95	4.79	4.88	5.03	4.83	4.89
京都八幡	4.73	4.73	4.66	4.77	-	4.72
潮岬	※	4.81	4.76	4.81	-	4.79
隠岐	4.66	4.68	4.66	4.61	4.67	4.65
対馬	4.77	4.65	4.66	4.75	4.72	4.70
筑後小郡	4.80	4.67	4.65	4.66	4.69	4.69
大分久住	4.66	4.66	4.69	4.66	4.40	4.61
屋久島	4.66	4.56	4.68	4.59	4.59	4.61
小笠原	5.22	5.34	5.37	5.22	5.02	5.23

-：測定せず
※：当該年平均値が有効判定基準に適合せず，棄却された
注：平均値は降水量加重平均
（平成 28 年度版　環境・循環型社会・生物多様性白書　より作表）

に悪影響を及ぼすこともあり，また，土壌の酸性化を進めて，カルシウム（Ca）やマグネシウム（Mg）などの陽イオンを土壌から溶脱させたりもする．あるいは，作物被害を引き起こすアルミニウム（Al）などの金属を溶解させることもある．一方，アルカリ性の水については，土壌のアルカリ化を進行させ，鉄（Fe），ホウ素（B），マンガン（Mn）などの必須微量元素の溶解度が低下して，これらの欠乏症につながる場合もある．

このように，pH は測定が容易で意味するところも単純であるが，その背景にあるものは多様である．したがって，農業用水の pH 値が基準を外れたことのみをもって，その水は灌漑に適さないということではない．

2）化学的酸素要求量

化学的酸素要求量（COD）は有機物汚濁の代表的な指標の 1 つであり，試料水を酸化剤で加熱分解し，このときに消費される酸化剤の量を酸素量に換算して表される．酸化剤としては，わが国では過マンガン酸カリウム（$KMnO_4$）が使われているが，海外の多くの国では重クロム酸カリウム（$K_2Cr_2O_7$）が使われている．

灌漑用の貯水池などの COD 濃度は，流入する河川や水路の水の COD 濃度よりも

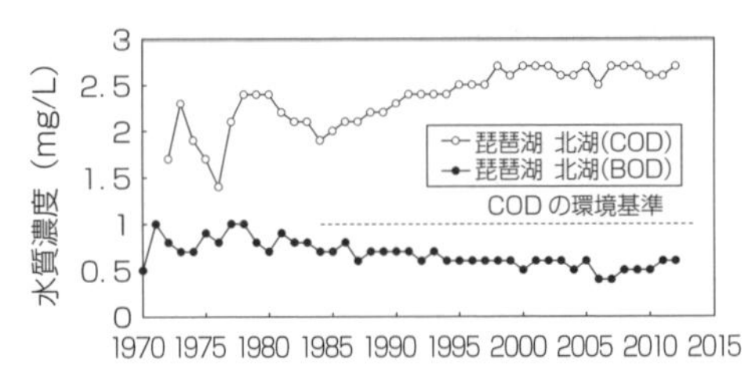

図8.1　琵琶湖（北湖）のBODとCODの推移
滋賀県資料より作図.

かなり高くなることがある．これは，貯水池などに流入した無機栄養塩により藻類が増殖することによる（内部生産という）．ただし，灌漑水のCOD濃度が高くなることによる水稲への直接的な影響はほとんどなく，影響が考えられるのは，灌漑水によって流入した多量の有機物が土壌中で分解されることによって酸素が消費され，水田の下層で還元化が進行して硫化水素などの有害な物質が発生することである．一方，畑地では，湛水をしないので，こうした還元化の進行を懸念する必要は少ない．

CODとともに有機物汚濁の代表的な指標であり，前述の生活環境項目でも基準値が定められているBODは，試料水を20℃で5日間培養したときに，好気性の微生物が有機物を分解する際に消費した酸素量として測定される．

これらCODとBODは，どちらも有機物汚濁を表す重要な指標であるが，最近，いくつかの湖沼において，BOD濃度が経年的に低下しているにもかかわらず，COD濃度が上昇するという現象が見られている（図8.1）．この現象は「BODとCODの乖離」として関心を呼んでいるが，その原因物質として難分解性の溶存有機物（dissolved organic matter：DOM）がある．DOMは化学構造が複雑で化学組成や分子量も多様であるため，環境中の挙動については不明な点が多いが，水田はDOMの重要な発生源の1つと考えられている（Imai et al., 2001；人見他，2007）．

3)　浮遊物質

浮遊物質（suspended solids：SS）は，孔径が0.5～1 μmのガラス繊維ろ紙を通過しない濁り成分で，無機性と有機性のものがある．水田では，無機性のSS成分が土壌に蓄積すると，浸透能の低下により土壌の還元化が進行し，根腐れなどの生育障害を引き起こすことがある．表8.1の100 mg/Lは，SS成分の堆積厚が3 cmまでは水稲に対する影響は無視できるという実験結果から求められたものである．

一方畑地では，SS成分が多いことにより，スプリンクラーによる散水灌漑やドリップ灌漑の散水口が目詰まりを起こすことがある．これは，水圧の大きい散水灌漑よりも，水圧が小さいドリップ灌漑や灌水チューブで影響が大きい．無機性・有機性ともに問題であるが，とくに貯水池や湖沼での富栄養化により，ある種の植物プランクトンが増殖してアオコなどが発生した場合は，SS濃度の値がきわめて高くなる．SSとともに植物プランクトンの現存量の指標であるクロロフィルaの値が問題とされる場合もある．

4)　溶存酸素

水中で呼吸をする生物にとって，酸素は欠かすことのできない物質である．しかし水中の溶存酸素（dissolved oxygen：DO）濃度が低くなっても，水稲の生育にはほとんど影響しない．なぜならば，水稲の場合は水中の酸素が欠乏しても，茎の導通組織を通して酸素が根に供給されるからである．

水田用水のDOが持つ意味は，上述のCODとの関連にある．すなわち，有機物汚濁が進行した水では微生物の分解によって酸素が消費され，DO濃度が低下して嫌気化が進行することとなる．しかし，水路を流れる間の曝気や湛水された田面に酸素が溶け込むことのほか，藻類の光合成による酸素供給もあるため，灌漑水の低いDO濃度が直接的に水稲栽培に悪影響を及ぼすことは少ない．

なお，水の飽和DO濃度は20℃では8.8 mg/Lであるが，水温が高くなると，水中の酸素は空気中に飛散するので，DO濃度は低下することとなる．

5)　全窒素

全窒素（total nitrogen：T-N）は水中に存在する窒素（N）の総量で，有機態窒素と無機態窒素がある．無機態窒素はアンモニア（NH_4），亜硝酸（NO_2），硝酸（NO_3）で構成され，いずれもイオンの状態で存在している．植物根によるN吸収はNH_4が最も多いが，これは陽イオンの状態にあるので，土壌粒子の外部負電荷に引かれて土壌に保持されやすい．一方，NO_2とNO_3は陰イオンの状態をとるので，土壌に保持されることが少なく，比較的速やかに移動する．

Nは，リン（P）とカリウム（K）とともに植物の三大栄養素の1つであるが，水稲栽培でN過多になると，過繁茂による倒伏，受光体制の悪化による登熟不良，病虫害の多発，米質の低下といった生育障害が生じる．このことから，灌漑水によってN過多となった水田では，水口付近で稲の背丈だけがよく伸び，実りが悪い状態が観測されることがある．

農業用水のT-Nの基準値は表8.1に示す1 mg/Lであるが，この基準値は非常に厳しいものとなっている．なぜならば，とくに問題なく水稲栽培をしている水田においても，用水のT-N濃度が1 mg/Lを超えているところは多く，また，最近では降水のT-N濃度も1 mg/Lを超えることがまれではないためである．このようなことから，基準値の妥当性については議論が続いている（増島，1984；白谷・久保田，2010）．旧来の基準に替えて，たとえば表8.3のような目安も提示されており，ある程度基準値を超えていたとしても，水稲の生育障害が現れないか，施肥量を減少させることなどでN過多に対処できる場合もある．

一方，畑地では灌漑水によるN過多による生育障害が現れることは少ないが，貯水池などの停滞した所でNが多くなると植物プランクトンが増殖し，前述したように，これがスプリンクラー灌漑やドリップ灌漑の障害となることがある．

なお，T-Nの構成要素である亜硝酸態窒素（NO_2-N）と硝酸態窒素（NO_3-N）の基準値については，公共用水域の環境基準である健康項目と水道水の水質基準において，これら2つの濃度の合計が10 mg/L以下とされている．これらの濃度が高い水を飲用すると，メトヘモグロビン血症（血液中のヘモグロビンの酸素運搬能力が阻害される症状）を引き起こすこととなり，とくに幼児は危険である．

またNは，図8.2に示すように，地表近傍において化学形態を変えながら循環を繰り返す元素でもある．すなわち，生物の遺体や排泄物は好気性微生物によって尿素を経てNH_4に分解され，その後硝化菌の作用によってNO_3にまで酸化される．NO_3は水田や湿地などで，脱窒菌の働きによって窒素ガス（N_2）となり，N_2は窒素固定菌や工業的な窒素固定によって再び生物に利用される．

表8.3　灌漑用水の水質と水稲被害（単位：mg/L）

分　級	影響は認められない	水稲の生育はほぼ正常であり，耕作者の苦情はない	水稲は過繁茂となり窒素施肥量を減らさなければならない	窒素施肥量を極端に少なくしても倒伏し，用水として使用に耐えない
T-N	0.2以下	2～3	3～7	7以上
NH_4-N	0.5以下	0.5～2	2～5	5以上
COD	8以下	8～12	12～17	17以上

森川（1982）

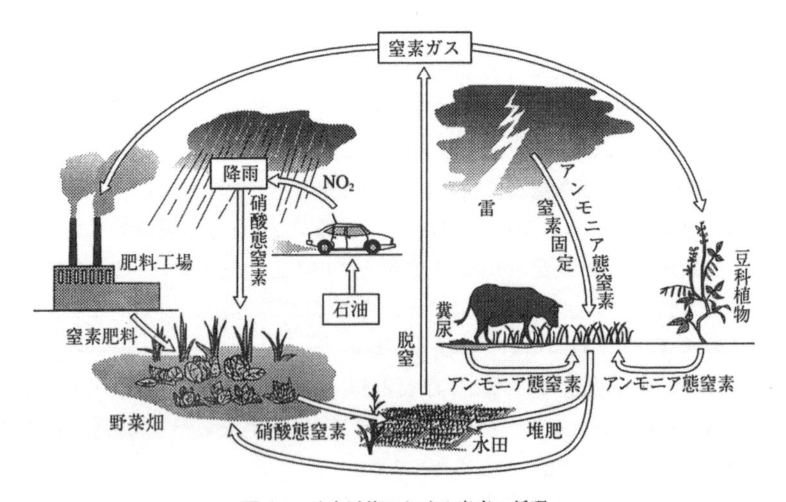

図8.2　地表近傍における窒素の循環

6) 電気伝導率

電気伝導率（electric conductivity：EC）は水の通電性を表す指標で，SI 単位では S（ジーメンス）/cm などの単位で表し，測定電極を水に浸すだけで容易に計測することができる．水の通電性は水に溶けているイオンによってもたらされるので，EC の値が大きいほど溶存イオンの量が多いことになる．ただし，EC では溶存イオンの種類まではわからないことに注意する必要がある．

灌漑水の EC が問題となるのは，海水の浸入などによって水に含まれる塩分濃度が高い場合である．そのような所では，EC 値と塩素イオン（Cl^-）やナトリウムイオン（Na^+）濃度との間に一定の相関関係が見られるので，簡易に測定できる EC 値から塩分濃度を推定することができる．ただし，EC 値が同程度でも，塩分濃度は場所によってかなり異なる場合がある．たとえば，地下水では河川水に比べてカルシウムイオン（Ca^{2+}）やマグネシウムイオン（Mg^{2+}）などの溶存イオンが多く，これが EC 値に影響する．

塩類による植物への生育阻害のメカニズムには，浸透圧ストレスとイオンストレスがある．浸透圧ストレスでは，塩類の浸透圧によって作物の根が水分を吸収できなくなり，気孔の閉鎖，光合成の低下，葉の伸長抑制などを引き起こす．イオンストレスでは，植物体内の過剰な塩分が他のイオンとのバランスを崩し，さまざまな代謝を阻害する．水稲の耐塩性は比較的高いが，畑作物は表 8.4 のように作物による差が大きい．

海外の乾燥地域の畑地や，蒸発量が降水量を上回るような施設畑などでは，塩類集積を考えて用水の水質に注意する必要がある．塩類集積は，7.5 節にあるように，土壌あるいは肥料に由来する塩類や，灌漑水に含まれる塩類が毛管上昇によって地表近くに達し，蒸発によって塩類のみが地表に集積することによって起こる．この塩類としては，K, Na, Ca, Mg の塩化物，硫酸塩，炭酸塩などがあるが，とくに Na が土壌の交換性陽イオンの多くを占めるようになった（ソーダ質化した）農地は，営農上の

表 8.4　作物の種類による耐塩性の相違

耐塩性	弱	中	強
一般作物	エンドウ，セルリ，キャベツ，ナス	トマト，アスパラガス，大麦，小麦，イネ，タマネギ	テンサイ，ナタネ，ワタ，カンショ，ジャガイモ
牧草類	アカクローバ ラジノクローバ	スイートクローバ類 青刈麦類，ライグラス オーチャードグラス	ソールトグラス バミューダグラス
果樹類	柑橘類，リンゴ ナシ，モモ	ザクロ，イチジク ブドウ	ナツメヤシ

下瀬（1976）

表 8.5　灌漑水に求められる水質ガイドライン

予想される問題	単位	水利用の制約の程度		
		なし	わずかまたは中程度	甚大
塩類集積				
EC	dS/m	<0.7	0.7-3.0	>3.0
TDS	mg/L	<450	450-2,000	>2,000
浸透				
SAR＝0-3 の場合	EC＝	>0.7	0.7-0.2	<0.2
＝3-6 の場合	EC＝	>1.2	1.2-0.3	<0.3
＝6-12 の場合	EC＝	>1.9	1.9-0.5	<0.5
＝12-20 の場合	EC＝	>2.9	2.9-1.3	<1.3
＝20-40 の場合	EC＝	>5.0	5.0-2.9	<2.9
特定のイオンの毒性				
Na				
地表灌漑	SAR	<3	3-9	>9
スプリンクラー灌漑	meq/L	<3	>3	
Cl				
地表灌漑	meq/L	<4	4-10	>10
スプリンクラー灌漑	meq/L	<3	>3	

FAO（1985）より抜粋.

問題が発生することに注意する必要がある．なぜならば，Na は上述の両ストレスを引き起こすほか，土壌粒子が水に分散しやすくなって間隙が詰まり，その結果透水性が悪化するなどの悪影響をもたらすからである．このようなことから，灌漑水による土壌のソーダ質化の危険性を判断するナトリウム吸着比（sodium adsorption ratio：SAR）という指標があり，以下のように計算される．

$$\mathrm{SAR}=[\mathrm{Na}^{+}]/\{([\mathrm{Ca}^{2+}]+[\mathrm{Mg}^{2+}])/2\}^{1/2} \tag{8.3}$$

ここで $[Na^{+}]$，$[Ca^{2+}]$，$[Mg^{2+}]$ は，それぞれ灌漑水中の Na^{+}，Ca^{2+}，Mg^{2+} のミリグラム当量（meq/L）である．SAR の値が高い水は灌漑には不適とされることが多く，わが国で問題となる場合はおおむね 7 以上である．一方，海外の乾燥地では塩類集積が主要な課題であり，SAR のさらに高い水が灌漑に使われる場合もある．また，灌漑水に含まれる塩類濃度の指標として，可溶性塩類総量（total dissolved solids：TDS）という指標もある．これは，一定量の溶液を蒸発乾固し，蒸発残渣を測定することによって求めるものである．これらの水質指標に関する，比較的引用されることの多い FAO（国連食糧農業機関）の水質ガイドラインを表 8.5 に示す．

7)　重金属（砒素，亜鉛，銅）

農業用水の重金属の水質基準は，砒素（As），亜鉛（Zn），銅（Cu）で定められている．

表 8.6 重金属による水稲のおもな生育障害

項　目	主たる生育障害
砒素（As）	①葉脈を残し黄変葉となり，さらに症状が進めば白葉化する． ②黄化葉は新葉から始まる．根は腐根となり，新根の発生抑制，被害大なるものは，全茎黄化し，枯死する．
亜鉛（Zn）	①葉脈間がクロロシス（黄化現象）を呈し，青枯れ的症状を示す． ②根の生育が阻害される．
銅（Cu）	葉の先端から黄化し，根が委縮して伸びない．

斉藤・半田（1985）より抜粋．

これらの重金属は，長年の灌漑によって土壌に蓄積され，一定のレベルに達すると水稲の生育障害を引き起こすことがある．おもな生育障害を表 8.5 に示す．多くは溶存態ではなく，浮遊物に付着した形で水田に流入するので，浮遊物が沈澱しやすい水田の水口付近で作物被害が大きくなる．なお Zn については，2003 年に公共用水域の生活環境項目の中に「水生生物の保全に係る環境基準」が加わり，基準値は 0.03 mg/L 以下とされている．

また表 8.1 にはないが，カドミウム（Cd）は過去の鉱山開発などによって過度に蓄積した土壌の水田があるため，注意すべき物質である．土壌汚染防止法（農用地の土壌の汚染防止等に関する法律，1970 年）では，Cd，Cu，鉛（Pb）を対象物質として指定しているが，2011 年には食品衛生法にもとづく玄米，精米の Cd 濃度の基準が 1.0 mg/kg から 0.4 mg/kg に引き下げられたこともあり，該当する場所では対策が重要である．このうち，灌漑排水と関連するものとしては，出穂期前後の水田を湛水状態に保ち，還元状態にすることで土壌中の Cd が水に溶解しにくくすることや，塩化第二鉄を溶かした用水を灌漑し，土壌を洗浄することなどがある．

8) 水温

農業用水に関する質的な指標としての水質については，これまで述べてきたとおりであるが，これらとともに水温についても考慮する必要がある．水稲栽培では，温度の許容範囲は比較的広いとされているが（表 8.7），低温・高温ともに条件によっては生育障害が生じることがある．ここでは，これらと灌漑排水との関わりについて述べる．

低温によっておこる冷害については，栄養成長期における生育不良と，生殖成長期における花粉の発育障害や，穂の抽出や開花の障害による稔実歩合の低下がある．特に幼穂が形成され始めてから出穂・開花するまでの期間（なかでも出穂前 14〜7 日頃の減数分裂期あるいは穂ばらみ期）は，低温による障害を最も受けやすい時期とされている．そしてこの時期の田面の湛水を深くする深水管理は，対応技術として広く知られている．これは，水は空気よりも熱容量が大きく，いったん温まると冷めにくい性質を利用したもので，日中に吸収した熱エネルギーを田面で長く保持しようとするものである．また，低温の灌漑水の対策としては，水田に灌漑する前に日光に当たる

表 8.7 水稲の発育に対する最低・最適・最高温度

調査項目	最低温度℃	最適温度℃	最高温度℃
発芽	10〜13	30〜34	40〜44
苗の生長	-	32	-
苗根毛原形質流動	0〜10	33	40〜45
葉縦生長	7〜8	31	45
草たけ伸長	15〜16	30〜32	40
分けつ増加	14	28〜34	40
総重量	13〜14		40
幼穂分化	15		40
出穂	17〜<20		
開花	15〜19	28〜40	50〜60

（計画設計基準・水温水質）

表 8.8 灌漑排水に関連した高温障害対策

高温障害対策	技術の内容	用水需要への影響
深水管理	分げつ期に深水灌漑を行うことで，白未熟粒の発生が抑制される	深水管理の水深に応じた用水が発生する．
掛け流し灌漑	気温より低い用水を掛け流すことにより，水温及び地温を湛水状態よりもかなり低く抑えることができる．	宮城県の指針によれば，掛け流し灌漑には10a当たり毎分200〜300リットルの用水が必要である．これは288〜432 mm/dayに相当する．
昼間深水・夜間落水管理	晴天時の高温時において，昼間はできるだけ深水管理とし夜間は逆に落水管理とする水管理方法．掛け流しよりは地温水温低下の効果は低い．	深水管理に応じた用水量が発生する．
飽水・保水管理	湛水せずに，土壌を常に湿潤状態に保つ方法．掛け流し程の効果は得られないが，出穂後の水管理を保水で保つことにより，乳白粒，胴割粒の発生が少なくなるというデータがある．根に酸素を供給し，株元の温度及び地温が下がることで，稲及び根の活力維持に効果が有る．	節水的な用水管理であり，用水量は減少すると考えられる．
落水期間の延長	落水期間を延長することにより，急激な乾燥による胴割粒の発生を抑制する．	落水期間の延長日数分，灌漑期間が長くなる．

友正・山下（2009）より抜粋．

時間を長くする「まわし水路（ぬるめ）」や「温水田」，水路の幅を広げて水深を浅くする「温水路」がある．また貯水池などで，躍層形成によって低温になった深部からの取水を避けることなどがある．ここで躍層とは，夏季の湖や貯水池などで，対流が上層のみに制限されることで水温や密度がある深さで急激に変化する現象である．

これまでの日本の水稲栽培の歴史は，米作に適さないとされていた寒冷地への北進にむけた歴史と言っても過言ではなく，また水稲の起源は東南アジアにあることから，温度による生育障害としての主な関心事は上述の低温による冷害であった．しかし近年は，地球温暖化の影響と考えられる高温障害が問題となっている．具体的には，米粒の一部や全体が白濁する白未熟粒（森田, 2011）や米粒に亀裂が生じる胴割れ粒（たとえば長田，2006）であり，登熟期の高温がこうした現象に大きく影響していると考えられている．このような高温障害への対策としては，栽培品種を高温に耐性のあるものに替えることや，施肥などを工夫する方法などがあるが，灌漑排水に関連するものとしては表 8.8 に示すような方法がある．この中で比較的効果が期待されるものとして掛け流し灌漑があるが，低温の用水が多量に必要とされることから実際に実施可能な水田は極めて限られており，また，水利権や灌漑施設の送水能力などに関する新たな課題が浮上することも指摘されている．

8.2　灌漑排水と水質保全

河川や湖沼などの公共用水域における水質劣化について考えるとき，水田や畑などの農地は面源（non-point source）の 1 つとして扱われる．ここで面源とは，工場や事業場などの点源（point source）以外の汚染源をいい，農地のほかの代表的なものに山林と市街地がある．また湖沼などの水質を議論する場合には，大気圏から直接湖面に汚濁物質をもたらす降水や，湖底から湧き出す地下水が含まれる場合もある．

a.　汚濁負荷量と原単位

水の流れに伴う汚濁物質の移動量を汚濁負荷量（load）といい，ある時点での汚濁負荷量は次式のように計算される．

[汚濁負荷量（g/s あるいは mg/s)]
=[単位換算係数]×[水質（mg/L)]×[流量（m^3/s, L/s など)]　(8.4)

なお，この汚濁負荷量は略して負荷量あるいは負荷と表されることもある．

汚濁負荷量を面積当たりの量に換算し流域管理などに用いる場合には，原単位（あるいは汚濁負荷原単位）として扱われ，$kg\ ha^{-1}\ y^{-1}$ や $g\ ha^{-1}\ d^{-1}$ などの単位で表される．この原単位は, 流域の管理や計画において使用される大変重要な指標であるが, 最近では，これに関する既往の知見を整理し，データベースにしてインターネット上で公開することも行われている（日本水環境学会，2011）．

b.　水田における水質汚濁物質の挙動と収支

水田における水質汚濁物質の挙動と収支を考える場合，水田への水の流入による負荷量は，降水による降水負荷量と用水供給による用水負荷量である（図8.3）．一方，水の流出による負荷量は，落水口から流れ出す地表排出負荷量と地下への浸透排出負荷量となる．

ある土地からの排出負荷量はこの地表排出負荷量と浸透排出負荷量の合計であるが，水田の場合は3.3節で述べたように，大変多くの用水が流入し，それによって運ばれてくる負荷量も多いため，合計から用水負荷量を差し引いたものを正味の排出負荷量としている．すなわち，

[正味の排出負荷量]＝[地表排出負荷量]＋[浸透排出負荷量]－[用水負荷量]　(8.5)

であり，この値をもとにして前述の原単位が設定される．

また，ここからさらに降水負荷量を差し引いたものを，差し引き排出負荷量といい，次式で計算される．

[差し引き排出負荷量]
＝[地表排出負荷量]＋[浸透排出負荷量]－[用水負荷量]－[降水負荷量]　(8.6)

この差し引き排出負荷量は，水田における水の流入と流出による汚濁負荷量の収支バランスを表しているので，大変重要な意味を持っている．すなわち，この値がプラスであれば水田は汚濁発生源の1つであるということになり，逆にマイナスであれば水田は水質浄化機能を果たしているとされる．とくに水田では前述の脱窒反応が起こりやすい環境にあるので，水質浄化機能を期待することができる．これは，湛水状態にある水田土層では表層数mmから1～2 cmの間は酸化層であるので，NH_4からNO_3への反応が進み，下層に移動したNO_3は酸素の少ない還元状態の下で脱窒され，N_2として大気中に放出されることによる（図8.4）．一方，Pは土壌に吸着されやす

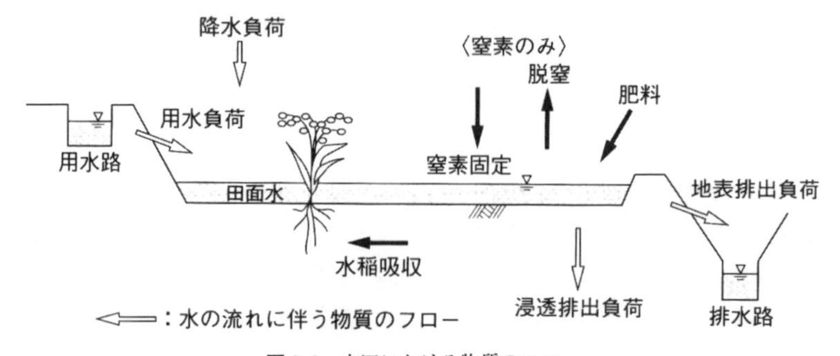

図8.3　水田における物質のフロー

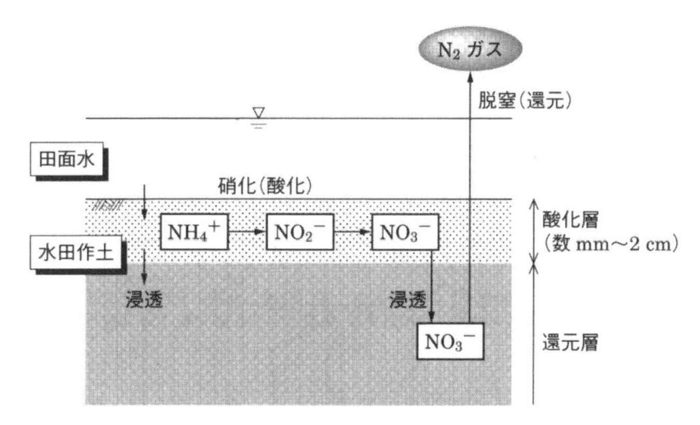

図 8.4　水田土壌中における脱窒
武田（2010）

い性質があるので，差し引き排出負荷量がマイナスになる水田もある．

差し引き排出負荷量がプラスになるかマイナスになるかは，同一の水田においても，年によってかなり異なる場合がある．概して，降水量の少ない年はマイナスか，プラスでも小さい値をとりやすく，降水量の多い年は逆の傾向を示すことが多い．また，差し引き排出負荷量は算出根拠となった水質測定の頻度にも大きく影響される．なぜならば，降雨時の排水は濁水となって水質濃度が一時的に上昇するが，こうしたときの水質をどの程度測定しているかによって，差し引き排出負荷量の値が異なってくるためである．

なお，ここで施肥による養分供給量を考慮しないのは不十分であるという考えもできる．しかし N については，水稲の養分吸収量は施肥と土壌から供給される N 量（土壌の無機化量）と同程度か，やや上回る（図 8.6 参照）．また P については水稲の養分吸収に加えて土壌への残存が大きいことから，水の流入と流出に伴った正味の排出負荷量あるいは差し引き排出負荷量の指標が多く用いられている．

c.　畑地における水質汚濁物質の挙動

畑地では水田のような湛水はないので，肥料中の NH_4 は NO_3 に酸化され，降水や灌漑水によって流出しやすい傾向にある．畑地における N 施肥量は概して水田よりも多く（数倍～10 倍程度），たとえば N 肥料を多投するニンジンの産地では，地下水の NO_3-N が 25 mg/L にも達するが（図 8.5），これは，前述した環境基準や水道水の水質基準（NO_2-N と NO_3-N 濃度の合計が 10 mg/L 以下）をかなり超過しているレベルといえる．

一方 P は土壌に吸着しやすい性質があるので，N のように地下水や浸透水の汚染

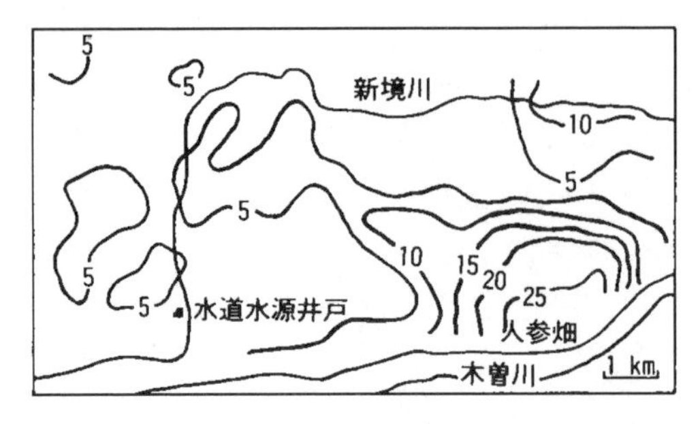

図8.5　各務原丘陵の地下水の硝酸態窒素濃度の等濃度線
寺尾（1996）

につながることはほとんどない．畑地の水質調査で対象となることの多い地下水や浸透水ではPの濃度はおおむね低く，水質上昇が問題となることは少ない．しかしながら，Pの場合は地表水の水質に注意する必要がある．それは，わが国の農地土壌のリン酸含量は全国的に蓄積傾向にあり（小原・中井，2004），最近多くなりつつある大規模な降水によって流出しやすくなっているとの懸念があるためである．

d.　灌漑排水による水質環境の改善

上述のように，水田は水質浄化機能が期待できるものの，流域管理の観点からは面源の1つとして考えられており，水田から流出する汚濁負荷量の削減対策としては表

表8.9　水田の面源負荷対策

対策の対象	技術・機構	対　策	期待される効果など
発生負荷	施肥技術	施肥量の最適化，減肥	作物に利用されない施肥をできるだけ減少させ，水域に流れ出さないようにする．
		側条施肥	田植え時に，苗の近傍に局所的に施肥し，肥料効果を向上させる．
		緩効性肥料，被覆肥料	肥料成分の溶出速度を遅らせ，肥料効率を向上させる．
	栽培技術	不耕起栽培	代かきをしないので，代かき・田植え期の負荷削減になる．
		節水灌漑	水田内での水の水理学的平均滞留時間が長くなる．
		代かき・田植え期の落水抑制	代かきから落水までの時間を長くとり，上澄み水を落水させる．
排出負荷	自然の浄化機能	循環灌漑	いったん排出した水を，同じ流域の水田に再び灌漑し，脱窒やリンの沈殿を増加させる．
		ため池利用	排水をため池で一時貯留して，脱窒やリンの沈殿，生物への取込みを増加させる．

武田（2010）

8.9のようなものがある．このうちのいくつかは畑地においても適用可能であるが，灌漑排水に関連するものとしては，節水灌漑，代かき・田植え期の落水抑制（代かきによって栄養塩の濃度が上昇した田面水を田植え前に速やかに排水しないこと），循環灌漑，ため池利用がある．ここでは，循環灌漑と畜産地域などで用いられることもある肥培灌漑について述べる．

1)　循環灌漑

循環灌漑とは，水田の排水路の水を同じ水田の用水として利用する灌漑形態である．水田用水が不足する地域などでは比較的古くから行われているが，近年では水質保全の目的から用いられる場合もある．排水が集まる所は水田地域の中でも低い場所であるため，多くはポンプを用いた灌漑形態となる．

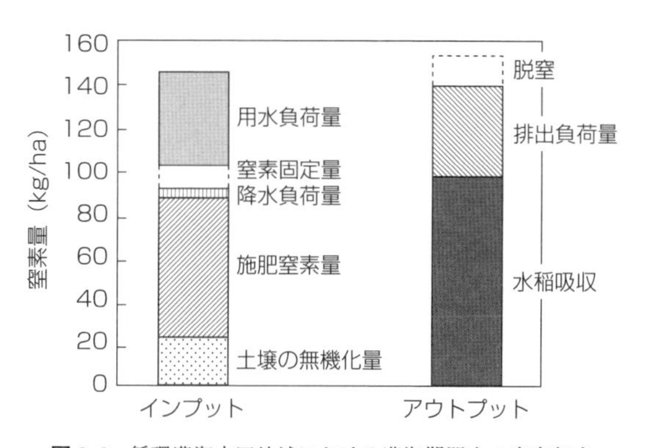

図 8.6　循環灌漑水田地域における灌漑期間中の窒素収支

Feng et al. (2006)

循環灌漑を行っている場所では，その地域における水の水理学的平均滞留時間が長くなるので，前述の水質浄化機能が発揮されやすくなる．水理学的平均滞留時間とは，常に流入と流出のある容器の中に一定量の水が貯留され，その流入量と流出量が等しいとき，貯留量を流入量（あるいは流出量）で除して計算される．この値は，容器の中の水が入れ替わるために必要な時間と見なせるので，流域レベルでの水循環のほか，下水処理場の処理水槽の設計などでも用いられる．

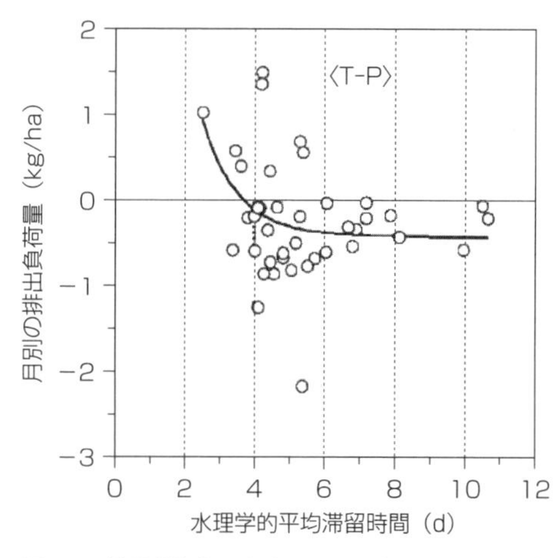

図 8.7　循環灌漑水田地域における水理学的平均滞留時間と排出負荷量

Takeda and Fukushima (2006)

図8.6に，ある循環灌漑水田地域における灌漑期間中のNの収支を示す．この例では，用水負荷量＝45.7 kg/ha，降水負荷量＝3.68 kg/ha，排出負荷量（地表排出負荷量＋浸透排出負荷量）＝41.7 haとなり，

(8.6) 式で計算される差し引き排出負荷量は−7.86 kg/ha となっている．また，この例のＰの差し引き排出負荷量は−0.37 kg/ha であり，Ｎ・Ｐともに差し引き排出負荷量がマイナスとなっているので，水田は水質浄化機能を発揮したことになる．

一方，図8.7は別の循環灌漑水田地域の例であるが，月単位で計算された水理学的平均滞留時間と（8.5）式で計算される正味の排出負荷量を表している（マイナスの場合は上述と同様に水質浄化を意味している）．これを見ると，水理学的平均滞留時間が長くなるにつれて正味の排出負荷量は減少し，マイナスになるものの，マイナスになった後の減少量は次第に小さくなり，やがて一定値に近くなっている．同様の現象は人工湿地などでも見られるが，循環灌漑は下水処理場の処理水槽のような薬剤やエネルギーを多投する装置ではないため，浄化量には一定の限界があることを示している．

2)　肥培灌漑

肥培灌漑とは，畜産地域などで家畜排せつ物に由来する栄養分を多く含んだ水を畑地や牧草地などに灌漑する方法である．これによって，畑地や牧草地などへの施肥量の削減になるほか，畜産施設の周辺から流れ出る汚濁物質の軽減にもつながる．

この場合の灌漑水としては，家畜排せつ物を河川水などで希釈したスラリーや，好気条件で曝気したもの，あるいは嫌気条件で発酵させたものなどが用いられる．散布は，灌漑水を入れたタンクを車で移動させて地表面の全面に散布する方法や，帯状に灌漑する方法，地表面に溝を切って灌漑水を流し込む方法などがある．北海道の大規模な畜産地域では，こうした肥培灌漑を用いて環境保全型農業を展開している事例もある（たとえば広木他，2007；鈴木他，2011）．

ただし，過剰な肥培灌漑はむしろ周辺の河川などの水質汚濁につながる場合もあることから，用いる水の水質や灌漑頻度（多くは年に数回程度）については注意が必要となる．

8.3　生活排水の処理と地域の資源循環

a.　農業集落排水処理施設

わが国の市町村の汚水処理の普及率は，人口の多い都市域ではほぼ100％であるのに対し，農村地域などの人口規模の小さい地域では低く，たとえば人口５万人以下の市町村では78％と低い（2012年時点）．そのため，農業用水の水質汚濁や，食の安全，安心への懸念に対して十分に取り組む必要がある．農村地域でも，農業用水の水質汚濁の防止や，食の安心・安全への対応のために汚水処理に十分に取り組む必要があり，集合的な生活排水対策の多くは，農業集落排水処理施設によって行われている．

表 8.10　農業集落排水処理施設の処理水の水質

区分	処理方式	計画処理水質（mg/L 以下）				
		BOD	SS	COD	T-N	T-P
生物膜法	接触ばっ気方式	20	50	—	—	—
浮遊生物法	回分式活性汚泥方式	10〜20	15〜50	15*	15	1*
	間欠ばっ気方式	10〜20	10〜50	15*	10〜30	1*
	膜分離活性汚泥方式	5	5	10	10〜15	0.5〜1
	オキシデーションディッチ方式	20	20	—	15*	1*

それぞれの処理方式には，いくつかのJARUS仕様の型式がある．
＊ 計画処理水質が定められていない型式がある．
地域環境資源センター資料より作成．

農業集落排水処理施設の多くは，社団法人・地域環境資源センター（旧：日本農業集落排水処理協会）が定めたJARUS（ジャルス）型施設であり，平成24年の段階で，全国に約5100施設ある（処理人口は356万人）．これらの施設から放流される処理水の計画水質は表8.10のようであるが，処理方式としては，生物膜を用いた接触曝気方式のほか，浮遊生物法の回分式活性汚泥方式やオキシデーションディッチ方式などがある．

農業集落排水処理施設は，下水道や浄化槽と同様，生活排水（し尿と生活雑排水）を処理する機能を有するものであるが，地域における役割として，以下のようなものがある．すなわち，①農業用用排水の水質保全による農業生産条件の安定化，②水質面での土地条件の優劣の解消による農地の利用集積への寄与，③農業の担い手および地域を支える多様な農業関係者等の定住条件の整備，④農業集落排水施設の維持管理を通じた農村コミュニティの維持強化，などである．

また農村地域は人口密度が小さく集落が点在しているので，広い地域の生活排水を1箇所に集めて処理しようとすると集水のための管水路が長大となり，その建設のための費用と時間が膨大になる傾向にある．そのため，農業集落排水処理施設は数集落を対象として処理を行う小規模分散システムの形式をとり，特徴としては以下のようになる．すなわち，①通常は無人運転で専門技術者は定期的に巡回する，②下水の集水規模が小さいので，処理場へ流入する下水の量と質の時間変動が大きい，③工場排水が流入しないため，汚泥の堆肥化などによる資源の循環利用につながりやすい，といったものである．

b.　農業集落排水処理施設と地域の資源循環

農業集落排水処理施設で処理された水は，河川や水路などの公共用水域に放流されるが，その多くは下流地域において農業用水として再び利用されている．農業集落排水処理施設で発生する1人当たりの処理水は約270 L/dで，これは季節や気象条件に影響されないので，安定した有用な水資源と考えることもできる．全国の農業集落排水処理施設から排出される処理水は年間で約2億 m^3 にもなるが，これと同量の水源を開発しようとすると約5000億円が必要になるとの試算もある（地域資源循環技術センター，2007）．

なお，下水道などから排出される処理水をそのまま灌漑水として用いる場合の水質要件については，海外の畑地を対象としたガイドラインはあるものの（たとえばWHO, 2006；US EPA, 2004），わが国における基準は未整備である．前述のように，水田用水におけるN過多が問題とされることが多いが，これまでの研究によると，N濃度が3 mg/L以下であれば通常の施肥でも問題なく，8 mg/L程度までは減肥をすれば灌漑可能であり，減肥をしても対応困難な濃度は10 mg/L以上と考えられている（治多，2012）．

また，農業集落排水処理施設はバイオマスを用いた地域の資源循環の推進にも貢献している．図8.8は地域環境資源センターの提示する「バイオマスを用いた循環型農村社会の例」を示しているが，農業集落排水処理施設で発生する集落汚泥は，農村・集落で発生する生ごみや農作物残渣，家畜排せつ物などとともにメタン発酵施設に運ばれる．メタン発酵施設からはバイオマス燃料やコンポスト，それに電力が供給され，農村地域における資源循環を形作ることとなる．なお，メタン発酵によって生成する消化液は，前述の肥培灌漑に用いられることもある．　**［武田育郎］**

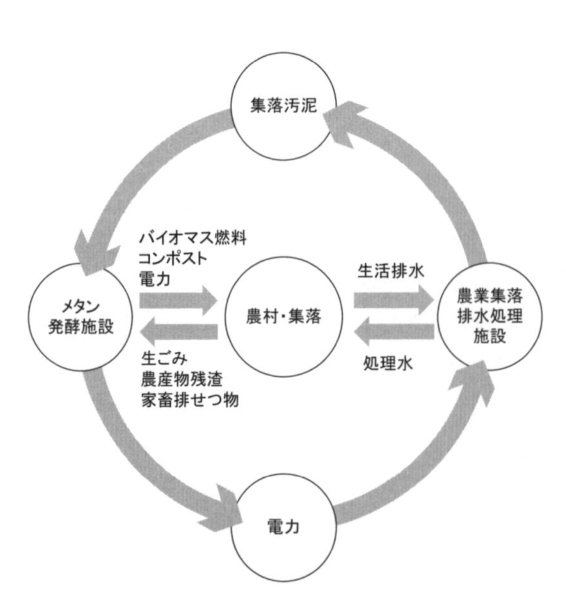

図8.8　バイオマスを用いた循環型農村社会の例
地域環境資源センター資料より作図．

文　　献

FAO：Water Quality for Agriculture, Irrigation and Drainage Paper 29 Rev. 1. FAO (1985)

Feng, Y. W. et al.：Nutrient balance in a paddy field with a recycling irrigation system, *Water Science and Technology*, **51**(3-4), 151-157 (2006)

Imai, A. et al.：Fractionation and characterization of dissolved organic matter in a shallow eutrophic lake, its inflowing rivers and other organic matter sources, *Water Research*, **35**(17), 4019-4028 (2001)

Takeda, I. and A. Fukushima：Long-term changes in pollutant load outflows and purification function in a paddy field watershed using a circular irrigation system, *Water Research*, **40**, 569-578 (2006)

U. S. Environmental Protection Agency：Guidelines for Water Reuse (2004)

WHO：WHO Guidelines for the Safe Use of Wastewater, Excreta and Graywater-Volume II, Wastewater Use in Agriculture (2006)

治多伸介：水田での再生水利用の現状と発展性，水土の知，**79**(11)，813-816 (2011)

小原　洋・中井　信：農耕地土壌の可給態リン酸の全国的変動，土肥誌，**75**(1)，56-67 (2004)

公害防止の技術と法規編集委員会：新・公害防止の技術と法規 水質編，産業環境管理協会 (2014)

斉藤　健・半田　仁：農業土木技術者のための水質入門(その7)，農土誌，**53**(2)，55-62 (1985)

下瀬　昇：耐塩性，植物栄養土壌肥料大事典，p. 138，養賢堂 (1976)

白谷栄作・久保田富次郎：農業用水の水質管理に関する問題点と課題，**78**(2)，145-148 (2010)

鈴木信也他：環境保全型かんがい排水事業はまなか地区における水質改善状況の検討，寒地土木研究所平成22年度技術研究発表会資料 (2011)

武田育郎：よくわかる水環境と水質，オーム社 (2010)

地域環境資源センター：農業集落排水の手引き，http://www.jarus.or.jp/pamphlet/index.htm

地域環境資源センターバイオマス技術部：新たな循環型社会の形成を目指して～バイオマスの利用をはじめてみませんか～，http://www.jarus.or.jp/pamphlet/index.htm

地域資源循環技術センター：農業集落排水便覧（平成19年度版），地域資源循環技術センター (2007)

寺尾　宏：畑作地帯の硝酸性窒素による地下水汚染と軽減対策，水環境学会誌，**19**(12)，956-960 (1996)

友正達美・山下　正：水稲の高温障害対策における用水管理の課題と対応の方向，農村工学研究所技報，**209**，131-138 (2009)

長田健二：高温登熟と米の胴割れ，農業及び園芸，**81**，797-801 (2006)

日本環境学会：非特定汚染源からの流出負荷量の推計手法に関する研究，環境省環境研究総合推進費成果報告書 RFb-11T1 (2012) (http://jswe-nonpoint.com/h23suishin/ でデータベースが公開されている)

日本水環境学会：日本の水環境行政 改訂版，ぎょうせい(2009)

人見忠良・吉永育生他：水田における DOM および疎水性計画分の流出実態，農業農村工学会論文集，**75**(4)，419-427 (2007)

広木栄一他：環境保全型かんがい排水事業における肥培灌漑施設整備の効果，水土の知，**75**(12)，1118-1119 (2007)

増島 博：農業土木技術者のための水質入門（その2)－水質と作物生育－，農土誌，**52**(9)，817-822 (1984)

森川昌紀：水質汚濁が稲作に及ぼす影響（第1報)，千葉県農業試験場研究報告，23号，83-89 (1982)

森田 敏：イネの高温障害と対策 登熟不良の仕組みと防ぎ方，農山漁村文化協会 (2011)

第9章 農業水利システムにおける生態系の保全

日本における農業水利システムは，主として水田灌漑を中心に発達してきた．水田灌漑では，作物としてのイネが水を必要とすることに加え，除草や病害虫防除，保温など水田において湛水灌漑を行うメリットが大きく，ため池などの水源，用排水路，そして水田といった水域が形成される．そのため，イネ以外の水生植物やプランクトン類，水生昆虫類，両生類，爬虫類，魚類などの水生生物が生育・生息し，その点で畑地とは大きく異なる水域の生態系を形づくっている．本章では，農業水利システムの中でも，とくに水田灌漑システムを対象として，そこに成立する生態系の特徴と保全について述べる．

9.1　農村地域の生態系

本節では，まず水田水域に成立している生態系の特徴について，とくに灌漑との関わりに視点を置いて概説する．続いて，水路および水田の変化が水田水域の生物に及ぼした影響について述べる．

a.　水田生態系のなりたち

1)　二次的自然としての水田水域

日本の生物相は，氷期に陸続きとなった大陸から移動してきた生物に由来し，それぞれが移動してきた時期に応じて分布範囲が制限され，経過した時間の長さに応じて遺伝的多様性が生じたと考えられる（守山，1997）．縄文時代後期から弥生時代にもたらされたとされるイネは，灌漑施設とともに水田稲作として全国に広がり，急峻で河川勾配の大きな日本には本来的に乏しかった浅い湿地とゆるやかな流れを広範囲に生み出した．江戸期に至ると，水田稲作が可能な場所はことごとく水田として拓かれ，畑地は自然堤防や台地上など水利の便に乏しい場所に立地してきた．

水稲の栽培に関わる水管理は，アジアモンスーン気候帯の季節的な降雨パターンに依存していたことから，自然の河川における増水や渇水のパターンとある程度類似性を持ち，毎年ほぼ決まった時期に湛水と落水を繰り返す．北方起源の生物は田植え前の水田を繁殖場として利用し，南方起源の生物は田植え後の水田を繁殖場として時間的にすみわけることで，多様な生物が水田水域を利用している（守山，1997）．たとえば両生類では，アカガエル類は田植え前の水田で産卵し，トノサマガエルやダルマガエルは田植え後の水田で産卵する（図9.1）．

同時に水田は，用排水路，承水路，水源としてのため池など多様な水辺環境を伴い，これらを鳥類，両生類，爬虫類，水生昆虫類，底生生物などが季節に応じて利用し生息している．こういった生物は，複雑な食物網によって相互に関連し合っている（図

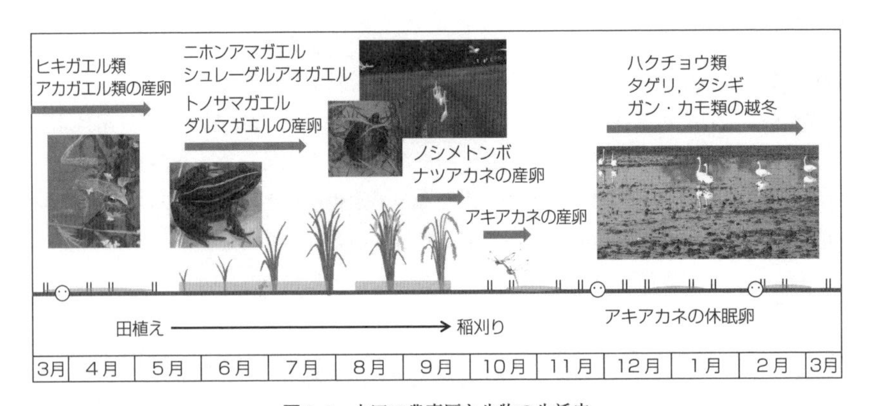

図9.1　水田の農事暦と生物の生活史
農村環境整備センター（1995）をもとに作成（右写真提供：　金尾滋史博士）．

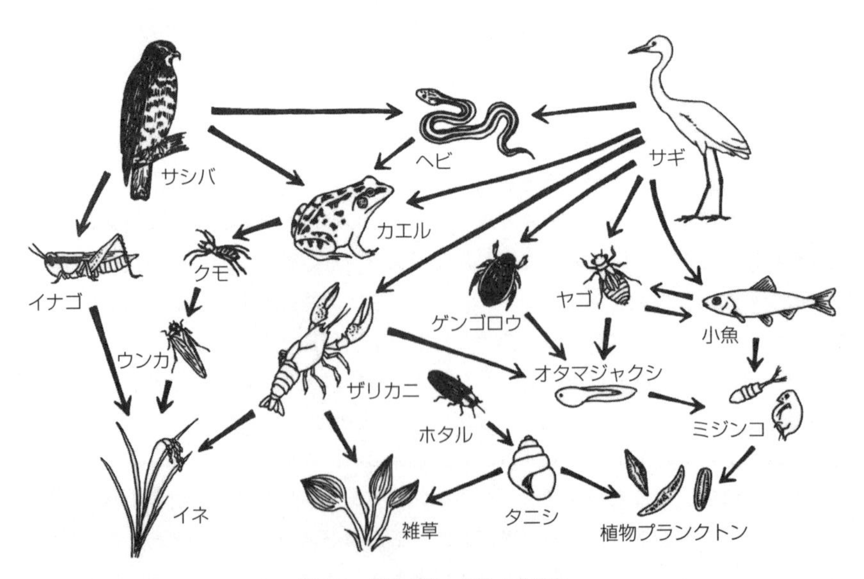

図9.2　水田水域の生物の食物網
藤岡（1998）

9.2)．農業生産の面から見れば，農作物の病虫害をもたらす生物を天敵昆虫や両生類，鳥類，コウモリなどの捕食者が捕食することで，特定の生物の密度が異常に高くなることを抑えているが，これは生物多様性（biodiversity）が農作物被害を一定水準以下に抑えることに貢献しているともいえる（図 9.3)．

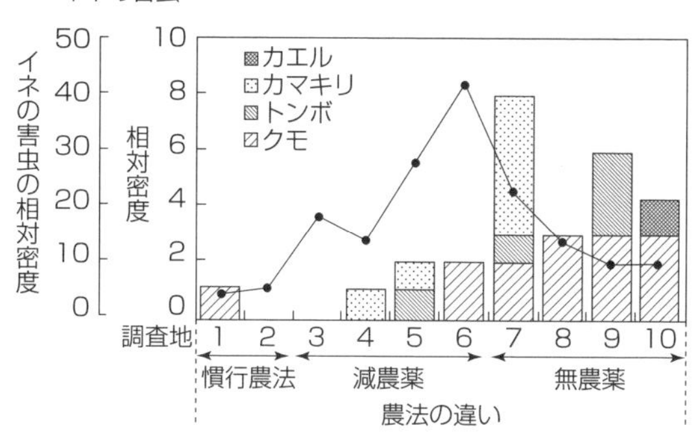

図 9.3　慣行農法水田と減・無農薬水田における生物相
内藤・池田（2009）（提供：　内藤和明博士）

一方で農地は，肥料とするための落葉や草本，薪炭などを採取する里山，家屋の屋根をふく材料を得るための萱場やススキ草原，放牧地などを伴い，人為的なかく乱により高い生物多様性を維持する二次的自然（secondary nature）でもある．

2)　河川氾濫原の代償湿地としての特徴

1 年のうち，ある一定期間のみ水を湛える水域を一時的水域（temporary water area）という．河川の氾濫原，水田，灌漑期のみ通水する水路，池干しするため池などがこれに該当する．それに対し，1 年を通じて水のある水域を恒久的水域（permanent water area）という．河川の流路，1 年中水の流れている水路区間，常時湛水しているため池などが含まれる．一時的水域は一般に浅く，流れが緩やかで水温が高い．一時的水域の土壌中にはプランクトン類の耐久卵が存在しており，増水や灌漑などによる湛水の刺激によって卵が孵化する．乾燥している時期があり，水域が浅いため，大型の水生生物が少ないことも特徴として挙げられる．

氾濫原のような湿地環境は生物多様性が高いことで知られているが，河川周辺の土地利用の変化，ダムや堰の洪水調整による水位変動の縮小，河原の樹林化などにより，河川周辺の氾濫原環境は世界的に大きく減少している．その一方で，日本ではアジアモンスーン気候の雨季・乾季に相当する季節的な水位変動を持つ水域が水田水域に残った．その結果，氾濫原に再生産を依存する魚種が水田水域に残ったと推察される（岩田，2006)．また，水田における耕起や畦草刈りといった農地管理が，自然界におけるかく乱を代替して植生の遷移を止め，一定の湿地的環境を長期間にわたって維持し続けてきた．

水田稲作が生物と人間の関係にも影響を与えたことを魚類を例として見てみると，氾濫原を繁殖や成育の場としてきた魚類にとって，浅い湿地のような水田水域の拡大

図 9.4　中国漢代後期の墓から出土する副葬品の水田模型（1）

右半分が水田で，右上の区画では2人の農夫が作業しており，右下には堆肥が積まれている．左半分は池で，水鳥，スッポン，カエル，魚，カニ，タニシ，ハスの実，小舟が形作られており，水田の水口には筌（竹製の漁具）が仕掛けられている（林，1992）．

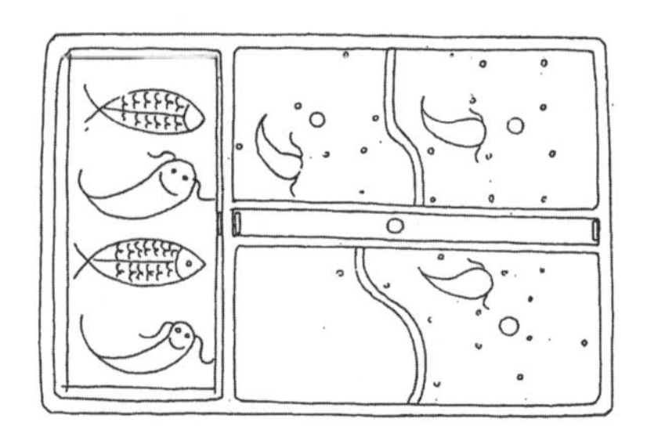

図 9.5　中国漢代後期の墓から出土する副葬品の水田模型（2）

左の区画は魚池で，右側は水路を隔てて上下に水田が作られている．水田の中にもナマズと思われる魚類が進入している（岡崎，1958）．

は生息域の拡大を意味した．それに伴い，人の行う漁の形も，河川や湖に出かけていって行う網漁から，水田水域へとやってくる魚類を待ち受ける形へと変化したと考えられる．野生稲の栽培化は長江中・下流域において始まったと考えられており（池橋，2005），長江中流に位置する四川省では漢代の墓から副葬品として水田模型が出土している（図 9.4, 9.5）．模型には，水田や農業水路，養魚池とともに，農作業する人間の姿や生息する生物が形作られている．水路や水田の中にはナマズやコイの仲間と思われる魚類，カメ，鳥などが表現されており，こうした生物が水田水域に多く生息していたことがうかがえる．また，水田と水路の接続点に漁具が設けられている模型も存在する．水田水域における漁撈は，時期に応じて水域や漁法を変えながら行われてきた（表 9.1）．安室（2013）は，水田水域には魚類だけでなく貝類，鳥類も豊富に生息しており，地域ごとにそれらをとる技術や食文化が育ったこと，そうした豊かさが水田稲作の大きな魅力であった可能性を指摘している．

3)　古来からの灌漑方式と生物の水田利用

日本における水田稲作のはじまりには諸説があるが，おそらく灌漑と水田漁撈を伴う形で始まり（池橋，2005），長くそうした状態が続いたと考えられる．初期の弥生水田として知られる岡山県の津島江道遺跡では畦畔と水口を備えた小区画の田越し灌漑水田が，福岡県の板付遺跡や野多目遺跡からは用水路を備え，井堰を伴う水田遺構が出土している（岩本，1994；山崎，1991）（図 9.6）．

古来からの水田の灌漑方式は，水路を伴わずに水田から水田へと水を流す田越しや，用水と排水を分けずに同じ水路が両方を兼ねる用排兼用のものが主であった（図 9.7a），b））．用排兼用の水路では，水路の中にセキ板，石，土のうなどを入れて水位

表 9.1 水田漁撈の方法

		灌漑期の漁	非灌漑期の漁
漁期		4月から9月（稲作の農繁期に対応）	10月から3月（稲作の農閑期に対応）
漁場		水田が主（稲作作業により漁場性が更新）	溜池や用水路が主（1年をサイクルとして漁場性が更新）
漁法		ウケなど陥穽漁法の多用	カイボシ漁法に代表
漁の特徴	①	受動的漁法	能動的漁法
	②	省力型	労力投入型
	③	ノボリ・クダリといった水田水利のあり方を利用する漁法	落水・減水期といった気象および土地条件を利用する漁法
	④	産卵習性など魚介類の生理生態を利用する	農閑期の労働力を利用
	⑤	1回当たりの漁獲は少ない	1回当たりの漁獲は多い
	⑥	同一の場で繰り返し可能な漁	一回性の漁
	⑦	個性的な漁が主	共同漁が行われること
漁法選択の背景	①	稲作をめぐる用水管理が頻繁	水田用水系からの水の排水
	②	農繁期で忙しい	農閑期で余剰労力がある
	③	稲作作業による規制が大きい	稲作作業による規制は少ない
魚の処理	①	ケの食材に利用	ケの利用とともに，ハレの日の供物食物にも利用
	②	保存食化されることは稀	保存食化されること大
	③	スシに代表される発酵保存（一部地域にのみ存在）	焼き干しに代表される乾燥保存
処理法選択の背景	①	一度には少ないが，繰り返しもたらされる漁獲	一度に大量の漁獲
	②	温暖な気象条件（乾燥保存は不適，発酵保存は適）	冷涼で乾燥した気象条件（乾燥保存に好適）

安室（2005）より作成．

を上げることにより取水する．この取水施設の下流側では，水路水面は田面よりも多少低く，水田から排水することができる．しかし，そのまた下流の水田が同じ水路から取水するので，水路は浅く，田面と水路水面との差は大きくない．したがって，平地の水田地帯では，生物は水路，水田間を自由に行き来することができたと考えられる．このような用排兼用の水路の水田地帯では，灌漑が始まると水田水域を繁殖・成育の場とする魚類がすぐに一時的水域へと進入することが確認されている（斉藤他，1988）（図 9.8）．また，用水側，排水側のいずれからもその時々の状況に応じて双方向の移動が可能であることも田越しや用排兼用の特徴である．

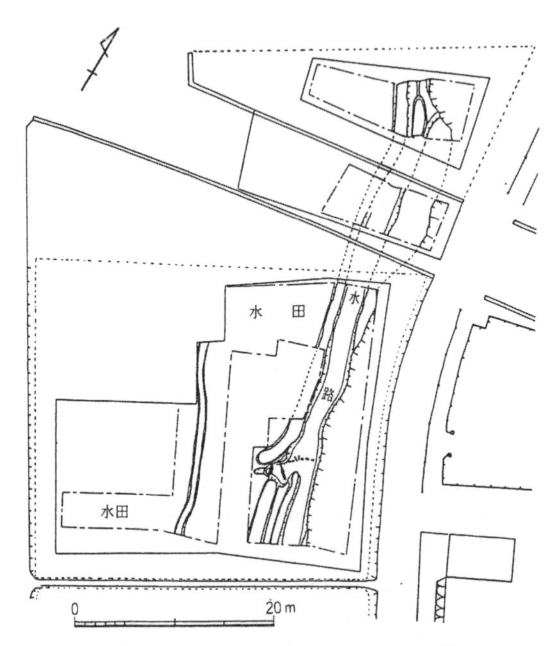

図 9.6 板付遺跡検出水田遺構（突帯文期）

初期の弥生水田として知られる岡山県の津島江道遺跡では畦畔と水口を備えた小区画の田越し灌漑水田が，福岡県の板付遺跡や野多目遺跡からは用水路を備え，井堰を伴う水田遺構が出土している（山崎，1991）．

b. 水田水域の変化

これまで見てきたように，水田水域に生息する生物は水稲作および灌漑排水と密接な関わりを持ちながら繁栄してきたが，あるときから生物の減少が危惧されるようになってきた．水田を利用する生物が減少した原因としては，灌漑方式の変化，水路環境の変化，灌漑期のみの通水（恒久的水域の消失），水田の乾田化，水田で営まれる農法の変化，水田そのものの減少などが挙げられる．

1) 灌漑方式および水路環境の変化

用排兼用の灌漑方式は生物の移動が容易であったが，1905年の耕地整理法改正および1909年の耕地整理新法の頃から，鴻巣式の耕地整理のように用排水を分離した方式が見られるようになった．とくに1961年の農業基本法制定により，土地改良事業の目的が食料増産から農業基盤整備へと変わってからは，いわゆる近代的圃場整備が行われるようになった．また，1970年代の減反に伴う水田汎用化といった新たな技術的課題に取り組むため，用排水の分離と乾田化が積極的に進められた．乾田化するために排水路が田面よりもかなり深く掘り下げられた結果（図9.7c)），降雨によって排水路の水位が上昇しても田面との落差が解消しなくなり，生物が水田に遡上することが困難になった．それでも，用水路が開水路である場合には生物の移入があり得たが，パイプラインに変わると用水路側からの生物の供給もほとんどなくなり（図9.7d)），水田で確認される生物は陸上ないし空中を移動することができる生物に限定されるようになった（図9.9）．

続いて，水路環境の変化について見ていく．水路内に繁茂する水生植物や畦畔の植生は，化学肥料が登場するまでは貴重な肥料であり，かつ農耕牛馬等の飼料でもあっ

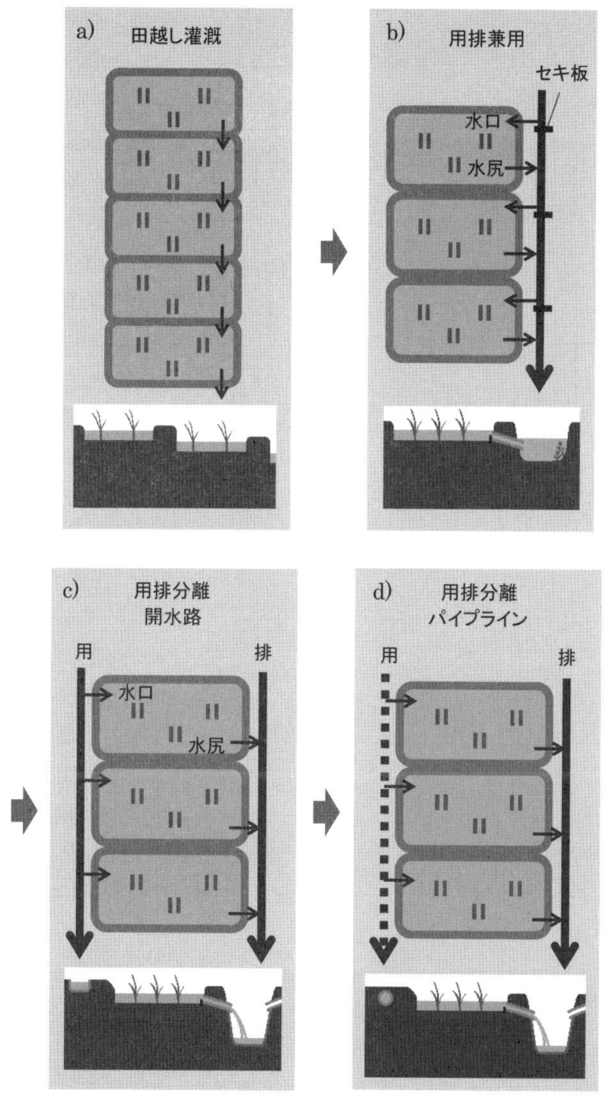

図 9.7 灌漑方式の変化と生物の移動

たため，これらは維持管理作業の対象という側面とともに資源として位置づけられていた．しかし，化学肥料や農作業機械が使用されるようになると，植生の資源的価値は失われた．また，土水路は法面の安定に緩勾配が必要であり，その分用地が必要となる．浸透水量も多い．そのため，水路が開水路であっても，用水，用地，維持管

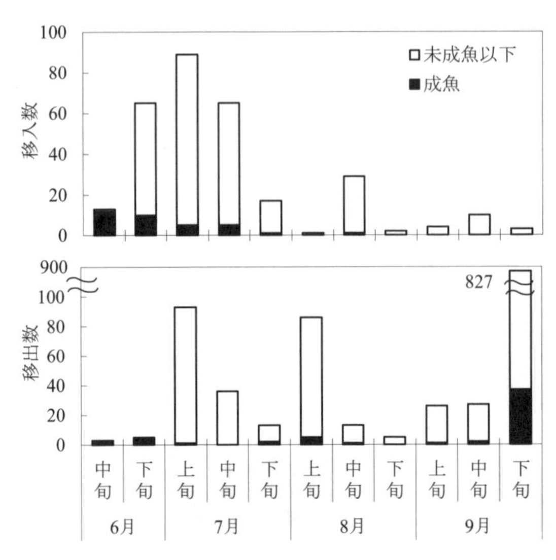

図 9.8　ドジョウの水田への移入数および水田からの移出数の推移

東京都国立市を流れる府中用水の受益水田の事例．水路は用排兼用の土水路である．6月10日前後に行われた田植え直後からドジョウの成魚が水田に進入し，遅れて他の水田や水路で孵化したと考えられる未成魚以下の個体が水田に多数移入している．その後，7月上旬から未成魚以下の個体が水路へと移出しはじめ，8月上旬に行われる中干し，9月下旬の落水時には多数の個体が水路へと移出する（皆川他，2006を改変）．

理労力の節減のためコンクリート護岸が多く採用されるようになった．結果として水路の流速は速くなり，土砂の堆積や植生も減少したので，遊泳力が小さく緩やかな流れを好む小型の魚類や底生魚が生息できなくなっていった．そもそも用水路では土砂の過剰な堆積を抑制する流速となるよう水路が設計される．こうした灌漑方式および水路構造の変化が，水田水域の生物が減少した要因の1つと考えられている．

水路環境の変化がもたらすその他の問題として，水域ネットワークの分断による生物の移動阻害が挙げられる．移動が阻害されることで物理的に斃死をもたらすほか，生活史を全うすることができなくなる，遺伝的多様性が低下するなどの悪影響を及ぼす可能性がある．水域ネットワークの分断は，生物が移動する空間スケールによってその断点が異なる．普段は河川に生息し，産卵のときに水路を通って水田までやってくる魚類にとっては，河川と水路との間の落差，水路内の落差，水路と水田との落差，といったすべてが移動障害となる．また，水域と陸域を移動して生活史を完結させる両生類，陸域を移動する爬虫類，小型哺乳類などにとっては，凹凸のないコンクリート垂直壁や柵渠の水路に転落し，そこから脱出できずに斃死することが問題となっている（図9.10）．

2)　乾田化および農法の変化

田植え前の水田で産卵する生物や，稲刈り後の水田で越冬する生物は，乾田化と農法の変化に大きな影響を受けている．排水路や暗渠などの排水整備に伴い，乾田化が進んで水稲の秋落ち現象が解消し，地耐力が向上して大型機械が使用できるようになるとともに，裏作や転作での畑作物の栽培（水田汎用化）ができるようになった．そ

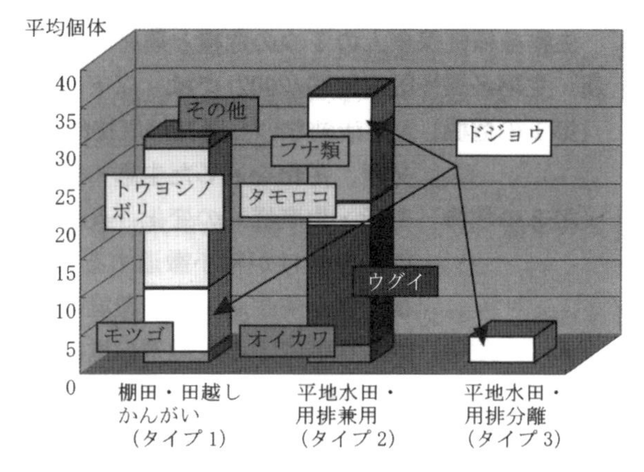

図 9.9　水田の灌漑方式と出現魚類

タイプ 1 の棚田は水路がなくため池から灌漑されるため，ため池由来のトウヨシノボリやモツゴが生息している．タイプ 2 の用排兼用水路に灌漑される平地水田では，水田を繁殖の場としない魚類の未成魚も多く水田に進入している．タイプ 3 の用排分離した平地水田ではドジョウしか確認されず，タイプ 1，2 と比べて著しく種数，個体数，種多様度が低かった（農林水産省，2004）（片野他，2001 の資料による）．

の一方で，湿った泥の中でも越冬していたドジョウなどは，水田内での越冬が困難になっていると考えられる．また，水田水域を代表するトンボであるアキアカネは，秋に田植え後の水田にできた水溜りなどに産卵し，休眠卵の状態で越冬して翌年の取水後に孵化するが，乾田化による水溜りの消失は産卵場の消失を意味する．また，乾田化は田植え前の水田に産卵する両生類の産卵場所の消失を招き，両生類の生息密度が低下している（図 9.11）．

作期の変化が生態系に及ぼす影響も懸念されている．田植えは，水利開発や苗代技術が発達するまで，梅雨の時期に合わせて 6 月頃に行われる地域が多かった．しかし，台風が襲来する可能性の大きい時期に収穫期が重なるのを避けるため，田植えを早め

図 9.10　水路に転落し脱出できなくなったトノサマガエル

指先に吸盤を持つアマガエル類やアオガエル類はコンクリート垂直壁でも登攀することが可能であるが，吸盤のないその他のカエルは登ることができずに水に流されて桝などに大量に集まり，そのまま死んでしまう（提供：　廣瀬裕一博士）．

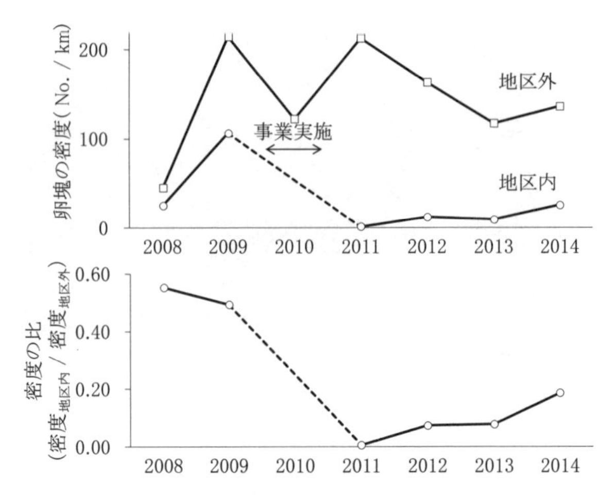

図 9.11　アカガエル類の卵塊密度の推移

圃場整備事業地区外では年変動がありながらも 100〜200 個/km の卵塊密度で推移しているのに対し，事業地区内では事業実施後に著しく卵塊密度が減少している（上）．また，事業地区内と地区外の卵塊密度の比（下）を見ると，事業実施前と比べて事業実施後に著しく密度の比が低下しており，事業の影響による卵塊密度の減少が明らかである（提供：　渡部恵司博士）．渡部他（2014）

る地域が増えた．社会的な変化も水稲作期に影響を与え，兼業化の進展によって5月の連休に田植えが集中するようになったほか，新米をいち早く出荷できるようさらに作期が早期化し，現在では3月や4月に田植えを行う地域もある．こうした作期の変化は，水田を繁殖や成育に利用してきた生物の水田利用時期と作期とのずれをもたらしている可能性が指摘されている（村上・大澤，2008；皆川他，2010）．水苗代という田植え前の水田に形成されていた水域が消失したことも，産卵の場として利用してきた両生類などにとって大きな影響を与えたと考えられる．

また，作期や作目の変化は農業水路への通水期間にも影響を及ぼす．上下水道が普及するまでは，水路が生活用水全般の役割も果たしていたため，一年中通水の途切れない水路が集落内に存在していた．しかし，農業水路の役割が灌漑排水に特化されるようになると，非灌漑期に全く通水のない水路が増え，水田水域を利用する生物の移動可能な範囲から恒久的水域が消失することにつながった．

9.2　水利施設整備における配慮手法

本節では，水田水域における生物の減少が注目されるようになった時代背景について解説し，現状で現場に導入されている生態系の保全･修復技術を紹介するとともに，保全・修復に取り組む際のハード面での留意点について述べる.

a.　生態系配慮の必要性

現在，水田水域に生息している生物の多くが環境省や地方版のレッドリストに絶滅危惧種として記載されている.

世界的な環境への関心と生物の絶滅に対する危機感の高まりを背景に，1992年リオデジャネイロで「環境と開発に関する国際連合会議（地球サミット)」が開催され，同年5月には「生物多様性条約」が採択された．日本でも1993年に同条約が締結されている．また，1993年に環境基本法，1994年には環境基本計画が定められ，環境や生態系に対する意識が高まる中で，水田水域に成立していた豊かな生物多様性に関心が集まるようなった．1995年に「生物多様性国家戦略」が，2002年に「新・生物多様性国家戦略」が決定され，2007年に「第三次生物多様性国家戦略」が，2010年には「生物多様性国家戦略2010」が閣議決定されている．2001年から2005年にかけて国連の主唱により行われた「ミレニアム生態系評価」では，生物多様性と人間の暮らしの関係が「生態系サービス」という概念を用いて示された．このような時代背景のもと,1997年の河川法に続き,水田水域についても2001年に土地改良法が改正され,「環境との調和への配慮」が土地改良事業における原則の1つとされた．したがって，その後に実施された土地改良事業では，種々の環境配慮対策が講じられている.

一方，湿地としての水田の位置づけも世界的に評価が高まっている.「ラムサール条約」は，とくに水鳥の生息地として国際的に重要な湿地およびそこに生息・生育する動植物の保全を促し，湿地の適正な利用を進めることを目的として1971年に制定された．日本は1980年に締約し，登録湿地は52箇所（2019年2月現在）となっている（環境省公式ウェブサイト)．2005年には，水田水域として初めて「蕪栗沼・周辺水田」をラムサール条約湿地として登録した．その後,2008年に開催されたラムサール条約第10回締約国会議における「水田決議」採択,2011年「世界農業遺産国際フォーラム」における「トキと共生する佐渡の里山」および「能登の里山里海」の世界農業遺産（GIAHS）登録などに見られるように，世界的に水田水域における生物や文化の多様性に関心が集まっている.

b.　施設整備の手法

水田や小水路などの一時的水域は，水田水域を利用する生物にとって重要な環境であるが，水田であれば中干しや落水，水路であれば灌漑の終了時には多くの場合水がなくなる．湿田にはそのまま残って越冬する生物も存在するが，現在の日本には湿田環境は少なく，一時的水域で成育した生物の多くは一部の水路や河川，ため池などの恒久的水域で越冬しなければならない．よって，生活史の各段階で必要となる水域や水域に隣接する環境が好適な状態で存在し，かつ生物にとって移動可能な状態であることが望まれる．

1)　水路環境の整備手法

水路に生息する，あるいは水路を利用する生物に対する環境配慮として，生活史を完結させるための移動分散を保障する「ネットワークの回復」，繁殖，成育，越冬など水路内での生息が可能な「ハビタットの創出」を意図した工法が取り入られている．

ネットワークの回復のためには，たとえば魚類移動の断点となっている水路内の落差や河川と水路の落差に魚道を設置すること，落差部分を全面的にスロープ状にすることなどが行われている（図9.12, 9.13, 9.14）．とくに排水路と水尻とをつなぐ小規模魚道は水田魚道とも呼ばれ，数多くの地区で施工されている．水田魚道には大きく分けて水田の水尻に直接設置するタイプ（以下，水田直結型）と，排水路を階段状に堰上げて排水路と田面との落差を解消するタイプ（以下，水路堰上げ式）とが存在する．図9.15のように排水路の法面の部分に敷設できる場合は，排水路への張り出しがないため通水断面を確保することができる．後者としては，滋賀県の「さかなのゆりかご水田プロジェクト」で実施されている「排水路堰上げ式水田魚道」（図9.16）がその代表である．こちらも，堰板は灌漑開始時に農家によって水路に設置され，中干し時に撤去される．排水機能との分離を図ったのが二段式排水路であり（図9.17），上部の開水路部分について排水路全体を魚類の移動経路あるいは生息環境とするという設計思想は排水路堰上げ型と共通する．

爬虫類，両生類，哺乳類のように陸上を移動する生物に対しては，水路への転落を防止する蓋や橋の設置（図9.18），水路から陸上へと登ることができる脱出工（図9.19）の施工事例がある．転落防止フタの設置により，ニホンアカガエルの卵塊数の増加

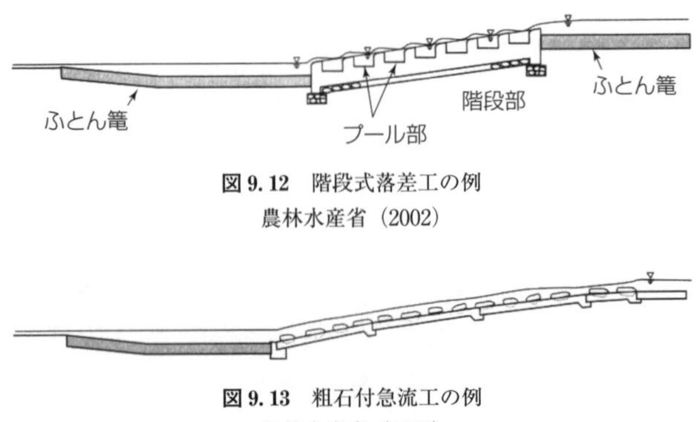

図9.12　階段式落差工の例
農林水産省（2002）

図9.13　粗石付急流工の例
農林水産省（2002）

が認められている（表9.2）．脱出工としてスロープ型脱出工を採用する場合，アズマヒキガエルの幼体ではスロープの傾斜角60°以下で登攀でき，32°では大部分の個体が脱出できたこと（大河内他，2001），トウキョウダルマガエルでは30°以下の傾斜角が望ましいことが明らかにされている（渡部他，2009）．また，双方向への移動を保障しなければならないことから，脱出工は左右岸のどちらにも脱出できる構造（たとえばV字溝）とすることが必要である．なお，登攀には気象条件や壁面の乾燥状態も影響する．水路の水深や流速，脱出工の配置間隔によって脱出工への到達率も変わるため，確実に脱出可能な脱出工の開発とともに，脱出工に確実に到達できる設計が課題である．実際に施工された脱出工では到達率や脱出率が低い場合もあるという報告があり，水田と林地の間に水路を設けないという水路配置の工夫もありうる．

図9.14　粗石付魚道による落差解消例
落差工へのスロープの施工は，地域住民による直営施工によって行うことが可能である（直営施工マニュアル）．写真のスロープも直営施工により施工された（提供：　中茎元一氏）．

図9.15　水田直結型魚道
水田に直接接続するタイプの魚道は，耕作者の一存で設置可能というメリットがある．写真のように畦畔の内部に収めて施工できる場合は，水路への張り出しがなく通水断面を縮小しないので水路への影響が小さい．護岸がコンクリート柵渠の場合は，柵板を1区間抜くことで同様の施工を行うことができる．畦畔内に収めることができない水路の場合は，単管などで魚道を固定して水路に沿わせるように施工する（提供：　中茎元一氏）．

図9.16　排水路堰上げ式水田魚道
排水路堰上げ式水田魚道は，設置する排水路に接続するすべての水田が影響を受けるため，耕作者の合意が必要である．堰板の設置や撤去は，地域の共同作業によって行われる．堰板によって解消する落差は1段当たり10 cm以内とし，最上流の堰板より上流側では，排水路水面と田面の高さがほぼ同じとなる．接続する水尻の数だけ進入できる機会が多く，大型魚にとっても遡上しやすい魚道である．滋賀県では，親魚が遡上して自然産卵したことが確認できた水田で栽培された米を「魚のゆりかご水田米」として認証している．

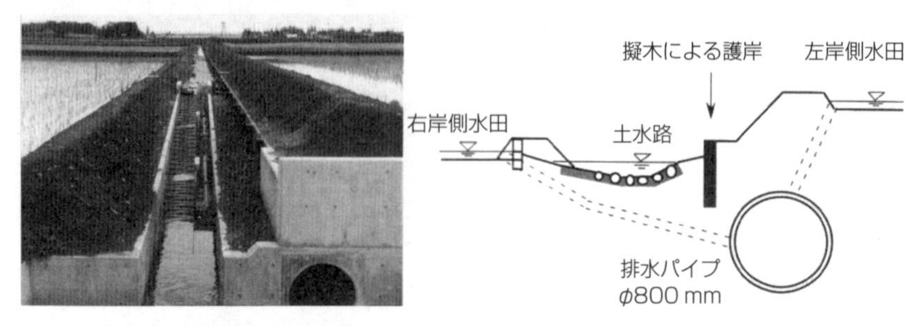

図 9.17　二段式排水路の施工例（栃木県西鬼怒川地区）
水田からの排水は地下の排水パイプで集水し，地上部に生物の生息場として土水路を設けている．地上部の土水路と排水路との間の落差は，魚道によって解消している（提供：　鈴木正貴博士）．鈴木（2004）

図 9.18　転落防止フタの例（新潟県佐渡市）（提供：　渡部恵司博士）

図 9.19　脱出スロープの例（滋賀県高島市）（提供：　青田朋恵氏）

表 9.2　転落防止フタ設置後のニホンアカガエルの卵塊数

	耕区番号										土水路	合計	
	1	2	3	4	5	6	7	8	9	10		水田	総計
設置年	18	24		6	12	15	0	2	3	3	—	83	83
設置翌年	102	173	17	27	7	118	5	10	16	108	108	583	691

ニホンアカガエルが越冬していると考えられる農業小河川の河岸と，繁殖場となる水田との間に敷設されたU字溝に，2003年3月に転落防止のフタを設置した．設置年の調査は2003年4-5月，設置翌年の調査は2004年4-5月に実施している．設置翌年の調査では，水田における卵塊数が設置年の約7倍に増加した．これは，フタの設置により2003年生まれの個体が翌年の繁殖に多数加わったためと考えられる（水谷他，2005）．

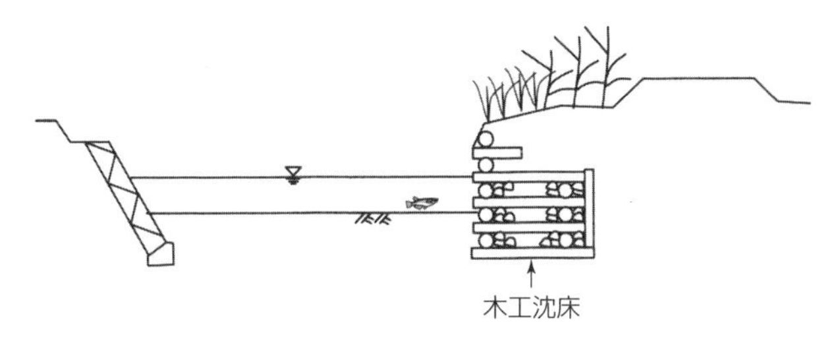

図 9.20　多孔質護岸の例
農林水産省（2002）

水路内にハビタットを創出する工法としては，護岸の多孔質化，寄州の形成と植生の定着，水深の確保が挙げられる．護岸の多孔質化は，ウナギ，ナマズなど，護岸の隙間を好む魚類の生息場として，また両生類や爬虫類が水路から陸上へと移動する際の経路として有効である．工法として，空石積み護岸，魚巣ブロック，井桁護岸（図 9.20）などがある．

寄州の形成と植生の定着は，水生生物の生息場として非常に重要である．水際の構造として，A：陸上植生＋水中植生，B：陸上植生のみ，C：水中植生のみ，D：植生なし（土羽），E：コンクリート護岸，の5処理区を設定して水生生物の生息状況を比較した事例では，魚類，甲殻類の生息量がA＞B＞C＞D＞Eの順で小さくなり，とくに水中植生の消失が大きな影響を及ぼすことが示されている（図 9.21）．農業排水路に底質を定着させ，寄州を形成する手法として，土砂止工を用いた底質の維持，水制工の設置による瀬淵構造の創出（向井他，2006），水路の屈曲による寄州の形成が挙げられる．屈曲角が20°以上の屈曲部に形成される砂礫堆は，定着する傾向にあるとされ（木下・三輪，1974），圃場整備事業において排水小河川に屈曲部を形成した場合では，屈曲の内側に寄州が形成されて湿性・抽水植物が生育した結果，魚類の保全に有効であった（図 9.22）．こうした土砂制御技術についてはおもに河川工学の分野で進められているが，農業排水路においてもその設計手法に関して，今後一層の研究および知見の蓄積が必要である．

水深の確保のためには，水路底面の切り下げ（複断面化）（図 9.23），堰上げなどが有効である．水深は，とくに魚類の越冬に重要であり，農業水路では少なくとも30〜35 cm以上の水深と，低流速，カバーを伴う環境が必要であるとされている（西田他，2009；皆川他，2010）．

なお，これら水路に施工される環境配慮工法と関連して，水田水域に生息する小型魚類の主要な移動範囲はおおむね1 km未満であることが明らかになってきた（竹村他，2004；西田他，2006）．大型魚類ではもっと長距離かつ水域をまたぐ移動を見込

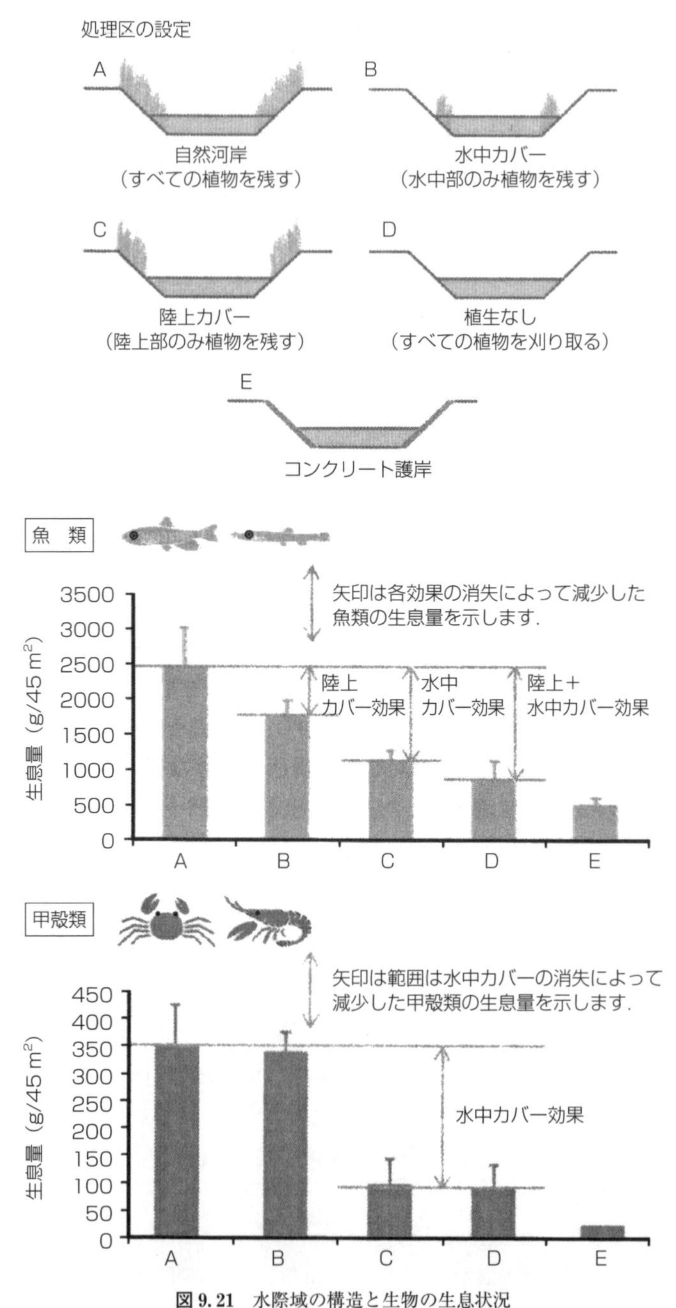

図 9.21　水際域の構造と生物の生息状況

河口（2003）（提供：　土木研究所自然共生研究センター）

まなければならない．環境配慮施設の設計においては，生物が繁殖や越冬など生活史を全うできる環境が移動分散可能な範囲内に存在するようにしなければならない．

2) 水田周辺環境の整備手法

水田内および周辺水域の整備手法として，水田内ビオトープの設置，ため池の保全が挙げられる．もともと，用水が低温である水田では水温を上げるための温水路が作られたり，上流側の水田からの浸み出し水を受ける承水路が作られたりする場合がある．こうした水域は，中干しや落水等で水田から水がなくなる際の生物の避難場所として機能している．また，水田の取水前に両生類が産卵する場ともなっている．こうした水田に隣接する半恒久的な小水域を保全したり，水田内ビオトープとして新たに造成したりする事例がある（図 9.24）．

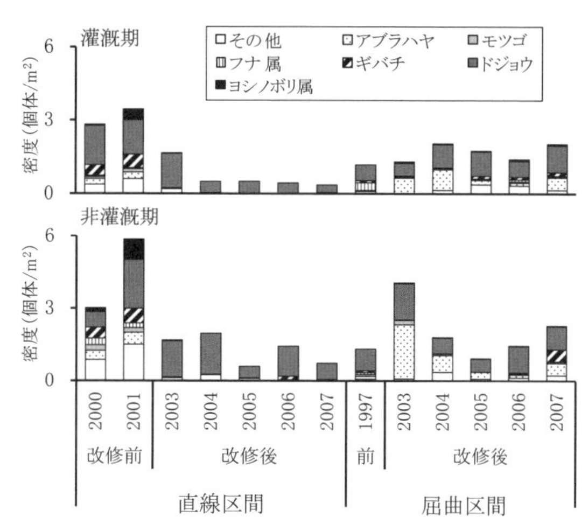

図 9.22 直線部と屈曲部での魚類の生息密度の変化

自然護岸の農業排水小河川を二面張りに改修した事例．屈曲部の方は，20° の屈曲を残した．直線部では寄州が形成されなかったのに対し，屈曲部では屈曲の内側に土砂が堆積して寄州が形成された．整備前後での魚類の生息密度を比較すると，直線部は改修後にドジョウのみの魚類相となり生息密度も整備前より減少したのに対し，屈曲部では改修前よりも生息密度が高くなり，ドジョウ以外にもアブラハヤやギバチの生息が認められる（提供： 西田一也博士）（西田他，2011）．

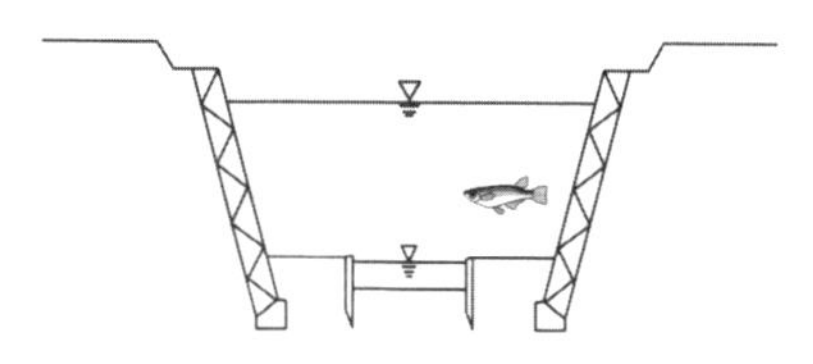

図 9.23 水路底面の切り下げ（複断面化）の例
農林水産省（2002）

ため池は，多くの水生植物，水生昆虫類，二枚貝類などの生息場として重要であることが知られている．また，半閉鎖的な水域である場合も多く，希少なタナゴ類などが生息している場合もある．新規水利の開発などにより従来灌漑用水源として用いられてきたため池が不要になる場合があるが，これらを残置することも地域の生態系保全のために有効な場合がある．ただし，ため池は農地よりも相対的に高い位置に作られる場合が多く，適切な維持管理をしなければ決壊などにより災害を招く恐れもある．また，定期的な泥上げを行わないと水深が浅くなり，水生植物が繁茂して水面が閉塞するため，生物の多様性は低下する．したがって，残置するため池を生物多様性保全

図 9.24　水田内ビオトープ（江）の例（新潟県佐渡市）

のための水域とするのではなく，異常渇水時の補助水源などとして生きた形で農業水利システムの中に位置づけ続けることが何より重要である（広田，2008）．実際，多様な水源を持つことは利水安全度の向上に役立つ．平水時は多面的機能向上のための水源として利用できる水路網を整備し，水利用の自由度を高める設計が工夫されるべきであろう．

c.　施設整備における留意点

1)　アセスメントの重要性

環境影響評価（environmental impact assessment）は，一般に環境アセスメントとも呼ばれ，開発事業が環境に及ぼす影響を事前に調査・予測・評価し，その結果を社会に公表して一般の人々，地方公共団体などの意見を聴き，環境保全の観点からよりよい事業計画に修正するという一連の社会的なプロセスのことを指す．1969 年にアメリカで制度化され，日本では 1972 年に初めて公共事業での環境アセスメントが導入された．その後 1993 年に制定された「環境基本法」において環境アセスメントの推進が位置づけられたことを踏まえ，1997 年 6 月に「環境影響評価法」が成立した．さらに，2011 年 4 月には「環境影響評価法の一部を改正する法律」が成立している．改正法では，計画段階環境配慮手続（配慮書手続）や，環境保全措置の結果の報告・公表手続（報告書手続）などが新たに盛り込まれた．

環境影響評価法に基づく環境アセスメントの対象となるのは，表 9.3 に示す 13 種類の事業である．このうち，規模が大きく環境に大きな影響を及ぼす恐れがある事業は「第 1 種事業」として定められ，環境アセスメントの手続きを必ず行う必要がある．また，これに準ずる規模の事業は「第 2 種事業」として定められ，環境アセスメントの手続きが必要かどうかを個別に判断することになっている．また，すべての都道府県とほとんどの政令指定都市には環境アセスメントに関する条例がある．地方公共団体の環境アセスメント条例では，小規模の事業を対象に環境アセスメントを義務付けることができるほか，環境影響評価法の対象外の項目（コミュニティや文化財など）に関する評価手続きを定めることができるなど，地域の環境保全に重要な役割を果たしている．

表 9.3 環境影響評価法にもとづく環境アセスメントの対象となる事業

	第1種事業	第2種事業
1 道路		
高速自動車国道	すべて	—
首都高速道路など	4車線以上のもの	—
一般国道	4車線以上・10 km 以上	4車線以上・7.5〜10 km
林道	幅員 6.5 m 以上・20 km 以上	幅員 6.5 m 以上・15〜20 km
2 河川		
ダム，堰	湛水面積 100 ha 以上	湛水面積 75〜100 ha 以上
放水路，湖沼開発	土地改変面積 100 ha 以上	土地改変面積 75〜100 ha 以上
3 鉄道		
新幹線鉄道	すべて	—
鉄道，軌道	長さ 10 km 以上	長さ 7.5〜10 km 以上
4 飛行場	滑走路長 2500 m 以上	滑走路長 1875〜2500 m 以上
5 発電所		
水力発電所	出力 3 万 kW 以上	出力 2.25 万〜3 万 kW
火力発電所	出力 15 万 kW 以上	出力 11.25 万〜15 万 kW
地熱発電所	出力 1 万 kW 以上	出力 7500〜1 万 kW
原子力発電所	すべて	—
風力発電所	出力 1 万 kW 以上	出力 7500〜1 万 kW
6 廃棄物最終処分場	面積 30 ha 以上	面積 25〜30 ha
7 埋立て，干拓	面積 50 ha 超	面積 40〜50 ha
8 土地区画整理事業	面積 100 ha 以上	面積 75〜100 ha
9 新住宅市街地開発事業	面積 100 ha 以上	面積 75〜100 ha
10 工業団地造成事業	面積 100 ha 以上	面積 75〜100 ha
11 新都市基盤整備事業	面積 100 ha 以上	面積 75〜100 ha
12 流通業務団地造成事業	面積 100 ha 以上	面積 75〜100 ha
13 宅地の造成の事業	面積 100 ha 以上	面積 75〜100 ha

2) ミティゲーションとモニタリング

環境アセスメントにおいて環境への影響があると判断された場合には，その影響を削減するための措置がとられる．このことをミティゲーション（mitigation）という．ミティゲーションは，「回避」→「最小化」→「代償」という優先順位で行われる（図 9.25）．したがって，まずは回避可能なものを回避するということが最優先に検討され，回避できない影響は最小化し，代償はあくまで回避も最小化もできない影響の対策としてのみ認められる．しかし，実際に農業農村整備事業において実施されるミティ

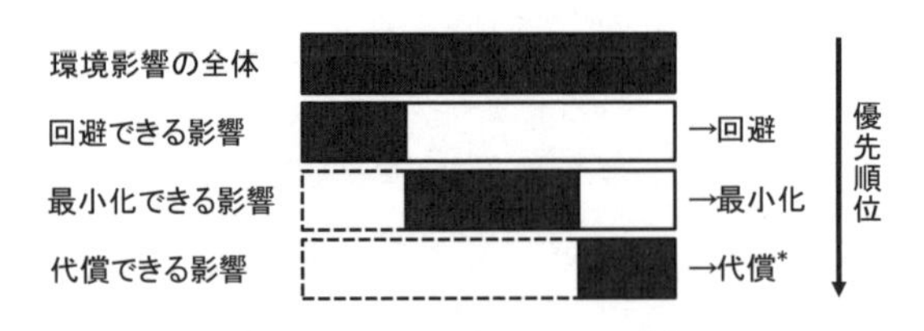

図 9.25　ミティゲーションの定義
代償*は，回避も最小化もできない影響の対策としてのみ認められる（田中，1998をもとに作成）．

ゲーションは，ほとんどが代償の検討となっている．また日本の環境アセスメント制度には，アメリカの「ノーアクション」や欧州の「ゼロオプション」に相当する全面回避の検討は含まれておらず，重要な課題となっている(田中，2006)．ミティゲーションを行うためには，行為によって影響を受ける環境の質と量を定量的に評価することが不可欠であり，IFIMやHEPなどの手法が開発され，農業農村整備事業にも適用されている．これらの手法では，野生生物の生息に不可欠な必須条件として餌条件や繁殖条件に関する生息環境の質を評価するモデルを作成し，必須条件が評価対象となる地域全体でどれだけ存在するかを数値化する．また，それらが生息場として機能しうる時間の長さも評価に加えられる．

適切なミティゲーションを行い，環境への影響を最低限に抑えた上で施工される事業については，実施された後で事業が適切に環境を保全することができたかを確認することが必要である．そのため，事前調査だけではなく事後のモニタリングも実施する．モニタリングは，事業において保全あるいは再生の目標とした基準に対する達成度を評価するとともに，事業後の管理手法に対する改善の必要性を検討するために実施するものである．したがって，モニタリング計画ではそれらの評価や検討が行えるように，モニタリングの項目，時期および頻度，調査範囲と地点，期間を選定することが重要である．一般に，環境の大規模な改変の後，生態系が安定するまでには数年以上が必要とされることから，長期的なモニタリングを実施することが望ましい．また，生態系は非定常で開放型の系であることから，当初の予測が外れる事態も起こりうる．このような不確実性を伴う対象を扱うための管理手法として順応的管理(adaptive management）があり，新･生物多様性国家戦略の中にも盛り込まれている．事業実施後のモニタリングの結果を，管理方法や，場合によっては施工方法にフィードバックさせて，より望ましい生態系の状態を目指す柔軟な管理であり，河川管理や農業土木の分野において従来行われてきた「見試し」と共通する概念を含むものと考えられる．なお，滋賀県が実施している水田を利用したニゴロブナの種苗生産事業では，耳石標識を利用して琵琶湖で漁獲されるニゴロブナのうち，水田由来の個体がどれだけ含まれるか調査することで放流効果や資源量を評価している．単純なモニタリングから一歩進んで，様々な環境配慮対策が個体群の保全に対しどの程度寄与しているかを具体的に評価していくことも重要になると考えられる．

3)　水域ネットワークの構築における留意点

農業用水の水路網は，とくに揚水や管水路網を伴う場合に本来の河川流域を越えて，あるいは重力に逆らった水の移動をもたらし，それに伴って自然にはありえない生物の移動が起こる場合がある．このような人工系フラックスとしての農業水利システムにおいて注意すべき問題の1つに外来生物の移動があり，ここでは例としてカワヒバリガイを挙げる（農林水産省，2013）．カワヒバリガイは中国原産のイガイ科二枚貝で，外来生物法の特定外来生物に指定されている．1990年に初めて国内で生息が確認され，木曽川・長良川水系，琵琶湖・淀川水系，利根川水系など，次々に新たな生息地が確認されている．カワヒバリガイは，孵化後10〜20日の浮遊幼生期間を経た後，基質に着底・固着する．稚貝のうちは活発に移動することができ，好適な環境に到達すると足糸という繊維状物質で自らを基質に固着させる．浮遊幼生期に水流とともに水利施設内の細管まで侵入するため，固着生活期に入ると施設の通水阻害を引き起こす．また，寿命や非灌漑期の乾燥などにより死んだ貝が灌漑期に流下して，給水栓やストレーナーなどの末端施設を閉塞し，深刻な通水障害を引き起こす．水の滞留時間の長い施設では幼生の大量固着が生じ，そこから下流への供給源となる恐れがあることから注意が必要である．

同様に，農業水利システムには，取水源を通して外来生物が侵入し増殖してしまう場合がある．特定外来生物のオオカワヂシャ，ナガエツルノゲイトウ，オオフサモ，ボタンウキクサ，アゾラ・クリスタータなどの水生植物は，農業水路や水田にも多数侵入し繁殖しており，水利施設での通水阻害も報告されている．農業水路は自然河川と違って，多くの場合通水を止めることができるため，外来生物が拡散する前に早期に発見し駆除することが重要である．

したがって，農業水路における生態系配慮として水域ネットワークの回復に取り組む場合にも十分な注意が必要である．農業用水の取水堰に新たに魚道を設置した結果，上流の河川内でそれまで確認されなかった魚類の生息が確認されるようになった事例が報告されている（守山他，2006）．一方，谷津や河川の上流域において，落差工があることにより外来種の侵入が阻止され，在来種や在来の遺伝集団が保全されている事例も報告されている（Nishida et al., 2015）．水域ネットワークの回復に当たっては，事前に周辺水域での生物調査を行い，回復を行うことが妥当かを慎重に判断する必要がある．

外来生物法と特定外来生物

外来生物法（特定外来生物による生態系等に係る被害の防止に関する法律）は，

特定外来生物による生態系，人の生命・健康，農林水産業への被害を防止することを目的として2004年に成立し，その後2013年に改正された．生態系などに被害を及ぼしている，あるいは及ぼす恐れのある外来生物110種類（2015年10月現在）を特定外来生物として指定（環境省公式ウェブサイト），これらの無許可での飼養，栽培，保管，運搬，輸入などを禁止している．また，動物であれば野外へ放つこと，植物であれば植えたりまいたりすることも禁止されている．違反すると，最大で個人の場合懲役3年以下もしくは300万円以下の罰金，法人の場合1億円以下の罰金に処される．特定外来生物の中には，前述の水生植物やブルーギル，オオクチバスなど農業水利施設で多く確認される生物，キタノメダカやミナミメダカと似たカダヤシのように在来種と似た生物も含まれることから注意が必要である．

9.3　生態系保全のための水管理

水田水域の生態系を保全するためには，ハード面での対策と併せてソフト面での対策が必要となる．本節では，その中でも特に灌漑排水と関わる水管理における配慮事項について述べる．

a.　水路の水管理

7章で示されたとおり，農業用水は多面的な機能を有し，生態系保全のための水は通常，灌漑用水に内包されていると考えられる．しかし，非灌漑期は灌漑用水の水利権のない用水もあり，畑地灌漑用水，消流雪用水，防火用水などとして非灌漑期の通水があるとしても，灌漑期と比べて流量が大きく減少する場合が多い．したがって，とくに非灌漑期の通水が生態系保全のためには重要となる．

灌漑期に水田水域で繁殖・成育した水生生物のうち，魚類や一部の両生類・爬虫類，底生生物などは水中で越冬する．したがって，移動可能な範囲内に越冬場となる恒久的水域が存在することが個体群の維持に不可欠である．非灌漑期に通水がなくなる水路では，移動性の低い底生魚が減少することが報告されており（皆川他，2014），貝類，底生生物，水生植物などさらに移動性の低い生物では通水停止の影響はより顕著になると考えられる．したがって，非灌漑期の取水や湧水などによる既存の通水は積極的に保全することが必要である．さらに，いわゆる環境用水として生態系保全のための非灌漑期の水利権を取得することも，地域の生態系の状況によっては検討される必要があるかもしれない．近年，河川において維持流量や生態系のための水（e-flow）の議論がなされているが，水田水域には河川本流とは異なる生態系が成立していることから，河川本流とともに農業用水にも生態系のために必要な水量を検討することが求められる．

b. 水田の水管理

水田への取水時期，中干し開始時期（実施の有無も），中干し後の水管理（湛水灌漑か間断灌漑か）は，生物が水田を利用可能な期間を規定する．また，水田魚道が整備されたとしても，そこに水が流れなければ魚類は水田に遡上することができない．したがって，水田の水管理は生物の水田利用を左右する非常に重要な項目である．

一般的な水田の水管理では，田植え後は深水とし，その後は分げつの促進と雑草抑制や保温のバランスを見ながら適当な水深を保つ．大きな水位低下を生じない安定した湛水深を維持することは，水稲栽培上のみならず水田内に生息する生物の保全にも有効である．その後は有効茎数を目安に，田植え後およそ35日から50日程度で中干しを始める（図9.26）．中干しや落水による急激な水位低下は，水田に生息する生物に大きな影響を及ぼす．人為的ではないものの，小動物により畦畔に開けられた穴からの漏水も，しばしば突発的な水位低下をもたらす．水田で成育するカエル類，トンボ類については，変態前に中干しが行われると死滅してしまう．そのため，これらの生物が変態し上陸を終えるまで中干しの開始を延期する水管理に取り組む地域もある（図9.27）．また，田植え前に

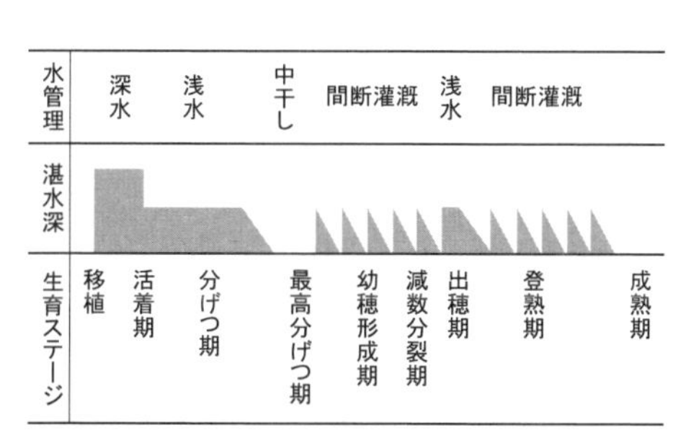

図9.26 水稲の標準的な水管理

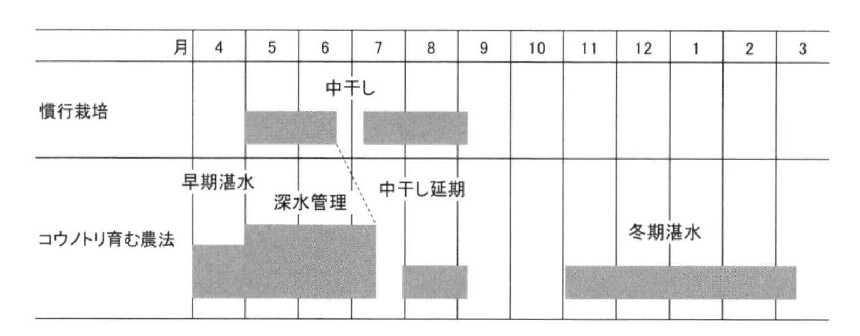

図9.27 コウノトリ育む農法での水管理

図中の帯は，水田の湛水期間と相対的な水深を表す．兵庫県では，コウノトリを頂点とする生物多様性を育むため，田植え前の早期湛水，分げつ期間中の深水管理，カエル類や水生昆虫類の変態・羽化のための中干し延期，冬期湛水などを実施している．

水田で繁殖する生物のための早期湛水や，湿地としての水田を越冬場として利用する渡り鳥のための冬期湛水を行う事例も増加している．

排水路から水田に魚類が遡上できるよう水田魚道を設置した場合，水尻からの表面排水が必要となる．降雨時に表面排水が生じることが想定されているが，年によって降水量は大きく変動する．農家の意図的な水管理では，田植え直後の苗が活着するまでは水尻を閉じて湛水を維持し，表面排水は生じないことが多い．また，農薬を散布した直後は農薬成分が流出しないよう，施肥後は肥料成分を無駄にしないよう，表面排水の生じない水管理が行われる．降雨時は表面排水の生じる貴重な機会であるが，あらかじめ降雨を予想し田面水位を下げておくなど農家が厳密に水管理を行うほど，魚類が水尻から遡上する機会は少なくなる．水田魚道を設置した圃場を対象とした水収支の調査では，慣行水田と比べ，湛水深を維持するための高頻度の取水や，魚類を遡上させるためにあえて表面排水を生じさせる水管理が見られた（中村他，2009；中村他，2012）（図9.28）．

現在，通常の灌漑期間内での生態系の保全のために必要な水は，栽培管理用水の中に内包される形で取水されている．また，通常の灌漑期間を超えた早期・後期の水の手当てはほとんどなく，したがって，慣例的な非灌漑期通水や湧水あるいは地下水などを独自に有効活用できる場合に限られる．これらを必要な水量として算定し，「魚道管理用水」や「生態系保全用水」などとして新たに位置

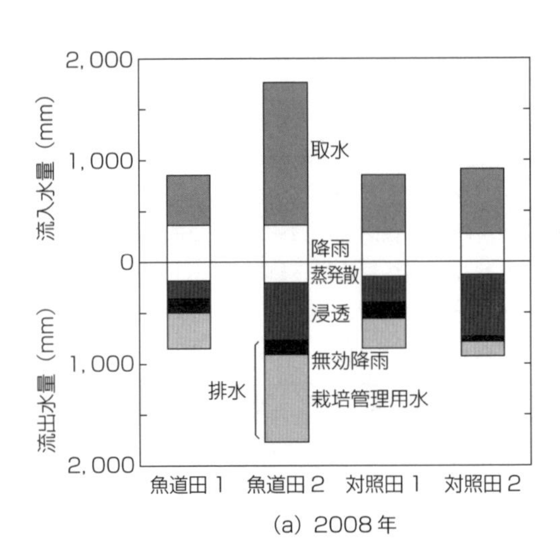

(a) 2008年

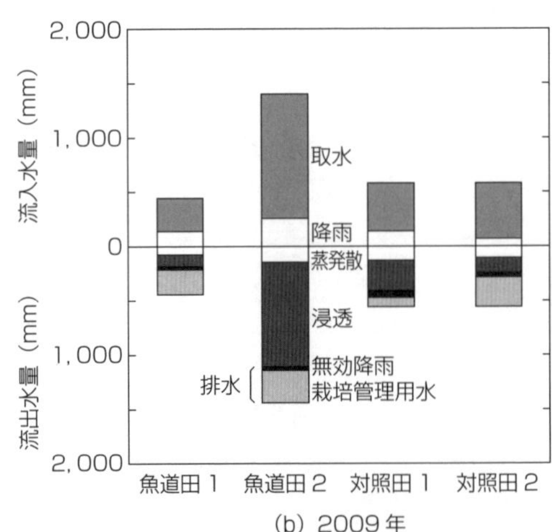

(b) 2009年

図9.28　魚道設置水田と対照水田における圃場水収支（田植え～中干し）
中村他（2012）

づけることも必要と考えられる．また，整備計画の中で残置したため池の水を，生態系保全や地域活動のために必要な水の水源として利用することも可能と考えられる．

［皆川明子］

文　献

Nishida K. et al.：Influence of the domestic alien fish Rhynchocypris oxycephalus invasion on the distribution of the closely related native fish R. lagowskii in the Tama River Basin, Japan, *Landscape and Ecological Engineering*, 169-176 (2015)

池橋　宏：稲作の起源，講談社選書メチエ（2005）

岩田明久：アユモドキの生存条件について水田農業の持つ意味，保全生態学研究，**11**，133-141（2006）

岩本次郎：古代における地割の展開と稲作，「古代日本の稲作」（武光　誠・山岸良二編）所収，雄山閣（1994）

大河内勇他：道路側溝での両生類の転落死防止方法，日本林学会誌，**83**(2)，125-129（2001）

岡崎　敬：漢代明器泥象にあらわれた水田・水池について―四川省出土品を中心として―，考古学雑誌，**44**(2)，65-80（1958）

片野　修他：千曲川流域の3タイプの水田間での魚類相の比較，魚類学雑誌，**48**(1)，19-25（2001）

河口洋一：水際にある僅かな植物が，水生生物の生息場として重要であることを実感した，ARRC NEWS，**6**，3-4，自然共生研究センター（2003）

環境省：ラムサール条約と条約湿地，http://www.env.go.jp/nature/ramsar/conv/index.html（2016年3月28日閲覧）

木下良作・三輪　弌：砂レキ堆の位置が安定化する流路形状，新砂防，**94**，12-17（1974）

斉藤憲治他：淡水魚の水田周辺における一時的水域への侵入と産卵，日本生態学会誌，**38**，35-47（1988）

鈴木正貴他：小規模魚道による水田，農業水路および河川の接続が魚類の生息に及ぼす効果の検証，農業土木学会論文集，**72**，641-651（2004）

竹村武士他：農業水路におけるドジョウの行動範囲に関する基礎研究：未改修水路における標識個体の追跡調査，河川技術論文集，**10**，351-356（2004）

田中　章：環境アセスメントにおけるミティゲーション規定の変遷，ランドスケープ研究，**61**(5)，763-768（1998）

田中　章：HEP入門―〈ハビタット評価手続き〉マニュアル―，朝倉書店（2006）

内藤和明・池田　啓：農業生態系の修復，「新たな保全と管理を考える」，p. 143，京都大学学術出版会（2009）

中村公人他：小型魚道を付帯した水田の用排水諸元に関する考察，農業農村工学会論文集，**77**(6)，9-16（2009）

中村公人他：排水路堰上げ型魚道の管理が水田用排水量の諸元に及ぼす影響，農業農村工学

会論文集, **80**(2), 19-29 (2012)
西田一也他：一時的水域で繁殖する魚類の移動・分散範囲に関する研究ー東京都日野市の向島用水・国立市の府中用水を事例としてー, 農業土木学会論文集, **74**(4), 553-565 (2006)
西田一也他：農業水路における魚類の越冬環境に関する研究ー東京都国立市を流れる府中用水を事例としてー, 環境情報科学論文集, **23**, 197-202 (2009)
西田一也他：農業排水路の生態系配慮工法区間における魚類相と水路環境の推移, 農業農村工学会論文集, **79**(2), 45-53 (2011)
農村環境整備センター：農村環境整備の科学, p. 14, 朝倉書店 (1995)
農林水産省：食料・農業・農村政策審議会農村振興分科会農業農村整備部会技術小委員会, 環境との調和に配慮した事業実施のための調査計画・設計の手引き, http://www.maff.go.jp/j/nousin/keityo/kankyo/tebiki.html (2002)
農林水産省：食料・農業・農村政策審議会農村振興分科会農業農村整備部会技術小委員会, 環境との調和に配慮した事業実施のための調査計画・設計の手引き (第3編), http://www.maff.go.jp/j/nousin/keityo/kankyo/tebiki.html (2004)
農林水産省農村振興局農村環境課農村環境対策室：カワヒバリガイ被害対策マニュアル (2013)
端　憲二：メダカはどのように危機を乗り越えるか, 農山漁村文化協会 (2005)
長谷川雅美：水田耕作に依存するカエル類群集,「水辺環境の保全」(江崎保男・田中哲夫編著), pp. 53-66 所収, 朝倉書店 (1998)
林　巳奈夫：中国古代の生活史, pp. 67-68, 吉川弘文館 (1992)
広田純一：維持管理から見た国営いさわ南部地区の環境配慮対策の課題, 農業農村工学会誌, **76**(8), 27-30 (2008)
藤岡正博：サギが警告する田んぼの危機,「水辺環境の保全」(江崎保男・田中哲夫編著), pp. 34-52 所収, 朝倉書店 (1998)
水谷正一他：U字溝に設置したフタがニホンアカガエルの生息に及ぼす効果, 農業土木学会論文集, **73**(1), 77-78 (2005)
水谷正一・森　淳編著：春の小川の淡水魚ーその生息場と保全ー, 学報社 (2009)
水谷正一編著：水田生態工学入門, 農山漁村文化協会 (2007)
皆川明子他：用排兼用型水路と接続する未整備水田の構造と水管理が魚類の生息に与える影響について, 農業土木学会論文集, **74**(4), 467-474 (2006)
皆川明子他：非灌漑期の農業水路における魚類の移動と越冬, 農業農村工学会論文集, **78**(5), 77-83 (2010)
皆川明子他：通水状況の違いが農業水路の魚類相に及ぼす影響, 農業農村工学会論文集, **82**(6), 93-99 (2014)
向井章恵他：環境配慮型水路工法における水路床変動の実験, 農工研技報, **204**, 273-280 (2006).
村上　裕・大澤啓志：水稲の栽培型がトノサマガエルとアマガエルの分布に与える影響, 保

全生態学研究, **13**, 187-198 (2008)
守山拓弥他：新設された魚道における魚類の遡上が上流の農業用小河川の魚類相におよぼす影響, 農業土木学会論文集, **74**(5), 123-124 (2006)
守山　弘：水田を守るとはどういうことか, 農文協 (1997)
安室　知：水田漁撈の研究　稲作と漁撈の複合生業論, 慶友社 (2005)
安室　知：田んぼの不思議, 小峰書店 (2013)
山崎純男：九州地方における稲作農耕の開始と展開, 日本考古学協会編　シンポジウム日本における稲作農耕の起源と展開, pp. 21-26, 学生社 (1991)
渡部恵司他：コンクリート水路に転落したカエル類の簡易な脱出工の試作と効果の検証, 農業農村工学会論文集, **263**, 15-21 (2009)
渡部恵司他：カエル類のコンクリート水路への転落と脱出工の現状と課題, 農業農村工学会誌, **81**(11), 23-27 (2013)
渡部恵司他：圃場整備事業前後のニホンアカガエルの卵塊数の比較, 農業農村工学会論文集, **289**, 53-54 (2014)

10.1　世界の灌漑排水

a.　世界の灌漑農地

世界の灌漑農地面積は，2006年現在，約3億haとなっている．これは，全耕地面積の約19.7%にあたる（FAO，2011）（全耕地面積：15億5600万ha）．

世界は水資源によって，おおまかに湿潤地と乾燥地に分けられる．乾燥地とは，一般には「年間の降水量が年間の蒸発散量の半分より少ない土地」のことをいう（清水他，2011）．国連環境計画（UNEP）およびミレニアム生態系評価（MA）による，より厳密な定義では，平均年降水量に対する可能蒸発散量との比である乾燥指数AIが0.65以下の地域を乾燥地としている（農業農村工学会，2010）．AIが0.05以下の地域を極乾燥地，0.05～0.20の地域を乾燥地，0.20～0.50の地域を半乾燥地，0.50～0.65の地域を乾燥半湿潤地としている（清水他，2011；農業農村工学会，2010）．表10.1に乾燥地の分類とその面積を示す．

乾燥地は，地球の陸地全体で，約40～50%を占めており，大陸ごとに見ると，アフリカでは2,000万km^2，アジアでは2,000万km^2，オセアニアでは680万km^2，北アメリカでは760万km^2，南アメリカでは56万km^2，ヨーロッパでは300万km^2となっている．図10.1に世界の乾燥地の分布を示す．極乾燥地のほとんどは，サハラ砂漠，アラビア半島，ゴビ砂漠に広がっており，乾燥地は，アフリカ，アジア，オセ

表10.1　乾燥地の分類

区　分	乾燥指数 AI	面　積 ($\times 10^6$ km^2)	全陸地面積に占める割合（%）
極乾燥	<0.05	9.8	6.6
乾燥	0.05-0.20	15.7	10.6
半乾燥	0.20-0.50	22.6	15.2
乾燥半湿潤	0.50-0.65	12.8	8.7
計		60.9	41.4

Millennium Ecosystem Assessment（2005a）を改変.

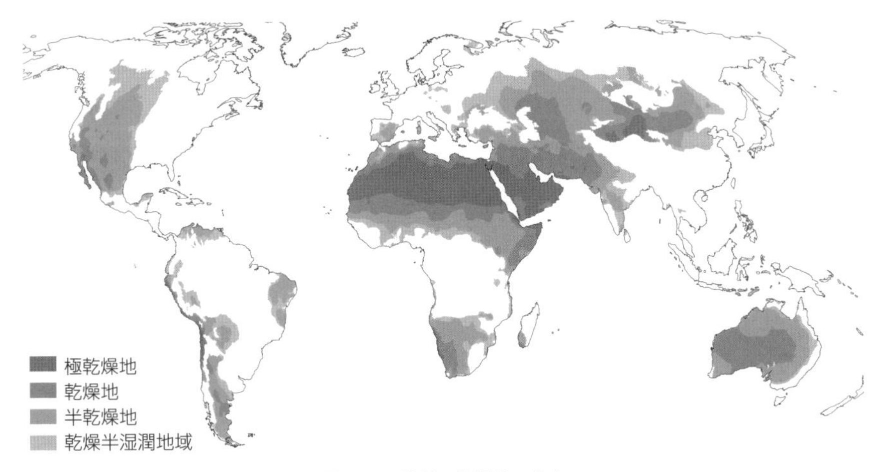

図 10.1　世界の乾燥地の分布
Millennium Ecosystem Assessment（2005b）を改変.

アニアに広く分布している．また，半乾燥地はすべての大陸に分布している（FAO, 2004）.

b.　湿潤地域の灌漑

湿潤地では水利環境に影響される度合いが少なく，稲作をはじめとした地域に適合した多用水型の作物が導入されてきた（丸山他，1998）．中でも，東南アジアのモンスーン地域は，豊富な水資源を利用した稲作農業が発達してきた．インドシナ半島部タイやカンボジア平野部では，1年のうちに半年ずつの雨季と乾季がある．乾季においては灌漑なしでの耕作は不可能である．雨季においても，天水のみによって稲作を行うには雨量が十分ではなく，補給的な灌漑が必要となる．一方，マレー半島からインドネシア，フィリピンの島嶼部は，一般に年間を通して湿潤で，雨量が豊富であり，ほぼ天水のみによって年1～2回の稲作が可能である．これらの地域の灌漑開発は，作付け強度の増加が目的となっている（農業農村工学会，2010）.

c.　乾燥地域の灌漑排水

乾燥地域では，自然の状態では水分が非常に少なく，農業を行うためには，人為的に用水を供給する必要がある．こうした地域では，土や水の適切な管理が求められる（清水他，2011）.

灌漑を導入した耕地で不適切な土・水管理が行われているところでは，土壌の塩類化や侵食による栄養分の損失などの土壌劣化が進行している（農業農村工学会, 2010）.

塩類化とは，十分な排水がされないまま塩分を含んだ水による灌漑を行うことによって，土壌中の塩分が多くなる現象のことである．乾燥地では，降水量と比較して可能蒸発量が多く，土壌中の水は蒸発面や地表面に向かって塩分を溶かし込んだまま上昇し，蒸発によって塩分だけが地表面付近の土壌層内に析出して取り残される（7.4節参照）．

10.2　灌漑排水の歴史

a.　灌漑排水概史

1)　灌漑の始まり

世界史の上で農耕文化は，5000 B.C.頃に，中央アジア，次いでエジプトなどから始まったとされている．中国では，2500 B.C.頃までには仰韶文化が起こり，インドでも同じころに古代インダス文明が形成された．日本が農耕文化に移行したのは，300 B.C.頃といわれている（農業農村工学会，2010）．人口が増加するにつれて，その人口を支えるための農耕の安定化と拡大が必要となり，水を確保するという初歩的な灌漑が始まった．以下に，文明の源流とされる4つの河川文明における灌漑の変遷について述べる．

メソポタミア文明は，ペルシャ湾にそそぐチグリス・ユーフラテス川の河畔に広がる大平原に開けた．4000 B.C.頃には，すでに川の水を引き入れる灌漑事業が営まれていた．土地は肥沃で，2000 B.C.頃には，水路網をめぐらせて多くの食料や物資を生産していた．しかし，強烈な乾燥気候の下で塩類集積が進み，500 B.C.頃には水路の維持が途絶えて農耕は衰退した（世界の灌漑と排水企画委員会，1995）．

エジプト文明は，ナイル川の下流部で栄えた．4000 B.C.以前には，川沿いの平地に堤を造り，水を引き入れて肥沃な泥の沈積を図るとともに，川の減水を見計らって残水を川に戻すという，湛水灌漑を行っていた．その後，灌漑組織は拡張され，3400 B.C.頃には，ナイロメーターとよばれる水位計を設置して，ナイル川の氾濫の時期と収穫の豊凶を予知した．ナイルの灌漑システムは，1820年代に綿花とサトウキビが導入されて周年灌漑が必要となるまで，約6000年の間，引き継がれていた．

中国文明は，黄河流域で始まったとされている．2600 B.C.頃に，灌漑を行ったとの記録がある．また，杭州湾南岸には5000 B.C.にすでに水稲が栽培されていた跡があり，蘇州の草鞋山では，4000 B.C.と推定される灌漑水路が確認されている．おもに灌漑が行われていたのは，周，漢，隋，唐などの王朝が都とした長安を含む渭水沿岸で，水利遺構の多くがこの川の近くにある．500 B.C.頃以降，多くの運河が開削され，灌漑地域を拡大するとともに，舟による物資の交流も可能にした（世界の灌漑と排水企画委員会，1995；福田，1974）．

インダス文明は，2500 B.C.頃，インダス川の中下流域に開けた．そこには，モヘンジョ・ダロ，ハラッパーなどの多くの都市国家群が建設された．地形をうまく利用して雨季の洪水を広い地域に流し込み，肥沃な土の沈積と水分の補給を図る洪水水路や，灌漑用の浅井戸が掘られ，畑作を中心とした農業生産によって何百年かの繁栄を支えた．一説によると，燃料などのために周辺の森林を伐採したために水害が頻発するようになり，さらには急速な乾燥化が起こり，塩類集積による土壌の劣化で繁栄に陰りが生じたといわれている．また，同時期に遊牧民の侵入があり，2000 B.C.頃には古代インダス文明は急速に衰退した（世界の灌漑と排水企画委員会，1995）．

2) 灌漑技術の伝播

人が豊かな土地に定着して食料や物資に余剰と蓄積ができると，生活に余裕が生まれて文化が育まれた．大河の河畔から起こった古代文明は，他の地域とも交流し，互いに影響を与え合ったと考えられている．それぞれの文明周辺の遊牧民などが，その移動を通じてより広い範囲に知識や技術を伝播したと考えられる（世界の灌漑と排水企画委員会，1995）．

メソポタミアに生まれた灌漑の技術は，西方に伝えられた．すなわち，フェニキア（今のレバノン）に伝わり，前15世紀には水路を造営していたといわれている．フェニキアでは，前10世紀頃には侵食防止工，灌漑土木工事，階段耕地工の技術が開発されていた．これらの技術はギリシャに伝えられ，さらに前9世紀にはアルジェリア，チュニジアに伝えられた．前6世紀頃には，ギリシャからローマへ，トンネル技術，測量技術が伝えられた．A.D. 100には，ローマで灌漑技術が発展し，ローマ帝国内の各地にこの技術が伝えられた．その頃に建設されたローマ水道橋は，切石の空積で水路受台をつくり，谷間を越えた灌漑水や上水道の導水に役立たせたものである．その後，7～13世紀には，灌漑技術がモロッコ，スペインにまで広がった．15～16世紀になると，スペイン，ポルトガルの進出により，アメリカ大陸やアジア地域にその影響が及んでいった（世界の灌漑と排水企画委員会，1995；福田，1974）．

西方から東方への伝播は，東方から西方への伝播と入り混じりながら起こった．前6世紀頃には，ペルシャの外征が，ギリシャからインダス川流域まで影響した．その頃に始まったといわれるカナートと呼ばれる地下トンネル工法が，各地の乾燥地域に伝わった（図10.2参照）．前4世紀末には，アレキサンダー大王の遠征により，ギリシャからインダス川流域にかけて，灌漑を含めた文明の交流が見られた．また，ローマ帝国と中国の間では，前3世紀頃からシルクロードを通じて文化の交流があり，これはやがて日本にも伝わった．

3) 灌漑技術の発達

19世紀にはいると，灌漑技術が大きく発達した．とくに，水理学の発達が，灌漑

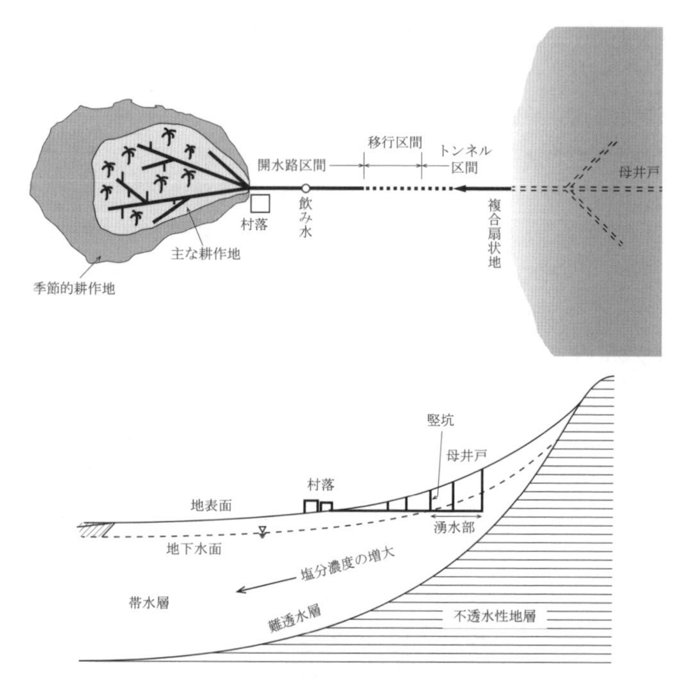

図 10.2　カナートの平面図および縦断面（アラビア半島）
丸山他（1998）を改変.

組織の計画，設計，施工の進展に大きく貢献した．すなわち，灌漑の水源工，導水工，および配水工に設けられる水利構造物の進歩である．

また，19世紀には，インド，エジプトを中心に，世界の各地で大型の灌漑計画が実現した．そのことも影響して，19世紀の100年間で，世界の灌漑面積は6倍に増大している．

その後，灌漑の著しい進歩に伴い，湛水害や塩類集積による害などの問題が起こるようになった．

4)　水管理の合理化と水利用の多様化

大型プロジェクトにより，各地に大ダムや大水路が建造されたが，耕地末端に水が配分されない，あるいは配分されてもきわめて不十分な状態が見られた．そのようなことから，20世紀には，水管理の合理化が強く望まれるようになった．土地生産性向上も望まれるようになり，灌漑・排水における水管理の合理化と農業の集約化を行うことで，生産性の増大が図られた．

また，灌漑・排水は，食料の増産と衣類の素材供給を主目的としており，人口の増加がそれらの発展を促してきた．しかし，他の機能の効果がそれまで以上に期待されるようになってきた．すなわち，温度調節，病虫害防除，除草，土壌侵食防止，施肥などである．

b. 近代の灌漑排水開発

近代に至るまで，灌漑農地は増加を続けてきた．19世紀ほどではないものの，近代においても灌漑面積は増加を続けている．その様子を図10.3に示す．また，近代においても，大規模な水資源開発が行われている．ナイル川のアスワンハイダムなどは，その代表的な例である．また，カリフォルニア水道のような，流域を大きく越えた水資源開発も見られる．さらには，下水の再利用や，海水の淡水化技術の発達により，これまでは農地に使用できなかった水を再利用することができるようになってきている．

1) アスワンハイダム

アスワンハイダムは，ナイル川の流量調節と水資源の需要増加に対処するために，1971年に建造された．これにより，それまで下流部で起こっていた洪水をなくすことに成功し，また，エジプトは到達する水量のほぼ全量を利用できるようになった．

2) カリフォルニア水道

カリフォルニア州はサンフランシスコを中心として，南部に30%，北部に70%の降水があるとされている．反対に北部に30%の人が住み，南部に70%の人が住んでいる．この北部の降水を貯留して南部の灌漑や生活用水，工業用水に使用しようとす

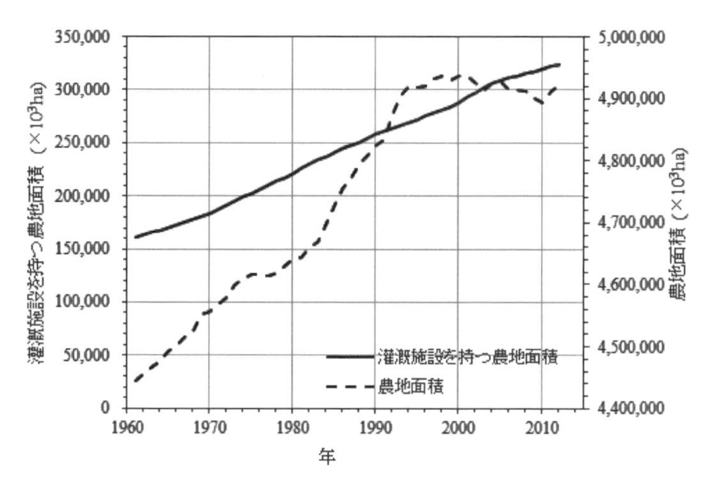

図10.3 灌漑施設を持つ農地面積の変化（1961年～2012年）
FAOSTATより作成．

ることを目的に，1972年に完成した．この水供給は，日本を縦断するほどの規模であり，この水供給によって，カリフォルニア州の作物収量が大幅にあがり，アメリカが大農業国になる大きな力になったといわれている．

3) 下水の再利用

イスラエルでは早くから下水の再利用を実施している．テルアビブ市内の下水を酸化池に集め，処理した後に灌漑に利用したり，養魚に利用したりしている．また，カリフォルニア州でもこの問題に取り組んでいる．

エジプトのナイルデルタでも，1930年代から排水の再利用が行われてきた．

シンガポールでは，通常の下水処理の後に膜を通して浄化した水をニューウォーターと呼び，その1割程度を貯水池に戻して他の水と混ぜた後に上水として配水している（沖，2012）．

4) 海水の淡水化技術

淡水資源が極度に不足し，一方では石油によって高収入の得られる国では，海水の淡水化も行われている．この量は近年急速に増加している．

c. 水管理技術の開発

水資源開発に加えて，近代ではより詳細な水管理の技術が発達してきている．このような水資源の有効利用により，より少ない水で広い地域の灌漑を行えるようになると予想される．詳細な水管理技術の例として，モニタリング技術，情報技術などが挙げられる．

近年では，情報通信技術を活用し，農地における詳細な気象データや土壌水分データ，水位のデータをモニタリングすることで，水管理の省力化と精密化を図る試みが行われている（飯田他，2015；溝口・伊藤，2015）． **[長坂貞郎]**

10.3 農業水利と地球環境

ここまで見てきたように，農業水利は世界的に広く展開し，一般に多量の水を使用すること，さらに，歴史的に地域の社会や文化と強く結びついて開発されてきたということから，地域の，そして地球規模での環境と深く関係している．

農業水利に限らず，我々の生活や生産は，地球環境に何らかの影響を与え，逆にその影響を受けて営まれている．一般に，日本では，環境省の整理に見られるように，地球環境問題として，1）オゾン層の破壊，2）地球の温暖化，3）酸性雨，4）熱帯林の減少，5）砂漠化，6）開発途上国の公害問題，7）野生生物種の減少，8）海洋汚染，9）有害廃棄物の越境移動，の9つの現象が認識されている．そのどれもが，農業や農業水利に影響を及ぼし，それが原因となっている．

ここでは，地球全体の水と農業水利の課題を整理した上で，上記の現象のうちで，とくに近年喫緊の問題として認識される地球温暖化に伴う気候変動と農業・農業水利の関わりを解説する．同時に，広く話題とされる「生物多様性の保全」との関わりも大きな課題となっているが，これは9章で記述されている．

a.　地球環境問題における水循環・水資源管理

1)　国連ミレニアム開発目標 MDGs と持続可能な開発目標 SDGs

国連は，2000年に開催された国連ミレニアム・サミットで採択された「国連ミレニアム宣言」をもとに「ミレニアム開発目標（Millennium Development Goals：MDGs)」を，貧困と飢餓の撲滅を中心にして，開発分野における国際社会共通の8つの目標を掲げ，達成期限として2015年を設定した．その目標の7番目（ゴール7）は「環境の持続可能性を確保（Ensure environmental sustainability)」であり，その中で「ターゲット7-C」として「2015年までに安全な飲料水と衛生施設を継続的に利用できない人々の割合を半減する」ことが目標とされた．

このMDGsの達成に関する最終評価（2015年）では，2015年には世界人口の91％が改善された飲料水源を使用していて（1990年には76％），目標は期限の2015年の5年前に達成された，とされている．日本は，従来，国の海外協力の中で積極的に推進してきた人間の安全保障の実現の立場から，二国間および国際機関経由の政府開発援助（ODA）などを活用して，MDGsの達成に積極的に貢献した．

国連は，2015年に，MDGsを継承･発展させて「持続可能な開発目標（Sustainable Development Goals：SDGs)」という，2030年を目標とする具体的行動指針を定めた．

図10.4　国連「持続可能な開発目標（SDGs)」17分野
（国際連合広報センター公式ウェブサイトより）

MDGsが開発途上国に対する目標が中心であったのに対して，SDGsは開発国における取組みや責務にも言及することとなった．そこには，貧困や飢餓，エネルギー，気候変動，平和的社会などに関する17の分野別目標と，169項目の達成基準が置かれている．

この目標は，図10.4のように整理されているが，目標6「世界の水と衛生（Global Water and Sanitation）」として，「すべての人々の水と衛生の利用可能性と持続可能な管理を確保する（Ensure availability and sustainable management of water and sanitation for all）」が設定されている．また，その具体的な達成基準は，以下のようである（国際連合広報センター，一部修正）．

6.1　2030年までに，すべての人々の，安全で安価な飲料水の普遍的かつ衡平なアクセスを達成する．

6.2　2030年までに，すべての人々の，適切かつ平等な下水施設・衛生施設へのアクセスを達成し，野外での排泄をなくす．女性および女児，ならびに脆弱な立場にある人々のニーズに特に注意を払う．

6.3　2030年までに，汚染の減少，投棄の廃絶と有害な化学物・物質の放出の最小化，未処理の排水の割合半減および再生利用と安全な再利用を世界的規模で大幅に増加させることにより，水質を改善する．

6.4　2030年までに，全セクターにおいて水利用の効率を大幅に改善し，淡水の持続可能な採取および供給を確保し水不足に対処するとともに，水不足に悩む人々の数を大幅に減少させる．

6.5　2030年までに，国境を越えた適切な協力を含む，あらゆるレベルでの統合水資源管理を実施する．

6.6　2030［ただし原文は「2020」］年までに，山地，森林，湿地，河川，帯水層，湖沼を含む水に関連する生態系の保護・回復を行う．

6.a　2030年までに，集水，海水淡水化，水の効率的利用，排水処理，リサイクル・再利用技術を含む開発途上国における水と衛生分野での活動と計画を対象とした国際協力と能力構築支援を拡大する．

6.b　水と衛生の管理向上における地域コミュニティの参加を支援・強化する．

この目標の実現に向けて，さまざまな形式・内容の取組みが振興されることになる．このうち，6.4や6.a，6.bなどは，農業における水の効率的な利用と，地域的な管理の進展を目指すことが含められ，農業水利に大きく関わるものとなる．

2）　世界の水問題と農業水利

国連SDGsにもあるように，すべての水利用部門における利用効率の増大は，持続可能な水資源の確保と利用にとって基本的に重要である．この前提となる，現在の世界の水の状況を，適切にまとめている国連環境計画 UNEP の「地球環境概観第 5 次報告書（Global Environment Outlook：GEO-5）」の紹介を中心に概観する（国連環境計画，2015）．

この報告の，第 4 章「水」の冒頭では，「人による水の需要は，利用効率の改善が不十分なまま増加しており，多くの地域で既に持続不可能になっている．それでも，効率の向上の余地はまだ残されている．例えば灌漑効率は，既存の技術を駆使するだけで，3 分の 1 程度は向上できるだろう．地方レベルでは統合的な需給戦略が重要である．河川流域レベルではより効率的で公平な水の配分システムが必要である．もっと広域のレベルでは仮想水取引によって，いくつかの場所の水需要を抑制することができる.」と指摘されている．水の利用効率の改善として，灌漑効率の向上，すなわち農業水利の改善が課題としてまず指摘されている．また，仮想水の取引は，多量の用水需要をもたらす農業や農業用水管理と大きく関わる．以下では，農業用水需要の動向と「仮想水」について，状況を整理する．

世界の取水量は，人口増加と経済活動の発展で水の消費の急増により，過去 50 年間で約 3 倍になった．この間，水の供給はほぼ一定であり，需要は多くの地域で持続可能な供給を上回るようになっている．この消費水量は，今や長期的に地球規模で供給可能量に近付いていると推定されるほどであるという．農業用水，工業用水，生活用水の取水量は，着実に増加している．このうち，農業用水の取水量は，すでに 2.3 でも記したように，各地で他用水より圧倒的に多く，世界的にも最も多く水を使用している（図 10.5）．多量の農業用水の長期にわたる取水を継続するために，多くの地域で，帯水層の大規模な開発や大規模な流域変更を伴うような広域的導水の事業が行われてきている．

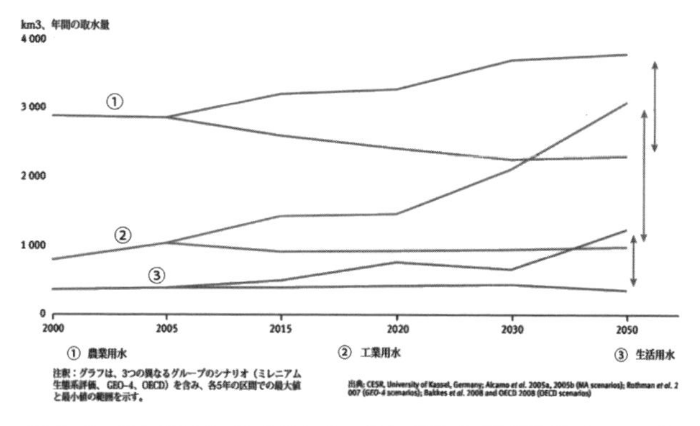

図 10.5　利水部門別の取水量とその将来予測（国連環境計画，GEO5）

しかし，多くの地域では，安定した取水量の確保，すなわち持続的な水利用が困難になっている．人間の生活・生産のための取水は，一般的には今後も継続して増加し続けると予想されるので，環境に対する影響も拡大・継続することとなる．とくに，水体を主な生息地とする生物群とその生態系に対する影響は継続することとなる．

3)　水利用効率と仮想水

水の利用効率を考える場合，利用できる水を，どのような目的に使用するか自体が課題となる．水の使用量とその確保や処理のためのコスト，水使用による生産物の経済的な価値などの総合的な評価も場合によっては必要となる．多量の水を使用する農業生産を抑制し，その分，工業用水や生活用水に使用することも選択肢となる．その場合，必要となる食料生産は他の国や地域に依存し，他国での水使用によって生産された食料を輸入することになり，他用途での利用可能を拡大できる水を生産物の形で輸入することになるといえる．この水のことを仮想水(バーチャルウォーター)という．

この仮想水については，2章と3章ですでに触れているが，世界の水問題と食料生産や農業水利の視点でさらに説明を加えておく．仮想水とは，食料輸入国（消費国）においてその輸入食料を自国内で生産すると仮定した場合に，推定される必要水量をいう．ロンドン大学のアンソニー・アラン教授が紹介した概念で，日本では東京大学の沖大幹教授が，食料だけでなく工業用水を含めて，日本の仮想水を推定したことから有名となった考え方である(沖, 2003)．具体的には，たとえば，牛肉を輸入する場合，牛の飲用の水に加えて，大量の水がトウモロコシなどその餌の生産に農業用水として使用される．牛肉1kgを生産するには，その約20,000倍もの水が必要となり，日本が海外からそれを輸入する場合，その生産に必要な多量の水を国内で使用せずに済んでいることになる．

日本のカロリーベースの食料自給率は40%程度であり，それは日本が輸入食料を生産する外国の水に依存していることを意味する．環境省の推定では，2005年において，日本に輸入された仮想水の量は約800億m^3であり，その大半は食料輸入によるもので，その量は国内の農業用水の年間取水量と同程度である（環境省公式ウェブサイトa)．

日本の場合，水資源の利用は，世界的にはさほど厳しく制限されてはいないため，水の制限から食料を輸入するという側面は大きくはないが，中東などの乾燥地域では，この考え方はより大きな意味を持つことになる．国や国をまたがる地域レベルなどでの仮想水の輸出入は，水の使いやすい地域での活用をもたらすことから，地域や地球における広範囲での全体的な水利用効率を向上させることにつながることもある．しかし，場合によっては，強い経済的な理由から水を多量に使用する特定商品の生産と輸出の拡大が目指されると，この輸出国において水資源の開発が無計画に拡大して，水需給の逼迫や環境問題を引き起こす可能性もある．日本のように，仮想水の大量輸入国が，比較的豊富な水供給力を保持しているのに対して，南アジアの国々やオーストラリアなど仮想水の輸出国が，国内の水需要を満たせない状態となることもある（国連環境計画，2015）．

b.　地球温暖化と農業水利

1）　地球温暖化と気候変動

近年，地球温暖化が進行し，その影響と考えられる現象が世界各地で見られるようになっている．これについては，WMO（世界気象機関）とUNEP（国連環境計画）が設けたIPCC（気候変動に関する政府間パネル）が，ほぼ5年ごとにまとめてきた評価報告書によって，状況が世界的に整理され，対応が国際社会として必要であることが示されてきた．これに対して異を唱える立場も世界的にはあるが，ほぼ共通的な基本的認識となっている．

「地球温暖化」（global warming）とは，日常的には，人間が活動する地球地表やその近傍の空気の温度，つまり気温が上昇することを指していることが多いが，本来は，大気と海洋を含む地球全体として，平均的に気温が上昇することをいう．地表面近傍の空気が暖かくなる場合，普通は上層の大気も地面や海水の温度も上昇していて，地表の気温の変化は，温暖化に伴う「気温変化」（気候変化）の一部と理解するのが適当であるとされている（カースチン・ダウ，トーマヌ・ダウニング，2007）．

気候は，本来的に変動するものである．気候とは，狭い意味では「平均的な気象」であり，対象とする気象要素の量の，数か月から数百・数千年における平均値や頻度などの統計値で表される．この気候における平均の状態や変動性が，数十年以上など長期間継続して，統計的に有意に変化する場合，気候変動あるいは気候変化（climate change）という．

気候の変動には，太陽活動の変化などによる放射強制力の変動など自然起源のものと，大気成分や土地利用の変化など人為起源のものがある．UNFCCC（気候変動に関する国際連合枠組み条約）では，気候の自然変動に加えて観測できる「人為起源の変化」を「climate change」と定義し，自然起源の変動「climate variability」と区別している．一方，IPCCでは，自然起源・人為起源にかかわらず，長期的な気候の変化を「climate change」としている．日本では，UNFCCCやIPCCの関係文書における「climate change」の公式な訳として「気候変動」を用いているため，「気候変動」はさまざまな意味，すなわち，従来から使われてきた極端現象の発生などを指す「変動」，自然起源の「気候の変動」，さらに人為起源の「気候の変化」，を含む広い意味で使われている．

2）IPCC 評価報告書による気候変動の評価

IPCC の第5次評価報告書（2014年）によると，近年の地球の温暖化は人為的な温室効果ガスの排出が原因としている．この報告書は，気候変動に関する世界的な理解の基本となっていて，その要点は以下のように整理できる（環境省公式ウェブサイトb）．

気候変動の自然科学的根拠を扱う第1作業部会は，気候システムの観測から，古気候の記録，気候の諸過程に関する理論的研究，気候モデルを用いたシミュレーションにまで至る，さまざまな独立した多くの科学的分析に基づいた気候変動の新しい証拠を精査している．その報告のおもなポイントは以下のとおりである．

①気候システムの温暖化には疑う余地はない．気温，海水温，海水面水位，雪氷減少などの観測事実が強化され温暖化していることが再確認された．

②人間の影響が20世紀半ば以降に観測された温暖化の支配的な要因であった可能性がきわめて高い．

③今世紀末までの世界平均気温の変化は RCP シナリオによれば 0.3～4.8℃の範囲に，海面水位の上昇は 0.26～0.82 m の範囲に入る可能性が高い（RCP シナリオ（代表濃度経路シナリオ，Representative Concentration Pathways）は，代表濃度経路を複数用意してそれぞれの将来の気候を予測するもので，その濃度経路を実現する多用な社会経済シナリオが策定できる）．

④気候変動を抑制するには，温室効果ガス排出量の抜本的かつ持続的な削減が必要である．

⑤ CO_2 の累積総排出量とそれに対する世界平均地上気温の応答は，ほぼ比例関係にある．最終的に気温が何度上昇するかは累積総排出量の幅に関係する．

気候変動の影響・適応・脆弱性を扱う第2作業部会は，関連する科学，技術および社会経済分野のきわめて広範な調査研究成果をまとめた文献・資料を評価して，以下のポイントを報告している．

①ここ数十年，気候変動は，すべての大陸と海洋にわたり，自然及び人間システムに影響を与えている．

②適応は一部の計画立案過程に組み込まれつつあるが，実施されている対応はより限定的である．

③気候システムに対する危険な人為的干渉に関連する潜在的に深刻な影響の可能性として，次に示す8つの確信度が高い主要なリスク（潜在的に深刻な影響）が挙げられた．

i）高潮，沿岸域の氾濫及び海面水位上昇による，沿岸の低地並びに小島嶼開発途上国及びその他の小島嶼における死亡，負傷，健康障害，生計崩壊のリスク．

ii）いくつかの地域における内陸洪水による大都市住民の深刻な健康障害や生計崩壊のリスク．

iii）極端な気象現象が，電気，水供給並びに保健及び緊急サービスのようなインフラ網や重要なサービスの機能停止をもたらすことによるシステムのリスク．

iv）特に脆弱な都市住民及び都市域又は農村域の屋外労働者についての，極端な暑熱期間における死亡及び罹病のリスク．

v）特に都市及び農村におけるより貧しい住民にとっての，温暖化，干ばつ，洪水，降水の変動及び極端現象に伴う食料不足や食料システム崩壊のリスク．

vi）特に半乾燥地域において最小限の資本しか持たない農民や牧畜民にとっての，飲料水及び灌漑用水の不十分な利用可能性，並びに農業生産性の低下によって農村の生計や収入を損失するリスク．

vii）特に熱帯と北極圏の漁業コミュニティにおいて，沿岸部の人々の生計を支える，海洋・沿岸生態系と生物多様性，生態系の財・機能・サービスが失われるリスク．

viii）人々の生計を支える陸域及び内水の生態系と生物多様性，生態系の財・機能・サービスが失われるリスク．

④５つの懸念材料が提供された．これは，温暖化の意味合いや，人々，経済および生態系にとっての適応の限界とは何かを説明し，気候システムに対する危険な人為的干渉を評価するための１つの出発点を提供するものである．

⑤適応は，場所や状況によって異なり，あらゆる状況にわたって適切な単一のリスク低減手法は存在しない．

気候変動の緩和を対象とする第３作業部会は，気候変動の緩和の科学，技術，環境，経済および社会的な側面についての成果文献・資料を評価し，以下のポイントを指摘している．

①温室効果ガス排出量は，とくに最近10年間に大幅に増加した．累積CO_2排出量の約半分は過去40年間に排出されている．

②現状を上回る努力がなければ，2100年の気温は産業革命以前に比べて3.7〜4.8℃上昇する．

また，2100年時点のGHG濃度を基準に，緩和シナリオ（経路）を分類し，カテゴリーごとに，気温変化が1.5，2，3，4℃未満に維持される可能性を記載している．2100年の濃度が約450 ppmとなるシナリオ（2℃未満に抑える可能性が「高い」）では，2050年のGHG排出量は2010年比40〜70％減，2100年にはほぼゼロかそれ以下となり，急速な省エネに加え，低炭素エネルギーの割合が2050年までに3〜4倍近くまで増加する．今世紀中のピーク濃度が一時的に2100年の濃度を超える（オーバーシュート）シナリオでは，今世紀後半に大気中のCO_2を除去する技術に依存するが，課題・

リスクが存在する．450・500 ppm シナリオでは，エネルギーセキュリティ，大気汚染対策のコスト削減などの便益をもたらすが，負の副次効果を伴う可能性もある．

気候変動に対しては，緩和策としての温室効果ガスの排出削減の目標と対策の検討も進み，2015年にパリで開催された「気候変動枠組み条約第21回締約国会議」（いわゆるCOP21）では，歴史的な合意「パリ協定」が採択された．「パリ協定」は，1997年の「京都議定書」以来の法的拘束力を持つ国際合意であり，196の国と地域，開発国から途上国まで，すべてが参加する永続的な温暖化対策の協定となった．その主要なポイントは以下のように整理されている（NHK公式ウェブサイト）．

①産業革命前からの世界平均気温の上昇幅を2℃より低くし，1.5℃に抑える努力をする．

②今世紀後半に，温室効果ガスの排出量と吸収量を均衡させ，人間活動による排出量を実質ゼロにする．

③先進国から途上国への資金支援を義務づけ，途上国同士でも自主的に支援する．

④全ての国が削減目標を提出し，そのための国内対策をとることを義務づける．

⑤削減目標の達成義務はないが，国際的に達成状況を検証し，目標は5年ごとに見直して改善する．

⑥適応策を強化し世界目標を設定し，全ての国が具体的な対策をまとめる．

現状の各国の削減目標を完全に実施しても，世界の平均気温は3℃前後上昇すると予測されている．

3） 気候変動と農業水利

IPCC第5次評価報告書の第2作業部会が示した8つのリスクの4番目から6番目は，食料生産とそれに関わる水管理，さらにそれに従事する農家に関するものである．ここにも示されているように，気候変動は，農業生産に大きな影響を与え，それを支える農業水利，とくに灌漑排水量には大きな影響をもたらすことが予想され，すでにその影響が表れているといわれる．上記のリスクの1番目も，海岸地域の農地や農業生産の存亡に関わるものである．

農業への影響は，農地気象の変化を中心にした直接的なものと，水循環や土地利用や植生，生態系など他の関係システムの変化を通した間接的なものに整理できる．そもそも，農業の中心にある食料生産は植物の光合成に依存している．光合成は，基本的には植物が水と二酸化炭素をもとに，一定の温度の下で，日射エネルギーを得て，炭水化物と酸素を生産する活動である．地球温暖化によって気候が変動すれば，光合成を通して農業生産に影響が生じることは理解しやすい．まず，二酸化炭素は光合成に必要な物質であるとともに，その濃度の増大は温暖化の原因のひとつであると考えられている．温暖化が進む場合，二酸化炭素濃度も上昇していると考えられ，一般的に植物生産量は増大することになる．したがって，生育期間が短くなり，生育に必要な水量が減少することになる．一方，日射量が増大し気温が上昇することで，蒸発散量が増え，用水量が増大する場合もある．さらに，降水量も増減両方向に変化して，それによって灌漑の必要水量も減増し，同時に河川などの水源の状況も変化して，実際の灌漑可能量や取水量も変化することになる．変化の方向や内容は単純ではなく，地域や時期，作物によっても様相は異なることになる．とくに，農業生産を決定的に規定する極端な洪水や干ばつの程度や頻度の変化は，灌漑排水のあり方を大きく左右することになる．

農業水利は，本来，地域の農業生産を安定させ，収量・収益を大きくすることを目的に機能するものであり，気候変動に対する対応能力を本来的に有するものであるが，その機能の前提や前歴を超えるような規模の極端現象が生じたり，日本の農家の高齢化や減少によるような農村の社会経済的な変化があると，この調整能力が働かずに，影響は大きなものとなる可能性がある．

気候変動の農業や農業水利への影響は，簡単には予測することができない．また，内在する適応能力の発揮をも予測しなければならない．この複雑な気候変動の農業や農業水利への影響を，トルコ・セイハン川流域を対象にして総合的に予測評価しよ

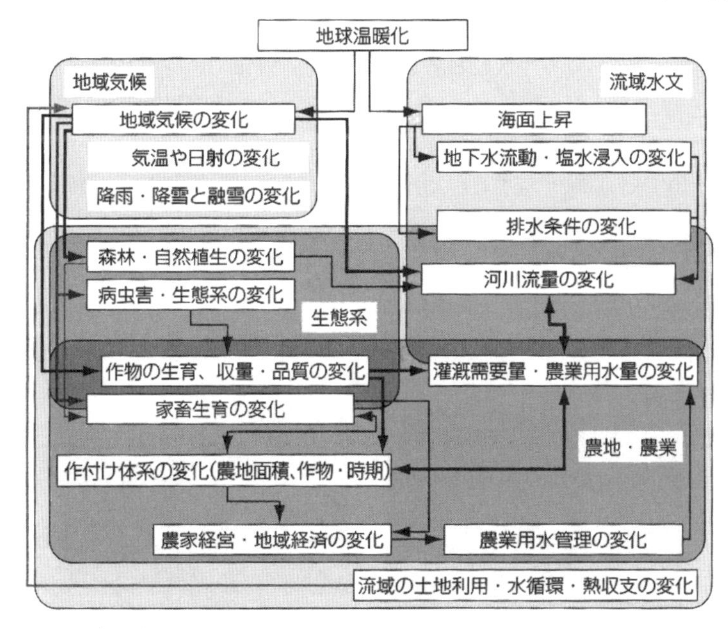

図 10.6　気候変動の農業生産・農業水利への影響のおもな関係要素（トルコ・セイハン川流域の例）

渡邉（2008）

うとしたプロジェクトでは，その影響のプロセスや相互関係を図10.6のように簡単に整理し，各プロセスと相互関係を定量的に評価した．農業水利（「灌漑需要量・農業用水量」）に及ぼす地球温暖化に伴う気候変動の関わりの複雑が示される（渡邉，2008）．

c.　世界灌漑遺産

農業水利の中心に位置する灌漑施設は，長い歴史を持つものも多く，その管理は，利用する農家を中心とする地域のコミュニティが，地域の歴史・文化に支えられて継続してきたものも多い．この意味で，人類の「遺産」として認識継承すべきとする認識が高まり，国際灌漑排水委員会（ICID）は，「世界灌漑施設遺産制度」を2014年に創設した．具体的な目的として，灌漑の歴史・発展を明らかにし，理解醸成を図るとともに，灌漑施設の適切な保全に資すること，としている．①灌漑目的のダム，②ため池などの貯水施設，③取水堰や分水施設，④水路，⑤水車などを対象に，建設から100年以上経過し，灌漑農業の発展に貢献したもの，卓越した技術により建設されたものなど，歴史的・技術的・社会的価値のある施設を登録・表彰している．登録によって，灌漑施設の持続的な活用や保全，研究者や住民への教育機会の提供，施設の維持管理に関する意識向上が図られ，これを中心とする地域の活性化が期待されている．

2020年までに，日本や中国などアジアの国を中心に計107の施設（システム）が登録・表彰されている．日本では2020年12月時点で，42の施設が登録されていて，さらに増えていくことが見込まれている．

2015年10月時点での登録施設：①稲生川（青森県十和田市他），②雄川堰（群馬県甘楽町），③深良用水（静岡県裾野市他），④七ヶ用水（石川県白山市他），⑤立梅用水（三重県多気町他），⑥狭山池（大阪府大阪狭山市），⑦淡山疏水（兵庫県神戸市他），⑧山田堰，堀川用水，水車群（福岡県朝倉市），⑨通潤用水（熊本県山都町），⑩上江用水路（新潟県上越市，妙高市），⑪曾代用水（岐阜県関市，美濃市），⑫入鹿池（愛

図10.7　世界灌漑遺産（ICID，ウェブサイトより）
左：通潤用水（写真は通潤橋），右：狭山池

知県犬山市)，⑬久米田池（大阪府岸和田市）　[渡邉紹裕]

文　献

FAO：Carbon Sequestration in Dryland Soils, p. 10(2004)

FAO：The state of the world's land and water resources for food and agriculture (SOLAW)-Managing systems at risk, p. 38, Table 1. 8 (2011)

FAO：FAOSTAT, http://faostat3. fao. org/home/E(2015)

Millennium Ecosystem Assessment (MA)：Dryland Systems. Ecosystems and Human Well-being：Current State and Trends, Chapter 22, p. 627, Island Press, Washington DC (2005a)

Millennium Ecosystem Assessment (MA)：Ecosystems and Human Well-being：Desertification Synthesis, p. 23, World Resources Institute, Washington, DC (2005b)

NHK 公式ウェブサイト：http://www. nhk.or.jp/eco-channel/jp/ipcc/

飯田俊彰他：水稲作向けの ICT を活用した農業水利情報サービスの提供，農業農村工学会誌，**83**(5)，23-26 (2015)

沖　大幹：地球をめぐる水と水をめぐる人々，「水をめぐる人と自然」(嘉田由紀子編)，pp. 199-230，農文協（2003)

沖　大幹：水危機ほんとうの話，新潮社（2012)

カースチン・ダウ，トーマス・ダウニング，近藤洋輝訳：温暖化の世界地図，丸善（2007)

環境省公式ウェブサイト a：http://www.env.go.jp/water/virtual_water/(2016 年 9 月閲覧)

環境省公式ウェブサイト b：http://www.env.go.jp/earth/ipcc/5th/(2016 年 9 月閲覧)

国連環境計画：GEO-5 地球環境概観第 5 次報告書（上)，環境報告研（2015)

佐藤政良：エジプト・ナイル川の水利用，農業土木学会誌，**59**(11)，93-98 (1991)

清水裕之他編：水の環境学，pp. 162-163，名古屋大学出版会（2011)

世界の灌漑と排水企画委員会編：世界の灌漑と排水，p. 151，家の光協会（1995)

農業農村工学会：改訂七版農業農村工学ハンドブック，pp. 749-757，794，農業農村工学会（2010)

福田仁志：世界の灌漑，p. 463，東京大学出版会（1974)

丸山利輔他：水利環境工学，pp. 28，168，朝倉書店（1998)

溝口　勝・伊藤　哲：農業・農村を変えるフィールドモニタリング技術，農業農村工学会誌，**83**(2)，3-6 (2015)

渡邉紹裕編：地球温暖化と農業～地域の食料生産はどうなるのか？，昭和堂（2008)

索　　引

欧　文

あ　行

か　行

さ 行

た　行

な　行

編者略歴

渡邉紹裕（わたなべつぎひろ）

1953年　栃木県に生まれる
1983年　京都大学大学院農学研究科博士後期課程農業工学専攻研究指導認定退学
2019年　京都大学大学院地球環境学堂　定年退職
現　在　熊本大学くまもと水循環・減災研究教育センター特任教授
　　　　京都大学名誉教授，博士（農学）

堀野治彦（ほりのはるひこ）

1960年　岐阜県に生まれる
1990年　京都大学大学院農学研究科博士後期課程農業工学専攻研究指導認定退学
現　在　大阪府立大学大学院生命環境科学研究科教授
　　　　博士（農学）

中村公人（なかむらきみひと）

1969年　岐阜県に生まれる
1999年　京都大学大学院農学研究科博士後期課程農業工学専攻修了
現　在　京都大学大学院農学研究科教授
　　　　博士（農学）

シリーズ〈地域環境工学〉
地域環境水利学　　定価はカバーに表示

2017年2月25日　初版第1刷
2024年8月1日　第4刷

編　者　渡邉紹裕
　　　　堀野治彦
　　　　中村公人
発行者　朝倉誠造
発行所　株式会社 朝倉書店
東京都新宿区新小川町6-29
郵便番号　162-8707
電　話　03（3260）0141
FAX　03（3260）0180
https://www.asakura.co.jp

〈検印省略〉

Printed in Korea

ISBN 978-4-254-44502-2　C 3361